TRANSISTOR
SELECTOR GUIDE

OTHER TITLES IN THE SERIES

OTHER TITLES OF INTEREST

TRANSISTOR SELECTOR GUIDE

BY
J. C. J. VAN DE VEN

BERNARD BABANI (PUBLISHING) LTD
THE GRAMPIANS
SHEPHERDS BUSH ROAD
LONDON W6 7NF
ENGLAND

PLEASE NOTE

Originally published by:
© 1987 De Muiderkring (Publishing) Ltd, Weesp, Netherlands

This Edition:
© 1987 Bernard Babani (publishing) Ltd
First Published — June 1987

British Library Cataloguing in Publication Data
Van de Ven, J. C. J.
    Transistor selector guide.
    1. Transistor — Handbooks, manuals, etc.
    I. Title
    621.3815'28'0212   TK7871.9

    ISBN 0 85934 179 8

Printed and Bound in Great Britain by Cox & Wyman Ltd, Reading

CONTENTS

PREFACE

ElData Selector Guides: A completely new approach

This transistor selector guide is the first of a new generation of pocket guides, specially compiled for the electronics designer, engineer and hobbyist. It is unique in the way that the tabular data is presented in various useful categories so as to aid easy selection of possible devices.

An introduction to ElData

With the aid of a powerful computer-system, ElData selects, maintains and indexes the specifications of many thousands of electronic devices, in order to provide the electronics engineer with independent, reliable and up-to-date technical data. The ElData base used several different selection and sorting options to produce the tables found in this guide. On request, ElData sheets can be supplied, for further details see page 192.

Why use *this* selector guide?

The use of this guide is two-fold. It could be used to select a device, for say a particular design application by reference to the electrical characteristics, case type, etc. Or it could be used to choose a replacement or equivalent device when a knowledge of the original technical specification is available.

The biggest disadvantage using a databook with just an alphanumeric listing, is that you cannot select a device by its electrical properties alone, (such as voltage or power etc.)

If you use a particular manufacturer's data guide you are then, of course, restricted only to that manufacturer's products. Thus you will need information from all major manufacturers, and many bulky volumes of reference data may have to be referred to.

However, help is at hand with this selector guide which offers a unique combination of an alphanumeric listing, plus various other types of selection tables covering many devices produced by a number of major manufacturers. It has been prepared with the help of a powerful computer system, so ensuring that the information supplied is as accurate and up-to-date as possible and also facilitating the preparation of future editions.

Older devices

In order to make these tables as useful as possible, some "evergreens" have been included, and these are marked with an asterisk. They may not be really suitable for new designs but are included to assist with repair and service needs. It is also possible that some of these devices are now no longer made.

New devices

At present, the conventional through-hole mounting technology used for printed circuit assemblies is being increasingly superseded by surface mounting technology. Instead of inserting leaded components, special miniaturized components called SMD's (Surface Mounted Devices) are directly attached and soldered to the PC board. This selector guide offers the first known independent overview of SMD transistors. It also offers a unique manufacturer independent conversion list for markings used on SMD's.

Feedback

If you have some suggestions about the concept of this selector guide, we would like to hear from you.

Please feel free to write to the publishers and we will pass your letters onto ElData. Your ideas could help to make future editions even more useful than this one.

1. Introduction

Most active electronic components like transistors and ICs are usually identifiable only by their manufacturer's code numbers which are printed somewhere on the case of the device. To find the technical specification of the component all you then have to do is to refer this code number to the manufacturer's data sheets or handbooks.

Most manufacturers have normalized the system they use for marking and coding their own products, but a problem arises by the fact that all manufacturers throughout the world, have not adopted the same codes. This has resulted in several different standards with which we now have to cope.

1.1 Codes and norms

In the 1930's, when valves were the only active electronic devices, agreements were made between several European manufacturers about the code numbers they had to use.

As more and more manufacturers realized that a general type numbering system for all electronic components offered great advantages, they decided to establish an independent organization, which would be solely responsible for the standardizing and administering of type numbers. The oldest European organization is called "Pro Electron" and was established in Brussels in 1966. In Japan the organization for standardization in the electro-technical, electronics and computer industries is called JIS. While in America JEDEC has occupied itself with this normalization and standardization process.

1.1.1 JEDEC

The world's largest co-ordination organization in the electronics industry is JEDEC (Joint Electron Device Engineering Councils). This American body sets standard type and serial numbers for electronic components. All manufacturers, connected with JEDEC, produce the components according to centrally registered specifications.

The JEDEC code for discrete semiconductor devices is as follows: *PREFIX* with *SERIAL NUMBER.*

The *PREFIX* indicates the circuit function and number of leads:
1N = Diode (all two-leaded devices)
2N = Transistor, FET, UJT, SCR, Triac (three-leaded device)
3N = FET (four-leaded device)
4N = Optocoupler
5N = Optocoupler

The *SERIAL NUMBER* runs from 10 to 9999:

As one can see, the possible area of application and semiconductor material (silicon or germanium) cannot be derived from the JEDEC prefix.

1.1.2 JIS

Japanese semiconductor manufacturers use the coding system as proposed by the JIS (Japanese Industrial Standard). For discrete semiconductor devices, the JIS code is as follows:

ONE NUMBER, TWO LETTERS followed by a SERIAL NUMBER.

11

The *NUMBER* indicates the number of leads connected to the device in the following way:

1 = two-leaded device
2 = three-leaded device
3 = four-leaded device

The *TWO LETTERS* indicate the circuit function:

SA = PNP transistors and Darlingtons (higher frequencies)
SB = PNP transistors and Darlingtons (lower frequencies)
SC = NPN transistors and Darlingtons (higher frequencies)
SD = NPN transistors and Darlingtons (lower frequencies)
SE = Diodes
SF = Thyristors
SG = Gunn Diodes
SH = UJT's
SJ = P-channel FET's
SK = N-channel FET's
SM = Triac, bi-directional thyristors
SQ = LED's
SR = Rectifier diodes
SS = Signal diodes
ST = Avalanche diodes
SV = Varicaps, PIN diodes
SZ = Zener diodes

The *SERIAL NUMBER* consists of 2 to 4 figures, running from 10 to 9999.

SUBCODING (suffixes).
A suffix consisting of 1 or more letters, with the last letter indicating the area of application:

D = types approved by the Japanese Telecommunications Organization (NTT)
G = (green) types are approved for use by communications industry

M = types are approved by the Japanese Marine (DAMGS)

N = types are approved by the Japanese Broadcasting Organization (NHK)

S = types are selected for industrial and engineering applications

Transistors, starting with JIS code 2SA, 2SB, 2SC or 2SD (after which figures and letters are possible) may be silicon or germanium types. The specific area of application (switching/RF, high/low power, etc.) cannot be derived from the numbering.

It happens more often than not, that the (Japanese) manufacturer omits the 2S coding on a device. The remaining code can still be used to derive the official number: C 940 is the same as 2SC 940.

1.1.3 Pro Electron

The Pro Electron type number enables devices to be grouped according to their application.

You can realise the characteristic data via the type number without consulting an intermediate index. Data appropriate to the application of a group of devices can be readily presented in tabular form.

Unfortunately, the Pro Electron code does not differentiate the type of component: transistors, FET's and Darlingtons are mixed, as far as the type number is concerned.

The type number of Pro Electron code consists of: *TWO LETTERS* followed by a *SERIAL NUMBER.*

The *FIRST LETTER* gives information about the material used for the active part of the devices:

A = Germanium
B = Silicon
C = Gallium Arsenide
R = Compound Materials

The *SECOND LETTER* indicates the circuit function:

A = Diode: Detection, switching, mixer
B = Diode: Variable capacitance
C = Transistor: Low power, audio frequency
D = Transistor: Power, audio frequency
E = Diode: Tunnel
F = Transistor: Low power, high frequency
G = Diode: Oscillator, miscellaneous
H = Diode: Magnetic sensitive
K = Hall effect device: In an open magnetic circuit
L = Transistor: Power, high frequency
M = Hall effect device: In a closed magnetic circuit
N = Photo coupler
P = Diode: Radiation sensitive
Q = Diode: Radiation producing
R = Thyristor: Low power
S = Transistor: Low power, switching
T = Thyristor: Power
U = Transistor: Power, switching
X = Diode: Multiplier, e.g. varactor, step recovery
Y = Diode: Rectifying, booster
Z = Diode: Voltage reference, regulator, zener, transient suppressor.

The *SERIAL NUMBER* consists of: Three or four figures, running from 100 to 9999, for devices primarily intended for consumer electronics and domestic equipment. Or, one letter (Z, Y, X, etc.) and two or three figures, running from 10 to 999, for devices primarily intended for professional and industrial equipment.

SUBCODING (suffixes):
Sub-classifications are used for devices supplied in wide ranges of different versions. These sub-classifications consist of a suffix, according to a significant code. A sub-code is in use for:

(I) TRANSISTORS AND FET's
The suffix consists of a LETTER and/or a NUMBER.

With consumer types, a LETTER like A, B, C, etc. is used to indicate an hFE-selection. Industrial types use a suffix LETTER to indicate a group with the same working voltage (mostly Uceo). Devices without a suffix LETTER are not selected.

Besides, or instead of a letter, some manufacturers use an Arabic NUMBER to indicate Uceo selection and/or Roman NUMBERS to indicate an hFE group. Commonly used numbers are: I, II, III and IV or 5, 10, 16, 25 and 40.

(II) VOLTAGE REFERENCE AND REGULATOR DIODES
The suffix consists of ONE LETTER and ONE NUMBER.

The LETTER indicates the nominal tolerance of the zener voltage:

A = 1% (E96 series)
B = 2% (E48 series)
C = 5% (E24 series)
D = 10% (E12 series)
E = 20% (E6 series)

The NUMBER denotes the typical Zener voltage related to the nominal current rating for the whole range. The letter V is used instead of a decimal point.

(III) TRANSIENT SUPPRESSOR DIODES
For the indication of the voltage variants the same sub-coding as for voltage reference and regulator diodes is applied. The letter indicating the voltage tolerance is omitted.

(IV) CONVENTIONAL, AVALANCHE RECTIFIER DIODES AND THYRISTORS
The suffix indicates the rated maximum repetitive peak reverse voltage. Reversed polarity is indicated by the letter R, immediately after the suffix.

(V) RADIATION DETECTORS
The suffix indicates the depletion layer in μm (micrometer). The resolution is indicated by a version letter.

As stated earlier, the Pro Electron type number indicates some, but not all, characteristics of the device. Some examples, in which you see that FET's and transistors are treated the same way are as follows:

The BC107 is a low frequency, low power silicon transistor for consumer applications. The BC107C is the same type, but with a larger hFE value.

The BUX66B is a high power transistor for professional applications with a selected Uceo.

The BF256 is a low frequency, low power silicon field effect transistor (FET) for consumer applications.

1.1.4 Brand-specific codes

A lot of semiconductor manufacturers design their own types as well as (or instead of) Pro Electron and/or JEDEC standard devices, because of specific knowledge in certain areas.

Well known series (and their original suppliers) are:
40000 RCA
MJ   Motorola power transistor (metal case)
MJE Motorola power transistor (plastic case)
MPS Motorola low power transistor (plastic case)
MRF Motorola high-frequency and microwave transistor
RCA RCA
RCS RCS
TA   RCA development type
TIP Texas Instruments power transistor (plastic case)
TIPL Texas Instruments planar power transistor
TIS Texas Instruments low power transistor (plastic case)
ZT   Ferranti
ZTX Ferranti

1.1.5 OEM codes

All semiconductor manufacturers produce custom-designed electronic parts as well as the previously mentioned types of devices. These components are often called OEM components (Original Equipment Manufacturer) and their specifications are not published. These parts are supplied directly to the customer and are not normally available for trade purposes.

OEM components are sometimes marked with a part number for recognition purposes only. Technical details of these devices are not normally included in the manufacturer's data books. Well known OEM suppliers are Texas Instruments, Motorola and RCA. Their OEM parts can normally be recognized by the company logo, a production datacode and an (untraceable!) number.

1.2 EIData

With the aid of a powerful computer-system, the EIData organization selects, maintains and indexes the specifications of thousands of electronic devices, so as to be able to provide the electronics engineer with independent, reliable and up-to-date technical data. EIData has used several different selection and sorting options to produce the tables found in this guide. On request, EIData sheets can be supplied, for further details see page 192.

1.2.1 The EIData Code number

To aid the retrieval of information from its vast database, EIData has developed an hierarchical numbering system for the classification of all electronic components. All components in this guide are provided with an EIData code number, which may be used to obtain a datasheet (EIDataSheet) and for retrieving technical information from the EIDataBase. The EIData code number is also used by some distributors and end-users to identify components.

The code number consists of a combination of three number groups separated by a dash, which together form a unique code to identify the type of component. E.g. all semiconductors code numbers start with a "3", which makes it theoretically possible to code a maximum of 100 million different parts. Passive components, although not included in this selector guide, are also included in the EIData code number system. (All resistor codes start with a "6"; capacitors are coded with a "7".)

19

The semiconductor group is divided into DISCRETE and INTEGRATED components. The discrete components are:

30-XX-XXXXX transistors
33-XX-XXXXX thyristors
34-XX-XXXXX triacs
35-XX-XXXXX diodes
36-XX-XXXXX opto-electric devices
37-XX-XXXXX semiconductor sensors

The integrated components are:

31-XX-XXXXX bipolar digital function circuits
32-XX-XXXXX analog function circuits & A/D, D/A converters
38-XX-XXXXX CMOS digital function circuits (standard series)
39-XX-XXXXX LSI and VLSI IC's (N/C MOS)

In this selector guide we deal only with the 30-XX-XXXXX group, in which you will find consumer and industrial transistors, Darlington-transistors and field-effect transistors (FET's).

Codes starting at 30-00-000 up to 30-73-99999 are dedicated to transistors. Codes from 30-74-00000 up to 30-99-99999 are FET's. Wherever possible, the EIData code is a revised form of the Pro Electron, JEDEC or JIS code. Normally, the last four digits of the EIData code contain the serial number of the transistor, completed with a number which indicates a suffix.

This suffix is coded as follows:

0 = no suffix
1 = suffix A or 5
2 = suffix B or 10
3 = suffix C or 16
4 = suffix D or 25
5 = suffix E or 40

```
6 = suffix F
7 = suffix G
8 = suffix H
9 = other suffixes
```

1.2.2 ElData Sheet

ElData offers with the assistance of the previously mentioned database a data-sheet service. By refering to page 192 of this guide, you can order detailed technical and design information and copies of data-sheets for the required components. It is also proposed the details may be applied for by means of a message on the Fido-ElData Bulletin Board System, which uses the same familiar software as the standard FIDO network of computer bulletin board systems.

However, please note that the publishers of this guide are in no way connected with the ElData organization and do not accept responsibility in any way for the supply or contents of any such information that may be applied for, either directly or electron-ically. Nor will the publishers enter into any correspondence so regarding.

1.2.3 ElData Base

As previously mentioned, ElData maintains a vast database which contains the technical details of hundreds of thousands of elec-tronic components. It is hoped that during 1988 this information will become directly accessible by personal computer users who have a suitable modem and telecommunica-tions software. The proposed modem standards will be V21, V22 and V22bis at 300, 1200 and 2400 bps. At the data-base special software will assist the user to easily and quickly extract the required information. Further details and costs of this proposed service will be announced by ElData when finalised.

Anyone who has a personal computer with suitable modem and telecommunications software will then be able to have access to this information.

1.3 The rating system and specifications

The rating systems used are a subset of those recommended by the International Electronic Commission (IEC) in its publication 134. The technical specifications included in both the selector guides and the database are derived from manufacturers' original datasheets and databooks in order to provide a high degree of accuracy.

All ratings are based on the "absolute maximum rating system", which means that they should not be exceeded under the worst probable conditions. These values are chosen by the device manufacturer to provide acceptable serviceability of the device. They take no account of equipment variations, environmental variations or any effects of changes in operational conditions due to variations in the device or its characteristics when operating with any other electronic devices that may be in the equipment.

When comparing data from this selector guide with other data, the following points should be considered.

In some other selector guides, databooks and tables, the column "Voltage" does not always refer to the Uceo. The value could be Uce, Uceo, Ucb or Ucbo etc. This could lead to difficulties, if certain information indicates that the maximum voltage that a transistor can handle is say 1000 volts but it is not clear if they mean Ucbo or Uceo.

Because Ucbo is often higher than Uceo, finding a replacement can be a hard job. In this selector guide, both Uceo and Ucbo are included.

Even more important, when comparing "Current", databooks etc. often show the largest peak-current value instead of the maximum continuous-current. Generally speaking the peak current that a transistor can handle is larger than the continuous current and may only be applied if the transistor is pulsed. In this selector guide, all current values are continuous values (even when the transistor is a fast-switching device with a relatively high peak-current value). This makes comparing and selecting devices easier.

If you need additional specifications, consult the original databooks of the manufacturer, ElData sheet or access the ElData database as mentioned previously.

1.4 This selector guide

In the following chapters are selected more than 1400 devices which are arranged into several different sequences:

In Chapter 2 a comprehensive technical specification of the alpha-numerically listed devices is given. Not only modern components are included, but some of the older and more popular "evergreens" as well and these are marked with an asterisk (*).

In Chapter 3 the device specifications are tabulated in a similar fashion to Chapter 2, but this time they are arranged by the type of case that the device is packaged in, such as say TO3 or TO220.

In Chapter 4 the technical specification tables are arranged according to particular electrical parameters such as voltage or current limits. Then in each of these pre-selected groups the devices are arranged in an order that is important for that specific group.

4.1 Darlington transistors

A Darlington transistor consist of two transistors connected with each other in one case. By this a Darlington transistor can have a relative high current transfer ratio (hFE). In this section, all Darlington transistors are sorted in the sequence:

(1) Ic — Collector DC current (A)
(2) Uceo — Collector-emitter voltage (V)
(3) Ucbo — Collector-base voltage (V)
(4) Ptot — Total input power (W)
(5) hFEmin — Minimum forward current transfer ratio
(6) Ft — Transition frequency (MHz)
(7) N/P — NPN, PNP type

N.B.: In a number of cases, a Darlington also contains a diode and/or a resistor, which are connected anti-parallel across the collector-emitter junction of the second transistor.

4.2 High voltage transistors from 300 Volt

In this section all transistors with a Uceo (Collector emitter voltage) of minimum 300 volt are sorted as follows; with the exception of the first 14 devices which have Uceo under 300 volt but Ucbo (collector-base voltage) is a minimum of 300 volt.

(1) Uceo — Collector-emitter voltage (V)
(2) Ucbo — Collector-base voltage (V)
(3) Ptot — Total input power (W)
(4) Ic — Collector DC current (A)

(5) hFEmin — Minimum forward current
     transfer ratio
(6) Ft — Transition frequency (MHz)
(7) N/P — NPN, PNP type

4.3 High current transistors from 5 Ampere
In this section all transistors with an Ic
(Collector current) of minimum 5 Amp
are sorted as follows:

(1) Ic — Collector DC current (A)
(2) Ptot — Total input power (W)
(3) Uceo — Collector-emitter voltage (V)
(4) Ucbo — Collector-base voltage (V)
(5) hFEmin — Minimum forward current
     transfer ratio
(6) Ft   —   Transition frequency (MHz)
(7) N/P — NPN, PNP type

4.4 Power transistors (from 5 W)
In this section all transistors with a Ptot
(power dissipation) of minimum 5 Watt
are sorted as follows:

(1) Ptot — Total input power (W)
(2) hFEmin — Minimum forward current
     transfer ratio
(3) Ic — Collector DC current (A)
(4) Uceo — Collector-emitter voltage (V)
(5) Ucbo — Collector-base voltage (V)
(6) FT   —   Transition frequency (MHz)
(7) N/P — NPN, PNP type

4.5 Special RF transistors (from 30 MHz)
In this section all transistors with good high
frequency properties and a Ft of minimum
30 MHz are sorted as follows:

(1) Ft   —   Transition frequency (MHz)
(2) Ptot — Total input power (W) at Ft
(3) Uceo — Collector-emitter voltage (V)
(4) Ucbo — Collector-base voltage (V)

4.6 FET's

This section deals with field-effect transistors, which are devices whose current path is through either the P or N material but not through both as normally occurs with bipolar transistors. It is more common to use N-type material for FET's as this usually has more mobile carriers than P-type. FET's have output characteristics similar to bipolar transistors but have considerably higher input impedances. The FET's in this section are sorted according to:

(1) Id — Drain current (A)
(2) Uds — Drain-source voltage (V)
(3) Ptot — Total input power (W)

In Chapter 5 the package outlines and connections of all semiconductors from this publication have been included. The sequence is arranged according to the "connection number" as shown in the last column of the technical data.

If you want to trace a certain case without knowing the type number of the component, the following table can be used.

case	package outline(s)
SOT25	13, 21
SOT37	89, 90, 92, 94
SOT48/2	37
SOT55	40
SOT56	39
SOT120	41
SOT122	38
T113	86
TO1	1, 2
TO3	10, 11, 102
TO5	12, 59
TO5-8	8
TO8	8
TO18	17, 60, 63
TO39	12, 17

case	package outline(s)
TO50	6
TO60	31
TO63	76
TO66	9
TO72	4, 5, 7, 55, 61, 62
TO92	14, 15, 19, 20, 32, 57, 58
TO117	96
TO119	23, 89, 90, 92, 94
TO126	16
TO202	84, 88
TO218	74
TO220	33, 101
TO236	25, 95
TO238	100
X9	3
X92	87

1.5 Symbols and codes

1.5.1 Transistors

ElData code (30-XX-XXXXX)
The ElData code of the device

S
An asterisk (*) in this column indicates that the device is not recommended for new designs.

Type
The JEDEC, JIS, Pro Electron or OEM code of the device.

N/P
The polarity of the device:
N = NPN
P = PNP

Uceo (V)
Collector-emitter (DC) voltage with base open (Ib = 0), when a power transistor is

27

specifically designed for switching inductive loads, some extension may be allowed, but then only under specified conditions of collector-current, base-emitter voltage and emitter-base resistance as stated in the datasheet.

Ucbo (V)
Collector-base (DC) voltage with emitter open (Ie = 0).

Ic (A)
Collector (DC) current: the value of the DC current into the collector. For pulsed operation, a higher collector current Ic(max) is permitted for a defined maximum pulse length (usually 10 ms) and duty factor (usually 0.01). For power switching transistors, Ic(sat) is also an important value. This is the value at which switching times and saturation voltage is measured.

Ptot (W)
Total input power (DC) to all connections: The sum of the products of all DC input currents and voltages. Ptot is specified for a given mounting base temperature. If the transistor cannot be cooled, this value is usually 25 degrees, but it may be any, much higher temperature. Ptot applies up to the stated temperature, above it derating must be applied (refer to original datasheet for these values).

Uce(sat) @ Ic (V, A)
Collector-emitter saturation voltage for specified saturation conditions at a certain collector current.

D
Device type:
D = Darlington transistor

hFEmin./max. @ Ic/Uce (no., A, V)
Static value of the forward current transfer

ratio (in common-emitter configuration), measured at and specified by a collector current of Ic and a collector-emitter (DC) voltage of Uce.

Ft (MHz)
Transition frequency: The product of the modulus (magnitude) of the common-emitter, small-signal, short-circuit forward current transfer ratio (hFE) and the frequency of measurement when this frequency is sufficiently high, so that the modulus (magnitude) of hFE is decreasing with a slope of approximately 6 dB per octave.

tON (ns)
Turn-on time: The sum of the tD and tR. tD is the delay time, specified as the time-interval from the point at which the leading edge of the input has reached 10% of its maximum amplitude to the point at which the leading edge of the output pulse has reached 10% of its maximum amplitude. tR is the rise time, specified as the time duration during which the amplitude of the leading edge is increasing from 10% to 90% of its maximum amplitude.

tOFF (ns)
Turn-off time: The sum of tS and tF. tS is the storage time, specified as the time interval from a point 90% of the maximum amplitude on the trailing edge of the input pulse to a point 90% of the maximum amplitude on the trailing edge of the output pulse.
tF is the fall time, specified as the time duration during which the trailing edge is decreasing from 90% to 10% of its maximum amplitude.

Case
The name of the case in which the device is housed, according to the standard JEDEC, Pro Electron, JIS or OEM code.

No.
The number refers to the list of outlines in chapter 5 of this selector guide. Every lead-configuration has a different number.

1.5.2 FET's

EIData code (30-XX-XXXXX)
The EIData code of the device.

S
An asterisk (*) in this column indicates that the device is not recommended for new designs.

Type
The JEDEC, JIS, Pro Electron or OEM code of the device.

N/P
The polarity of the device:
N = N channel FET
P = P channel FET

Uds (V)
Drain-source voltage.

Id (A)
Drain current.

Ptot (W)
Total input power (DC) to all connections. The sum of the products of all DC input currents and voltages. Ptot is specified for a given mounting base temperature. If the FET cannot be cooled, this value is usually 25 degrees, but it may be any, much higher temperature. Ptot applies up to the stated temperature, above it derating must be applied (refer to original datasheet for these values).

Rds (Ohm)
Drain-source on-state resistance.

| Y | fs (mS)
Small-signal common-source forward transfer admittance with output short-circuited to AC. Admittance is the reciprocal value of resistance and can be expressed in 'Mho' or 'Siemens' (1 Siemens = 1 Mho = 1/Ohm). In the table the value is stated in mS (milli-Siemens).

Ciss (pF)
Small-signal, common source, short-circuit, input capacitance.

Crss (pF)
Small-signal, common source, short-circuit, reverse transfer capacitance.

DG
Gate type:
DG = Dual Gate

MF
Technology:
MF = MOSFET (Metal oxide semiconductor field effect transistor).

Case
The name of the case in which the device is housed, according to the standard JEDEC, Pro Electron, JIS or OEM code.

No.
The number refers to the list of outlines in chapter 5 of this selector guide. Every lead-configuration has a different number.

2
ALPHA-NUMERIC
CLASSIFICATION

2.1. JEDEC

ElData code	S	Type	N/P	Uceo V	Ucbo V	Ic A	Ptot W	Uce (sat) V	@ Ic A	D	hFE min. max.	@ Ic A	Uce V	Ft MHz	tON ns	tOFF ns	Case	no.
30-01-00340	*	2CY 34	P	32.	32	0.100	0.300	.	.		.		.	0.600			TO5	12
30-01-06970	*	2N 697	N	40.	60	.	2.	1.5	0.15		40 120	0.15	10.	50.			TO5	12
30-01-07061		2N 706 A	N	20.	25	0.100	1.	0.3	0.01		20 60	0.01	1.	400.	30	50	TO18	17
30-01-07080		2N 708	N	15.	30	0.200	1.2	0.4	0.01		30 120	0.01	1.	300.	40	75	TO18	17
30-01-07440	*	2N 744	N	12.	20	0.2	1.	0.35	0.01		20 120	0.01	0.4	.	26	30	TO18	17
30-01-07530	*	2N 753	N	15.	20	0.050	1.	0.6	0.01		40 120	0.01	1.	200.			TO18	17
30-01-09100	*	2N 910	N	60.	80	.	1.8	0.4	0.01		35 75	0.01	10.	60.			TO18	17
30-01-09140	*	2N 914	N	15.	30	0.500	1.2	0.7	0.02		30 120	0.01	1.	370.			TO18	17
30-01-09180	*	2N 918	N	15.	30	0.050	0.3	0.4	0.01		20 50	0.003	1.	.			TO18	4
30-01-09290	*	2N 929	N	45.	45	0.030	1.8	1.	0.01		40 120	0.01	5.	30.			TO18	17
30-01-09300		2N 930	N	45.	45	0.03	1.8	1.	0.01		100 300	0.00001	5.	30.			TO18	17
30-01-11320	*	2N 1132	P	35.	50	0.600	2.	1.5	0.15		25 90	0.15	.	60.			TO5	12
30-01-14880	*	2N 1488	N	55.	100	6.	75.	3.	1.5		15 45	1.5	4.	.	1000	1200	TO3	10
30-01-16130		2N 1613	N	50.	75	1.	3.	1.5	0.15		40 120	0.15	10.	60.			TO5	12
30-01-17110		2N 1711	N	50.	75	1.	3.	1.5	0.15		100 300	0.15	10.	70.			TO5	12
30-01-18930		2N 1893	N	80.	120	0.500	3.	5.	0.15		40 120	0.15	10.	50.			TO5	12
30-01-19909	*	2N 1990 R	N	.	100	1.	0.250	0.5	0.002		25	0.03	.	40.			TO18	12
30-01-20600	*	2N 2060	N	60.	100	0.5	3.	1.2	0.05		25 75	0.00001	5.	60.			TO77	130
30-01-20760	*	2N 2076	P	55.	70	15.	170.	0.7	12.		20 40	5.	2.	0.005	9000		T85	75
30-01-21020	*	2N 2102	N	65.	120	1.	5.	0.5	0.15		40 120	0.15	10.	60.			TO5	12
30-01-21930	*	2N 2193	N	50.	80	1.	2.8	0.35	0.15		15	0.0001	10.	.	70	50	TO5	12
30-01-22181	*	2N 2218 A	N	40.	75	0.5	3.0	0.3	0.15		40 120	0.15	10.	250.	25	60	TO5	12
30-01-22191	*	2N 2219 A	N	40.	75	0.5	3.	0.3	0.15		100 300	0.15	10.	250.	25	60	TO5	12
30-01-22210	*	2N 2221	N	30.	60	0.5	1.8	0.4	0.15		40 120	0.15	10.	250.	25	60	TO18	17
30-01-22221		2N 2222 A	N	40.	75	0.5	1.8	0.3	0.15		100 300	0.15	10.	250.	25	60	TO18	17
30-01-22231		2N 2223 A	N	60.		0.5	0.5	1.2	0.05		25	.		50.	0.9	5	TO77	130
30-01-22431	*	2N 2243 A	N	80.	120	1.	0.800	0.25	0.15		40 120	0.15	.	150.			TO5	12
30-01-23680	*	2N 2368	N	15.	40	0.2	1.2	0.25	0.01		20 60	0.01	1.	550.	12	15	TO18	17
30-01-23691		2N 2369 A	N	15.	40	0.2	1.2	0.2	0.01		40 120	0.01	0.4	500.	12	18	TO18	17
30-01-24050	*	2N 2405	N	90.	120	1.	5.	0.5	0.15		60 200	0.15	10.	.			TO5	12
30-01-24840		2N 2484	N	60.	60	0.05	0.360	0.35	0.001		100 500	0.01	5.	15.			TO18	17
30-01-25010	*	2N 2501	N	20.	40	.	1.2	0.2	0.01		50 100	0.01	1.	350.			TO18	17
30-01-28570	*	2N 2857	N	15.	30	0.04	0.3	0.4	0.01		30 150	0.003	1.	1000.			TO72	4
30-01-28940	*	2N 2894	P	12.	12	0.2	1.2	0.5	0.1		40 150	0.03	0.5	400.	60	90	TO18	17
30-01-28950		2N 2895	N	65.	120	1.	1.8	0.6	0.15		40 120	0.150	10.	120.			TO18	17
30-01-29031	*	2N 2903 A	N	30.	60	0.05	1.2	1.	0.005		125 625	0.001	5.	60.			TO77	130

2.1. JEDEC

ElData code	S	Type	N/P	Uceo V	Ucbo V	Ic A	Ptot W	Uce (sat) V	@ Ic A	D	hFE min.	max.	@ Ic A	Uce V	Ft MHz	tON ns	tOFF ns	Case	no.
30-01-29041	*	2N 2904 A	P	60.	60	0.6	3.	0.4	0.15		40	120	0.15	10.	200.	26	70	T05	12
30-01-29051		2N 2905 A	P	60.	60	0.600	3.	0.4	0.15		100	300	0.15	10.	200.	26	70	T05	12
30-01-29061	*	2N 2906 A	P	60.	60	0.6	1.8	0.4	0.15		40	120	0.15	10.	200.	26	70	T018	17
30-01-29071		2N 2907 A	P	60.	60	0.600	1.8	0.4	0.15		100	300	0.15	10.	200.	26	70	T018	17
30-01-29200	*	2N 2920	N	60.	60	0.03.	1.5	0.35	0.001		150	600	0.00001	5.	60.			T077	130
30-01-30120		2N 3012	P	12.	12	0.2	1.2	0.15	0.01		30	120	0.03	0.5	400.	60	75	T018	17
30-01-30130		2N 3013	N	15.	40	0.2	1.2.	0.28	0.1		30	120	0.03	0.4	350.	25	18	T052	17
30-01-30190		2N 3019	N	80.	140	1.	5.	0.2	0.15		100	300	0.15	10.	100.			T05	12
30-01-30200		2N 3020	N	80.	140	1.	5.	0.2	0.15	.	40	120	0.15	10.	80.			T05	12
30-01-30530		2N 3053	N	40.	60	0.700	5.	1.4	0.15		50	250	0.15	10.	100.			T05	12
30-01-30541		2N 3054 A	N	4.		75.	75.	.	.		25	100	.	.	3.			T066	9
30-01-30560		2N 3055	N	60.	100	15.	115.	1.1	4.		20	70	4.	4.	800.			T03	10
30-74-30690		2N 3069	N	50.		50.	0.01	FET										T018	63
30-74-30700		2N 3070	N	50.		50.	0.01	FET										T018	63
30-01-32270		2N 3227	N	20.	40	0.05	0.36	0.25	0.01		100	300	0.1	.	500.	12	18	T018	17
30-01-32510		2N 3251	P	40.	60	0.2	1.2	0.25	0.01		100	300	0.01	1.	300.	35	50	T018	17
30-01-32530		2N 3253	N	40.	75	.	5.	0.6	0.5		25	75	0.5	1.	175.	35	30	T05	12
30-74-33300		2N 3330	P	15.		15.	0.015	FET										T072	62
30-01-33750		2N 3375	N	40.	65	0.5	11.6	1.	0.5		10	150	0.25	5.	500.			T060	31
30-01-34170	*	2N 3417	N	50.	50	0.500	0.360	0.3	0.05		180	540	0.002	4.5	.			T098	77
30-74-34360		2N 3436	N	50.		50.	0.015	FET										T018	63
30-01-34390		2N 3439	N	350.	450	1.	10.	0.5	0.05		40	160	0.02	10.	15.	650	600	T05	12
30-01-34400		2N 3440	N	250.	300	1.	10.	0.5	0.05		40	160	0.02	10.	15.	650	600	T05	12
30-01-34410		2N 3441	N	140.	160	3.	25.	6.	2.7		25	100	0.5	4.	0.2			T066	9
30-01-34420		2N 3442	N	140.	160	10.	117.	1.	3.		20	70	3.	4.	0.08			T03	10
30-01-34460		2N 3446	N	80.	100	7.5	115.	0.6	3.		20	60	3.	5.	10.			T03	10
30-01-34670		2N 3467	P	40.	40	1.	5.	1.	1.		40	120	0.5	1.	175.	30	30	T05	12
30-01-34940		2N 3494	P	80.	80	0.1	3.	0.3	0.01		35		0.1	10.	200.	300	450	T05	12
30-01-34950		2N 3495	P	120.	120	0.1	3.	0.35	0.01		40		0.05	10.	150.	300	450	T05	12
30-01-34970		2N 3497	P	120.	120	0.1	1.8	0.35	0.01		40		0.05	10.	150.	300	450	T018	17
30-01-34980		2N 3498	N	100.	100	0.5	5.	0.6	0.3		40	120	0.15	10.	150.	35	80	T05	12
30-01-35000		2N 3500	N	150.	150	0.3	5.	0.4	0.15		40	120	0.15	10.	150.	35	80	T05	12
30-01-35090		2N 3509	N	20.	40	0.5	2.	0.25	0.01		100	300	0.01	1.	.	12	18	T046	132
30-01-35460		2N 3546	P	12.	15	.	1.2	0.15	0.01		30	120	0.01	1.	700.	40	30	T018	17
30-01-35530		2N 3553	N	40.	65	0.33'	7.	1.	0.25		10	100	0.25	5.	500.			T05	12
30-01-35840		2N 3584	N	250.	330	2.	35.	0.75	1.		25	100	1.	.	10.			T066	9

2.1. JEDEC

ElData code	S	Type	N/P	Uceo V	Ucbo V	Ic A	Ptot W	Uce (sat) V	@ Ic A	D	hFE min.	hFE max.	@ Ic A	Uce V	Ft MHz	tON ns	tOFF ns	Case	no.
30-01-35850	*	2N 3585	N	300.	500	2.	35.	0.75	1.		35	100	1.	10.	10.	4000	3000	T066	9
30-01-36320		2N 3632	N	40.	65	1.	23.	1.	0.5		10	150	0.25	5.	400.			T060	31
30-01-36350		2N 3635	P	140.	140	1.	5.	0.3	0.01		100	300	0.05	10.	200.	400	600	T05	12
30-74-36840		2N 3684	N	50.		50.	0.01	FET										P018	61
30-01-37000		2N 3700	N	80.	140	1.	0.5	0.75	0.01		50	200	0.5	10.	80.			T018	17
30-01-37020	*	2N 3702	P	25.	40	0.200	0.300	0.25	0.05		60	300	0.05	5.	100.			T092	19
30-01-37030	*	2N 3703	P	30.	50	0.200	0.300	0.25	0.05		30	150	0.05	5.	100.			T092	19
30-01-37040	*	2N 3704	N	30.	50	0.800	0.360	0.6	0.1		100	300	0.05	2.	100.			T092	19
30-01-37060	*	2N 3706	N	20.	40	0.800	0.360	1.	0.1		30	160	0.05	2.	100.			T092	19
30-01-37070	*	2N 3707	N	30.	30	0.030	0.25	1.	0.01		100	400	0.0001	2.	80.			T092	19
30-01-37080	*	2N 3708	N	30.	30	0.030	0.25	1.	0.01		45	660	0.001	5.	80.			T092	19
30-01-37100	*	2N 3710	N	30.	30	0.030	0.25	1.	0.01		90	330	0.001	5.	80.			T092	19
30-01-37110	*	2N 3711	N	30.	30	0.030	0.25	1.	0.01		180	660	0.001	5.	80.			T092	19
30-01-37150		2N 3715	N	60.	80	10.	150.	0.8	5.		50	150	1.	2.	5.	450	350	T03	10
30-01-37160		2N 3716	N	80.	100	10.	150.	0.8	5.		50	150	1.	2.	5.	450	350	T03	10
30-01-37250		2N 3725	N	50.	80	2.	0.8	0.52	0.5		35	500	0.5	1.	300.	35	60	T05	12
30-01-37260		2N 3726	P	45.	45	0.3	0.4	.	.		135	500	0.001	5.	200.			T077	130
30-01-37340		2N 3734	N	30.	50	1.5	4.	0.2	0.01		30	120	1.	1.5	300.	40	30	T05	12
30-01-37380		2N 3738	N	225.	250	3.	20.	2.5	0.25		40	200	0.1	10.	10.			T066	9
30-01-37390		2N 3739	N	300.	325	3.	20.	2.5	0.25		40	200	0.1	10.	10.			T066	9
30-01-37400		2N 3740	P	60.	60	4.	25.	0.6	1.		30	100	0.25	1.	3.			T066	9
30-01-37410		2N 3741	P	80.	80	4.	25.	0.6	1.		30	100	0.25	1.	3.			T066	9
30-01-37620		2N 3762	P	40.	40	1.5	4.	0.1	0.01		30	120	1.	1.5	180.	35	35	T05	12
30-01-37630		2N 3763	P	60.	60	1.5	4.	0.1	0.01		20	80	1.	1.5	150.	35	35	T05	12
30-01-37660		2N 3766	N	60.	80	4.	20.	2.5	1.		40	160	0.5	5.	15.			T066	9
30-01-37670		2N 3767	N	80.	100	4.	20.	2.5	1.		40	160	0.5	5.	15.			T066	9
30-01-37710		2N 3771	N	40.	50	30.	150.	2.	15.		15	60	15.	4.	3.			T03	10
30-01-37720		2N 3772	N	60.	100	20.	150.	1.4	10.		15	60	10.	4.	3.			T03	10
30-01-37730		2N 3773	N	140.	160	16.	150.	1.4	8.		15	60	8.	4.	3.	800	3700	T03	10
30-01-37890		2N 3789	P	60.	60	10.	150.	1.	4.		25	90	1.	2.	4.			T03	10
30-01-37900		2N 3790	P	80.	80	10.	150.	1.	4.		25	90	1.	2.	4.			T03	10
30-01-37910		2N 3791	P	60.	60	10.	150.	1.	5.		50	150	1.	2.	4.			T03	10
30-01-37920		2N 3792	P	80.	80	10.	150.	1.	5.		50	180	1.	2.	4.	350	800	T03	10
30-74-38190		2N 3819	N	25.		25.	0.020	FET										T092	67
30-74-38200		2N 3820	P	20.		20.	0.015	FET										T092	67
30-74-38210		2N 3821	N	15.		15.	2.5	FET										T072	61

2.1. JEDEC

ElData code	S	Type	N/P	Uceo V	Ucbo V	Ic A	Ptot W	Uce (sat) V	@ Ic A	D	hFE min.	hFE max.	@ Ic A	Uce V	Ft MHz	tON ns	tOFF ns	Case	no.
30-74-38230		2N 3823	N	30.		30.	0.020	FET										T072	61
30-74-38240		2N 3824	N	50.		50.	0.020	FET										T072	61
30-01-38660		2N 3866	N	30.	55	0.400	5.	1.	0.1		10	200	0.05	5.	700.			T05	12
30-01-38790	*	2N 3879	N	75.	120	7.	35.	1.2	.		12	100	4.	2.	40.	400	400	T066	9
30-01-39040		2N 3904	N	40.	60	0.200	0.31	0.2	0.01		100	300	0.01	1.	300.			T092	32
30-01-39050		2N 3905	P	40.	40	0.2	0.3	0.25	0.01		50	150	0.01	1.	200.	35	60	T092	32
30-01-39060		2N 3906	P	40.	60	0.200	0.31	0.25	0.01		100	300	0.01	1.	250.			T092	32
30-01-39450		2N 3945	N	50.	70	1.	5.	0.5	0.15		40	250	0.15	10.	60.			T05	12
30-01-39470		2N 3947	N	40.	60	0.2	1.2	0.2	0.01		100	300	0.01	1.	300.	35	75	T018	17
30-01-39480		2N 3948	N	20.	36	0.4	1.	.	.		15		0.05	5.	700.			T05	12
30-01-39600		2N 3960	N	12.	20	.	0.75	0.2	0.001		40	200	0.01	1.	1300.	2	1.6	T018	17
30-01-39620	*	2N 3962	P	60.	60	0.200	0.360	0.25	0.01		100	450	0.001	5.	160.			T018	17
30-01-39630	*	2N 3963	P	80.	80	0.200	0.360	0.25	0.01		100	450	0.001	5.	160.			T018	17
30-01-39640	*	2N 3964	P	45.	45	0.200	0.360	0.25	0.01		250	600	0.001	5.	160.			T018	17
30-01-39650	*	2N 3965	P	60.	60	0.200	0.360	0.25	0.01		250	600	0.001	5.	160.			T018	17
30-74-39660		2N 3966	N	30.		30.	0.002	FET										T072	61
30-74-39670		2N 3967	N	30.		30.	0.01	FET										T072	61
30-74-39690		2N 3969	N	30.		30.	0.002	FET										T072	61
30-74-39720		2N 3972	N	40.		40.	0.030	FET										T0106	63
30-01-40160		2N 4016	P	60.	60	0.3	0.4	.	.		135	350	0.001	.	200.			T077	130
30-01-40260	*	2N 4026	P	60.	60	1.	0.500	.	.		40	120	0.001	5.	100.	100	50	T018	17
30-01-04033		2N 4033	P	80.	80	1.	0.800	.	.		75		0.100	5.	.			T05	12
30-01-40360		2N 4036	P	65.	90	1.	7.	0.6	0.15		40	140	0.15	10.	60.	110	700	T05	12
30-74-40910		2N 4091	N	40.		40.	0.030	FET										T018	63
30-74-41171		2N 4117 A	N	40.		40.	0.001	FET										T072	61
30-01-41230		2N 4123	N	30.	40	0.2	0.310	0.3	0.05		50	150	0.002	1.	250.	13	11	T092	32
30-01-41240		2N 4124	N	25.	30	0.2	0.31	0.3	0.05		120	360	0.002	1.	300.	13	11	T092	32
30-01-41250		2N 4125	P	30.	30	0.2	0.31	0.4	0.05		50	150	0.002	1.	200.	18	15	T092	32
30-01-41260		2N 4126	P	25.	25	0.2	0.31	0.4	0.05		120	360	0.002	1.	250.	18	15	T092	32
30-01-42340		2N 4234	P	40.	40	3.	6.	0.6	1.		30	150	0.1	1.	3.			T05	12
30-01-42360		2N 4236	P	80.	80	3.	6.	0.6	1.		30	150	0.1	1.	3.			T05	12
30-01-42380		2N 4238	N	60.	80	1.	6.	0.6	1.		30	150	0.25	1.	2.			T05	12
30-01-42600		2N 4260	P	15.	15	0.030	0.2	0.15	0.001		30	150	0.01	1.	1200.	1	1	T072	4
30-01-42920	*	2N 4292	N	15.	30	0.050	0.200	0.6	0.01		20		0.03	1.	600.			T092	36
30-74-43020		2N 4302	N	30.		30.	0.005	FET										R097B	66
30-74-43940		2N 4391	N	40.		40.	0.050	FET										T018	63

2.1. JEDEC

ElData code	S	Type	N/P	Uceo V	Ucbo V	Ic A	Ptot W	Uce (sat) V	@ Ic A	D	hFE min.	max.	@ Ic A	Uce V	Ft MHz	tON ns	tOFF ns	Case	no.
30-01-43980		2N 4398	P	40.		30.	200.	1.	15.		15	60	15.	2.	4.	400	600	T03	10
30-01-43990		2N 4399	P	60.		30.	200.	1.	15.		15	60	15.	2.	4.	400	600	T03	10
30-01-44000		2N 4400	N	40.	60	0.6	0.310	0.4	0.15		50	150	0.15	1.	200.	20	30	T092	32
30-01-44010		2N 4401	N	40.	60	0.6	0.310	0.4	0.15		100	300	0.15	1.	250.	20	30	T092	32
30-01-44020		2N 4402	P	40.	40	0.6	0.310	0.4	0.15		50	150	0.15	2.	150.	20	30	T092	32
30-01-44030		2N 4403	P	40.	40	0.6	0.310	0.4	0.15		100	300	0.15	2.	200.	20	30	T092	32
30-01-44040		2N 4404	P	80.	80	1.	7.	0.5	0.5		40	120	0.15	1.	200.	25	35	T05	12
30-01-44050		2N 4405	P	80.	80	1.	7.	0.5	0.5		100	300	0.15	1.	200.	25	35	T05	12
30-01-44070		2N 4407	P	80.	80	2.	8.75	0.2	0.5		75	225	0.15	1.	150.	60	50	T05	12
30-01-44100		2N 4410	N	80.	120	0.250	0.310	0.2	0.001		60	400	0.001	1.	60.			T092	32
30-74-44161		2N 4416 A	N	30.		30.	0.015	FET										T092	61
30-01-44270		2N 4427	N	20.	40	0.400	2.	.	.		10	200	0.1	1.	500.			T05	17
30-01-44320		2N 4432	N	30.	580	0.200	0.600	.	.		80	150	0.006	.	250.			T05	12
30-74-48560		2N 4856	N	40.		40.	0.050	FET										T018	63
30-74-48600		2N 4860	N	30.		30.	0.020	FET										T018	63
30-01-48900		2N 4890	P	40.	60	0.5	5.	0.12	0.15		25	250	0.15	10.	280.	20	20	T05	12
30-01-48980		2N 4898	P	40.	40	1.	25.	0.6	1.		20	100	0.5	1.	3.			T066	9
30-01-48990		2N 4899	P	60.	60	1.	25.	0.6	1.		60	20	0.5	1.	3.			T066	9
30-01-49000		2N 4900	P	80.	80	1.	25.	0.6	1.		20	100	0.5	1.	3.			T066	9
30-01-49010		2N 4901	P	40.	40	5.	87.5	0.4	1.		20	80	1.	2.	4.			T03	10
30-01-49020		2N 4902	P	60.	60	5.	87.5	0.4	1.		20	80	1.	2.	4.			T03	10
30-01-49030		2N 4903	P	80.	80	5.	87.5	0.4	1.		20	80	1.	2.	4.			T03	10
30-01-49050		2N 4905	P	60.	60	5.	87.5	1.	2.5		25	100	2.5	2.	4.			T03	10
30-01-49060		2N 4906	P	80.	80	5.	87.5	1.	2.5		25	100	2.5	2.	4.			T03	10
30-01-49120		2N 4912	N	80.	80	1.	25.	0.6	1.		20	100	0.5	1.	3.			T066	9
30-01-49180	*	2N 4918	P	40.	40	1.	30.	0.6	1.		20	100	0.5	1.	3.			T0126	16
30-01-49190	*	2N 4919	P	60.	60	1.	30.	0.6	1.		20	100	0.5	1.	3.			T0126	16
30-01-49200	*	2N 4920	P	80.	80	1.	30.	0.6	1.		20	100	0.5	1.	3.			T0126	16
30-01-49210	*	2N 4921	N	40.	40	1.	30.	0.6	1.		20	100	0.5	1.	3.			T0126	16
30-01-49220	*	2N 4922	N	60.	60	1.	30.	0.6	1.		20	100	0.5	1.	3.			T0126	16
30-01-49230	*	2N 4923	N	80.	80	1.	30.	0.6	1.		20	100	0.5	1.	3.			T0126	16
30-01-49260		2N 4926	N	200.	200	0.05	5.	2.	0.03		20	200	0.03	10.	30.			T05	12
30-01-49270		2N 4927	N	250.	250	0.05	5.	2.	0.03		20	200	0.03	10.	30.			T05	12
30-01-49280		2N 4928	P	100.	100	0.100	0.600	0.5	0.01		20	200	0.01	.	100.			T05	12
30-01-49290		2N 4929	P	150.	150	0.500	1.	0.5	0.01		25	200	0.06	.	100.			T05	12
30-01-49320		2N 4932	N	25.	50	3.3	70.	.	.		10	100	1.	.	100.			T060	31

2.1. JEDEC

ElData code	S	Type	N/P	Uceo V	Ucbo V	Ic A	Ptot W	Uce (sat) V	@ Ic A	D	hFE min. max.	@ Ic A	Uce V	Ft MHz	tON ns	tOFF ns	Case	no.
30-01-49370	*	2N 4937	P	40.	50	0.05	0.6	.	.		50 250	0.01	10.	400.			T099	130
30-01-49570		2N 4957	P	30.	30	0.030	0.2	.	.		20	0.002	10.	1200.			T072	4
30-01-49580		2N 4958	P	30.	30	0.030	0.2	.	.		20	0.002	10.	1000.			T072	4
30-01-49590		2N 4959	P	30.	30	0.030	0.2	.	.		20	0.002	10.	1000.			T072	4
30-74-49780		2N 4978	N	30.		30.	0.100	FET									T018	63
30-01-50160		2N 5016	N	30.	65	4.5	30.	.	.		10 200	.	.	600.			T060	31
30-74-50180		2N 5018	P	30.		30.	0.05	FET									T018	60
30-01-50380		2N 5038	N	90.	150	20.	140.	25.	20.		50 250	12.	.	60.	500	2000	T03	10
30-01-50500		2N 5050	N	125.	125	2.	40.	5.	2.		25 100	0.75	5.	10.	300	1200	T066	9
30-01-50870		2N 5087	P	50.	50	0.05	0.310	0.3	0.01		250 800	0.0001	5.	150.			T092	32
30-01-50880		2N 5088	N	30.	35	0.05	0.310	0.5	0.01		300 900	0.0001	5.	175.			T092	32
30-01-50900		2N 5090	N	30.	55	0.400	4.	1.	0.1		10 200	0.05	.	500.			T060	31
30-01-51600		2N 5160	P	40.	60	0.4	5.	.	.		10	0.05	.	900.			T05	12
30-01-51620		2N 5162	N	40.	60	5.	50.	.	.		10	2.	5.	500.			T060	31
30-74-51630		2N 5163	N	25.		25.	0.04	FET									T0106	66
30-01-51790		2N 5179	N	12.	20	0.05	0.3	0.4	0.01		25 250	0.003	1.	900.			T072	4
30-01-51900		2N 5190	N	40.	40	4.	40.	1.4	4.		25 100	1.5	2.	2.			T0126	16
30-01-51910		2N 5191	N	60.	60	4.	40.	1.4	4.		25 100	1.5	2.	2.			T0126	16
30-01-51920		2N 5192	N	80.	80	4.	40.	1.4	4.		20 80	1.5	2.	2.			T0126	16
30-01-51930		2N 5193	P	40.	40	4.	40.	1.4	4.		25 100	1.5	2.	2.			T0126	16
30-01-51940		2N 5194	P	60.	60	4.	40.	1.4	4.		25 100	1.5	2.	2.			T0126	16
30-01-51950		2N 5195	P	80.	80	4.	40.	1.4	4.		20 80	1.5	2.	2.			T0126	16
30-01-52020	*	2N 5202	N	75.	100	4.	35.	1.2	4.		10 100	4.	.	60.	400	400	T066	9
30-01-52620	*	2N 5262	N	50.	25	2.	0.800	0.8	1.		40	0.1	.	350.	50		T05	12
30-74-52780		2N 5278	N	150.		150.	0.025	FET									T05	59
30-01-52940		2N 5294	N	70.	80	4.	36.	2.	3.6		30 120	0.5	.	0.800	5000	15000	T0220	33
30-01-53010		2N 5301	N	40.	40	30.	200.	3.	30.		50 60	15.	2.	2.	1000	1000	T03	10
30-01-53020		2N 5302	N	60.	60	30.	200.	3.	30.		50 60	15.	2.	2.	1000	1000	T03	10
30-01-53080	*	2N 5308	N	40.	40	0.200	0.400	1.4	0.2	D	7000 20000	0.002	5.	60.			T092	19
30-01-53200		2N 5320	N	75.	100	2.	10.	0.5	0.5		30 130	0.5	.	50.	80	800	T05	12
30-01-53220		2N 5322	P	75.	100	2.	10.	0.7	0.5		30 130	0.5	.	50.	80	800	T05	12
30-01-53380		2N 5338	N	100.	80	5.	6.	1.2	5.		30 120	2.	2.	30.	100	200	T05	12
30-01-54000		2N 5400	P	120.	130	0.6	0.31	0.3	0.01		40 180	0.01	5.	100.			T092	32
30-01-54010		2N 5401	P	150.	160	0.6	0.310	0.25	0.05		60 240	0.01	5.	100.			T092	32
30-01-54150		2N 5415	P	200.	200	1.	10.	2.5	0.05		30 120	0.05	10.	15.			T05	12
30-01-54160		2N 5416	P	300.	350	1.	10.	2.	0.05		30 120	0.05	10.	50.			T05	12

2.1. JEDEC

ElData code	S	Type	N/P	Uceo V	Ucbo V	Ic A	Ptot W	Uce (sat) V @ Ic A	D	hFE min. max.	@ Ic A	Uce V	Ft MHz	tON ns	tOFF ns	Case	no.
30-01-54300		2N 5430	N	100.	100	7.	40.	1.2 7.		60 240	2.	2.	30.	100	200	TO66	9
30-74-54320	*	2N 5432	N	25.		25.	0.150	FET								TO52	63
30-74-54600		2N 5460	P	40.		40.	0.005	FET								TO92	58
30-74-54610		2N 5461	P	40.		40.	0.009	FET								TO92	58
30-01-54960		2N 5496	N	70.	90	7.	50.	1. 3.5		20 100	3.5	4.	0.800	5000	15000	TO220	33
30-74-55430		2N 5543	N	300.		300.	0.01	FET								TO5	59
30-01-55500		2N 5550	N	140.	160	0.6	0.310	0.25 0.05		60 250	0.01	5.	100.			TO92	32
30-01-55510		2N 5551	N	160.	180	0.6	0.310	0.20 0.05		80 250	0.01	5.	100.			TO92	32
30-01-55750		2N 5575	N	50.	70	80.	300.	2. 60.		10 40	60.	40.	0.400			TO3	10
30-01-55830		2N 5583	P	30.	30	0.5	5.	. .		25 100	0.1	2.	1300.	2.1	1.8	TO5	12
30-01-55890		2N 5589	N	18.	36	0.6	15.	. .		5	.	.	240.			T71	136
30-01-56290		2N 5629	N	100.	100	16.	200.	2. 16.		25 100	8.	2.	1.			TO3	10
30-01-56300		2N 5630	N	120.	120	16.	200.	2. 16.		20 80	8.	2.	1.			TO3	10
30-01-56310		2N 5631	N	140.	140	16.	200.	2. 16.		15 60	8.	2.	1.			TO3	10
30-74-56400		2N 5640	N	25.		25.	0.05	FET								TO92	57
30-01-56410		2N 5641	N	35.	65	1.	15.	. .		5	.	.	175.			T71	136
30-01-56420		2N 5642	N	35.	65	3.	30.	. .		5	.	.	175.			T113	86
30-01-56430		2N 5643	N	35.	65	5.	60.	. .		5	.	.	175.			T113	86
30-01-56460		2N 5646	N	18.	36	2.	30.	. .		15	.	.	400.			T113	86
30-74-56490		2N 5649	N	50.		50.	0.002	FET								TO72	61
30-01-56720	*	2N 5672	N	120.	150	30.	140.	0.75 15.		20 100	15.	2.	50.	500	500	TO3	10
30-01-56790		2N 5679	P	100.	100	1.	10.	2. 1.		40 150	0.25	2.	30.			TO5	12
30-01-56800		2N 5680	P	120.	120	1.	10.	2. 1.		40 150	0.25	2.	30.			TO5	12
30-01-56810		2N 5681	N	100.	100	1.	10.	2. 1.		40 150	0.25	2.	30.			TO5	12
30-01-56820		2N 5682	N	120.	120	1.	10.	2. 1.		40 150	0.25	2.	30.			TO5	12
30-01-56830		2N 5683	P	60.	60	50.	300.	5. 50.		15 60	25.	2.	2.			TO3	10
30-01-56840		2N 5684	P	80.	80	50.	300.	5. 50.		15 60	25.	2.	2.			TO3	10
30-01-56850		2N 5685	N	60.	60	50.	300.	5. 50.		15 60	25.	2.	2.			TO3	10
30-01-56860		2N 5686	N	80.	80	50.	300.	5. 50.		15 60	25.	2.	2.			TO3	10
30-01-57820		2N 5782	P	50.	65	3.5	10.	0.25 1.2		20 100	0.1	2.	8.	500	2500	TO5	12
30-01-57830	*	2N 5783	P	40.	45	3.5	10.	1. 1.6		20 100	0.1	2.	8.	500	2500	TO5	12
30-01-57850		2N 5785	N	50.	65	3.5	10.	0.75 1.2		20 100	0.1	2.	1.	500	2500	TO5	12
30-01-58050		2N 5805	N	375.		5.	62.	. .		10 100	.	.	15.			TO3	10
30-01-58350		2N 5835	N	10.	15	0.015	0.200	. .		25	.	.	2500.	0.25		TO72	4
30-01-58590		2N 5859	N	40.	80	2.	1.	0.7 1.		30 120	0.5	1.	250.	30	35	TO5	12
30-01-58690		2N 5869	N	60.	60	5.	87.5	2. 5.		20 100	0.25	4.	4.	700	800	TO3	10

EIData code	S	Type	N/P	Uceo V	Ucbo V	Ic A	Ptot W	Uce (sat) V	@ Ic A	D	hFE min.	max.	@ Ic A	Uce V	Ft MHz	tON ns	tOFF ns	Case	no.
40-01-58810		2N 5881	N	60.	60	12.	160.	4.	12.		20	100	6.	4.	4.	700	800	T03	10
30-01-58840		2N 5884	P	80.	80	25.	200.	4.	20.		20	100	3.	4.	4.	700	800	T03	10
30-01-58860		2N 5886	N	80.	80	25.	200.	4.	20.		20	100	3.	4.	4.	700	800	T03	10
30-74-59020		2N 5902	N	40.		40.	0.001	FET										T018-8	56
30-01-59430		2N 5943	N	30.	40	0.4	3.5	0.15	0.1		25	300	0.05	15.	1550.			T05	12
30-01-59440		2N 5944	N	16.	36	0.4	5.	.	.		20		.	.	960.			T90	38
30-01-59450		2N 5945	N	16.	36	0.8	15.	.	.		20		.	.	960.			T90	38
30-01-59460		2N 5946	N	16.	36	2.	37.5	.	.		20		.	.	960.			T90	38
30-01-59540	*	2N 5954	P	80.	90	6.	40.	1.2	.		20	100	0.5	4.	5.	200	1200	T066	9
30-01-59880	*	2N 5988	P	80.	100	12.	100.	1.7	12.		20	120	6.	2.	2.			B16H	83
30-01-59910	*	2N 5991	N	80.	100	12.	100.	1.7	12.		20	120	6.	2.	2.			B16H	83
30-01-60300		2N 6030	P	120.	120	16.	200.	2.	16.		20	80	8.	2.	1.			T03	10
30-01-60310		2N 6031	P	140.	140	16.	200.	2.	16.		15	60	8.	2.	1.			T03	10
30-01-60320		2N 6032	N	90.	120	50.	140.	1.3	50.		10	50	50.	26.	50.	1000	2000	T03	10
30-01-60330		2N 6033	N	120.	150	40.	140.	1.	40.		10	50	40.	2.	50.	1000	2000	T03	10
30-01-60340		2N 6034	P	40.	40	4.	40.	3.	4.	D	750	18000	2.		3.	25.		T0126	16
30-01-60360		2N 6036	P	80.		4.	40.	.	.	D	750	18000	.		.	25.		T0126	16
30-01-60390		2N 6039	N	80.	80	4.	40.	2.	2.	D	750	18000	2.		.	25.		T0126	16
30-01-60400		2N 6040	P	60.		8.	75.	.	.	D	1000	10000	4.		.	4.		T0220	33
30-01-60410		2N 6041	P	80.		8.	75.	.	.	D	1000	10000	4.		.	4.		T0220	33
30-01-60420		2N 6042	P	100.		8.	75.	.	.	D	1000	10000	3.		.	4.		T0220	33
30-01-60430		2N 6043	N	60.		8.	75.	.	.	D	1000	10000	4.		.	4.		T0220	33
30-01-60440		2N 6044	N	80.		8.	75.	.	.	D	1000	10000	4.		.	4.		T0220	33
30-01-60490	*	2N 6049	P	55.	90	4.	75.	2.	4.		25	100	0.2	10.	3.			T066	9
30-01-60500		2N 6050	P	60.	60	12.	150.	2.	6.	D	750	18000	6.	3.	4.			T03	10
30-01-60510		2N 6051	P	80.	80	12.	150.	2.	6.	D	750	18000	6.	3.	4.			T03	10
30-01-60520		2N 6052	P	100.	100	12.	150.	2.	6.	D	750	18000	6.	3.	4.			T03	10
30-01-60570		2N 6057	N	60.	60	12.	150.	2.	6.	D	750	18000	6.	3.	4.			T03	10
30-01-60580		2N 6058	N	80.	80	12.	150.	2.	6.	D	750	18000	6.	3.	4.			T03	10
30-01-60590		2N 6059	N	100.	100	12.	150.	2.	6.	D	750	18000	6.	3.	4.			T03	10
30-01-60780		2N 6078	N	250.	275	7.	45.	0.5	1.2		12	70	1.2	1.	1.			T066	9
30-01-60800		2N 6080	N	18.	36	1.	12.	.	.		5		.	.	300.			T113	86
30-01-60820		2N 6082	N	18.	36	4.	50.	.	.		5		.	.	300.			T113	86
30-01-61000		2N 6100	N	70.	80	10.	75.	2.5	10.		20	80	5.	4.	0.800			T0220	33
30-01-61010		2N 6101	N	70.	80	10.	75.	2.5	10.		20	80	5.	4.	0.800			T0220	33
30-01-61030		2N 6103	N	40.	45	16.	75.	2.3	16.		15	60	8.	4.	0.800			T0220	33

ElData code	S	Type	N/P	Uceo V	Ucbo V	Ic A	Ptot W	Uce (sat) V	@ Ic A	D	hFE min. max.	@ Ic A	Uce V	Ft MHz	tON ns	tOFF ns	Case	no
30-01-61060		2N 6106	P	70.		7.	40.	2.	6.5		30 150	2.	4.	10.			T0220	33
30-01-61070		2N 6107	P	70.		7.	40.	2.	6.5		30 150	2.	4.	10.			T0220	33
30-01-61770	*	2N 6177	N	350.	450	1.	20.	0.5	0.05		30 150	0.05	10.	21.			B24	34
30-01-61780	*	2N 6178	N	75.	100	2.	25.	0.5	0.5		30 130	0.5	4.	50.	80		B24	34
30-01-61800	*	2N 6180	P	75.	100	2.	25.	0.7	0.5		30 130	0.5	4.	50.	100		B24	34
30-01-62110		2N 6211	P	225.	275	2.	35.	1.4	1.		10 100	1.		2.8	20.		T066	9
30-01-62140	*	2N 6214	P	400.	450	2.	35.	2.5	1.		10 100	1.	5.	6.5	600	2500	T066	9
30-01-62460		2N 6246	P	60.	70	15.	125.	2.5	15.		20 100	7.	4.	15.	300	1200	T03	10
30-01-62470		2N 6247	P	80.	90	15.	125.	3.5	15.		20 100	6.	4.	15.	300	1200	T03	10
30-01-62480		2N 6248	P	100.	110	15.	125.	3.5	10.		20 100	5.	4.	15.	300	1200	T03	10
30-01-62500		2N 6250	N	275.	375	10.	175.	1.5	10.		8 50	1.	10.	2.5	800	2300	T03	10
30-01-62510		2N 6251	N	350.	450	10.	175.	1.5	10.		6 50	10.	3.	2.5	800	500	T03	10
30-01-62530		2N 6253	N	45.	55	15.	115.	4.	15.		20 70	3.	4.	0.800			T03	10
30-01-62540		2N 6254	N	80.	100	15.	115.	4.	15.		20 70	5.	2.	0.800			T03	10
30-01-62580		2N 6258	N	80.	100	20.	250.	4.	20.		20 60	10.	4.	0.200			T03	10
30-01-62590		2N 6259	N	150.	170	16.	250.	2.5	1.6		15 60	8.	2.	0.200			T03	10
30-01-62620		2N 6262	N	150.	170	10.	150.	0.5	3.		20 70	3.	2.	0.800			T03	10
30-01-62640	*	2N 6264	N	150.	170	3.	50.	0.5	1.		20 60	1.	2.	0.200			T066	9
30-01-62740		2N 6274	N	100.	120	50.	250.	.	.		30 120	20.	.	30.			T03	10
30-01-62750		2N 6275	N	120.	140	50.	250.	.	.		30 120	20.	4.	30.			T03	10
30-01-62760		2N 6276	N	140.	160	50.	250.	.	.		30 120	20.	4.	30.			T03	10
30-01-62770		2N 6277	N	150.	180	50.	250.	.	.		30 120	20.	4.	30.			T03	10
30-01-62820		2N 6282	N	60.	60	20.	160.	2.	10.	D	750 18000	10.	3.	4.			T03	10
30-01-62830		2N 6283	N	80.	80	20.	160.	2.	10.	D	750 18000	10.	3.	4.	3000	3000	T03	10
30-01-62840		2N 6284	N	100.	100	20.	160.	2.	10.	D	750 18000	10.	3.	4.	3000	3000	T03	10
30-01-62850		2N 6285	P	60.	60	20.	160.	2.	10.	D	750 18000	10.	3.	4.			T03	10
30-01-62860		2N 6286	P	80.	80	20.	160.	2.	10.	D	750 18000	10.	3.	4.	3000	3000	T03	10
30-01-62870		2N 6287	P	100.	100	20.	160.	2.	10.	D	750 18000	10.	3.	4.	3000	3000	T03	10
30-01-62920		2N 6292	N	70.	80	7.	40.	2.	6.5		30 150	2.	4.	4.			T0220	33
30-01-62930		2N 6293	N	70.	80	7.	40.	2.	6.5		30 150	2.	4.	4.			T0220	33
30-01-62950		2N 6295	N	80.		4.	50.	.	.	D	750 18000	2.	.	4.			T066	9
30-01-62970		2N 6297	P	80.		4.	50.	.	.	D	750 18000	2.	.	4.			T066	9
30-01-62990		2N 6299	P	80.		8.	75.	.	.	D	750 18000	4.	.	4.			T066	9
30-01-63010		2N 6301	N	80.		8.	75.	.	.	D	750 18000	4.	.	4.			T066	9
30-01-63060		2N 6306	N	250.	500	8.	125.	0.8	3.		15 75	3.	5.	5.	600	4000	T03	10
30-01-63070		2N 6307	N	300.	600	8.	125.	1.	3.		15 75	3.	5.	5.	600	400	T03	10

2.1. JEDEC

ElData code	S	Type	N/P	Uceo V	Ucbo V	Ic A	Ptot W	Uce (sat) V	@ Ic A	D	hFE min. max.	@ Ic A	Uce V	Ft MHz	tON ns	tOFF ns	Case	no.
30-01-63080		2N 6308	N	350.	700	8.	125.	1.5	3.		12 60	3.	5.	5.	600	400	T03	10
30-01-63160		2N 6316	N	80.		7.	90.	.	.		20 100	2.5	.	4.			T066	9
30-01-63170		2N 6317	P	60.		7.	90.	.	.		20 100	2.5	.	4.			T066	9
30-01-63180		2N 6318	P	80.		7.	90.	.	.		20 100	2.5	.	4.			T066	9
30-01-63270		2N 6327	N	80.	80	30.	200.	3.	30.		6 30	30.	4.	3.	450	900	T03	10
30-01-63380		2N 6338	N	100.		25.	200.	.	.		30 120	10.	.	40.			T03	10
30-01-63390		2N 6339	N	120.	140	25.	200.	.	.		30 120	10.	2.	40.	300		T03	10
30-01-63400		2N 6340	N	140.		25.	200.	.	.		30 120	10.	.	40.			T03	10
30-01-63410		2N 6341	N	150.		25.	200.	.	.		30 120	10.	.	40.			T03	10
30-01-63830		2N 6383	N	40.	40	10.	100.	2.	5.	D	1000 20000	5.	3.	1.	1000	3500	T03	10
30-01-63840		2N 6384	N	60.	60	10.	100.	2.	5.	D	1000 20000	5.	3.	1.	1000	3500	T03	10
30-01-63850		2N 6385	N	80.	80	10.	100.	2.	5.	D	1000 20000	5.	3.	1.	1000	3500	T03	10
30-01-63860		2N 6386	N	40.	40	8.	65.	3.	8.	D	1000 20000	3.	3.	1.	1000	3500	T0220	33
30-01-63870		2N 6387	N	60.	60	10.	65.	3.	10.	D	1000 20000	5.	3.	1.	1000	3500	T0220	33
30-01-63880		2N 6388	N	80.	80	10.	65.	3.	10.	D	1000 20000	5.	3.	1.	1000	3500	T0220	33
30-01-64210	*	2N 6421	P	250.	375	2.	35.	0.75	1.		25 100	1.	10.	10.	3000	3000	T066	9
30-01-64390		2N 6439	N	33.	60	.	146.	.	.		10 100	1.	5.	400.			X136	138
30-01-64720		2N 6472	N	80.	90	15.	125.	3.5	15.		20 150	5.	4.	10.	300	2200	T03	33
30-01-64740		2N 6474	N	120.	130	4.	40.	1.2	1.5		15 150	1.5	4.	4.			T0220	33
30-01-64760		2N 6476	P	120.	130	4.	40.	1.2	1.5		15 150	1.5	4.	5.			T0220	33
30-01-64870		2N 6487	N	60.	70	15.	75.	3.5	15.		20 150	5.	4.	5.			T0220	33
30-01-64880		2N 6488	N	80.	90	15.	75.	3.5	15.		20 150	5.	4.	5.	300	1200	T0220	33
30-01-64890		2N 6489	P	40.	50	15.	75.	3.5	15.		20 150	5.	4.	5.			T0220	33
30-01-64910		2N 6491	P	80.	90	15.	75.	3.5	15.		20 150	5.	4.	5.	300	1200	T0220	33
30-01-64960		2N 6496	N	110.	150	15.	140.	8.	2.		12 100	1.	8.	60.	500	500	T03	10
30-01-65120		2N 6512	N	300.	350	7.	120.	1.5	7.		10 50	4.	3.	9.	800	3500	T03	10
30-01-65150		2N 6515	N	250.		0.5	.	0.30	.		50	0.03	.	40.			T092	32
30-01-65170		2N 6517	N	350.		0.5	.	0.01	.		30	.	0.3	40.			T092	32
30-01-65190		2N 6519	P	300.		0.5	.	0.3	.		45	0.03	.	40.			T092	32
30-01-65200		2N 6520	P	350.		0.5	.	0.3	0.01		30 40	0.03	.	.			T092	32
30-01-65450		2N 6545	N	400.		8.	125.	.	.		7 35	5.	.	6.			T03	10
30-01-65470		2N 6547	N	400.	850	15.	175.	5.	15.		6 30	10.	2.	6.	1000	700	T03	10
30-01-65690		2N 6569	N	40.	45	12.	100.	4.	12.		15 200	4.	3.	1.5	1500	1500	T03	10
30-01-66090		2N 6609	P	140.	160	16.	150.	4.	16.		15 60	8.	4.	2.	400	2000	T03	10
30-01-66480		2N 6648	P	40.	40	10.	70.	2.	5.	D	1000 2000	5.	3.	50.			T03	10
30-01-66490		2N 6649	P	60.	60	10.	70.	2.	5.	D	1000 20000	5.	3.	2.	600	2000	T03	10

2.1. JEDEC

ElData code	S	Type	N/P	Uceo V	Ucbo V	Ic A	Ptot W	Uce (sat) V	@ Ic A	D	hFE min.	hFE max.	@ Ic A	Uce V	Ft MHz	tON ns	tOFF ns	Case	no.
30-01-66500		2N 6650	P	80.	80	10.	70.	2.	5.	D	1000	20000	5.	3.	2.	600	2000	T03	10
30-01-66660		2N 6666	P	40.	40	8.	65.	2.	3.	D	1000	20000	3.	3.	2.	600	·2000	T0220	33
30-01-66670		2N 6667	P	60.	60	10.	65.	2.	5.	D	1000	20000	5.	3.	50.			T0220	33
30-01-66680		2N 6668	P	80.	80	10.	65.	2.	5.	D	100	2000	5.	3.	2.	600	2000	T0220	33
30-01-66730		2N 6673	N	400.	650	8.	150.	1.	5.		10	40	5.	3.	60.	500	400	T03	10
30-01-66750		2N 6675	N	400.	650	15.	175.	1.	10.		8	20	10.	2.	50.	600	500	T03	10
30-01-66780		2N 6678	N	400.	650	15.	175.	1.	15.		8		15.	3.	50.	600	500	T03	10
30-01-66880		2N 6688	N	200.	300	20.	200.	1.5	20.		20	80	10.	2.	100.	350	250	T03	10
30-77-01280		3N 128	N	20.		20.	0.015	FET										T072	68
30-77-01400	*	3N 140	N	20.		20.	0.050	FET										T072	70
30-77-01410	*	3N 141	N	20.		20.	0.050	FET										T072	69
30-77-01420	*	3N 142	N	20.		20.	0.050	FET										T072	68
30-77-01530		3N 153	N	20.		20.	0.050	FET										T072	68
30-77-01540		3N 154	N	20.		20.	0.050	FET										T072	70
30-77-02000		3N 200	N	20.		20.	0.050	FET										T072	70
30-77-02030		3N 203	N	25.		25.	0.050	FET										T072	70
30-77-02040		3N 204	N	25.		25.	0.050	FET										T072	70
30-77-02060		3N 206	N	25.		25.	0.050	FET										T072	70·

2.2. JIS

ElData code	S Type	N/P	Uceo V	Ucbo V	Ic A	Ptot W	Uce (sat) V	@ Ic A	D	hFE min. max.	@ Ic A	Uce V	Ft MHz	tON ns	tOFF ns	Case	no.
30-02-04900	2SA 490	P	40.	50	3.	25.	0.45	.		40 240	0.5	2.	10.			T0220	33
30-02-04960	2SA 496	P	30.	40	1.	1.	0.8	0.5		40 240	0.05	2.	100.			T0126	16
30-02-05629	2SA 562 TM	P	30.	35	0.5	0.5	0.1	0.1		70 240	0.1	1.	20.			T03	10
30-02-07440	2SA 744	P	80.		8.	70.	.	.		30	3.	4.	.			T03	10
30-02-07451	2SA 745 A	P	120.		8.	70.	.	.		30	3.	4.	.			T03	10
30-02-07460	2SA 746	P	80.		10.	100.	.	.		30	3.	4.	.			T03	10
30-02-07471	2SA 747 A	P	140.		10.	100.	.	.		30	3.	4.	.			T03	10
30-02-07640	2SA 764	P	60.		6.	40.	.	.		30	1.	4.	.			T066	9
30-02-07650	2SA 765	P	80.		6.	40.	.	.		30	1.	4.	.			T066	9
30-02-07680	2SA 768	P	60.		4.	30.	.	.		40	1.	4.	.			T0220	33
30-02-07690	2SA 769	P	80.		6.	30.	.	.		40	1.	4.	.			T0220	33
30-02-07700	2SA 770	P	60.		6.	40.	.	.		40	1.	4.	.			T0220	33
30-02-07710	2SA 771	P	80.		6.	40.	.	.		40	1.	4.	.			T0220	33
30-02-08070	2SA 807	P	60.		6.	50.	.	.		20	3.	4.	.			T03	10
30-02-08081	2SA 808 A	P	100.		6.	50.	.	.		20	3.	4.	.			T03	10
30-02-08160	2SA 816	P	80.	80	0.750	1.5	0.5	0.5		70 240	0.15	2.	100.			T0220	33
30-02-08720	2SA 872	P	90.	90	0.05	0.3	0.5	0.01		250 800	0.002	12.	120.			T092	19
30-02-09070	2SA 907	P	100.		15.	150.	.	.		30	5.	4.	.			T03	10
30-02-09090	2SA 909	P	200.		15.	150.	.	.		30	5.	4.	.			T03	10
30-02-09570	2SA 957	P	150.		2.	30.	.	.		40	0.7	10.	.			T0220	33
30-02-09580	2SA 958	P	200.		2.	30.	.	.		40	0.7	10.	.			T0220	33
30-02-09650	2SA 965	P	120.	120	0.8	0.9	1.	0.5		80 240	0.1	5.	120.			T092	19
30-02-09660	2SA 966	P	30.	30	1.5	0.9	2.	1.5		100 320	0.5	2.	120.			T092	19
30-02-09700	2SA 970	P	120.	120	0.1	0.3	0.3	0.01		200 700	0.002	6.	100.			T092	19
30-02-09800	2SA 980	P	100.		8.	80.	.	.		30	3.	4.	.			T03	10
30-02-09810	2SA 981	P	120.		8.	80.	.	.		30	3.	4.	.			T03	10
30-02-09820	2SA 982	P	140.		8.	80.	.	.		30	3.	4.	.			T03	10
30-02-10120	2SA 1012	P	50.	60	5.	25.	0.2	3.		70 240	1.	1.	60.	10	100	T0220	33
30-02-10150	2SA 1015	P	50.	50	0.15	0.4	0.1	0.1		70 400	0.002	6.	80.			T092	19
30-02-10200	2SA 1020	P	50.	50	2.	0.9	0.5	1.		70 240	0.5	2.	100.	100	100	T092	19
30-02-10840	2SA 1084	P	90.	90	0.1	0.4	0.2	0.01		250 800	0.002	12.	90.			T092	19
30-02-10850	2SA 1085	P	120.	120	0.1	0.4	0.2	0.01		250 800	0.002	12.	90.			T092	19
30-02-10940	2SA 1094	P	140.	140	12.	120.	2.	5.		55 240	1.	5.	70.			B60	140
30-02-10950	2SA 1095	P	160.	160	15.	150.	2.	5.		55 240	1.	5.	60.			B60	140
30-02-11020	2SA 1102	P	80.		6.	60.	.	.		30	2.	4.	.			T0218	74
30-02-11030	2SA 1103	P	100.		7.	70.	.	.		30	3.	4.	.				74

2.2. JIS

ElData code	S	Type	N/P	Uceo V	Ucbo V	Ic A	Ptot W	Uce (sat) V	@ Ic A	D	hFE min.	max.	@ Ic A	Uce V	Ft MHz	tON ns	tOFF ns	Case	no.
30-02-11040		2SA 1104	P	120.		8.	80.	.	.		30		3.	4.	.			TO218	74
30-02-11050		2SA 1105	P	120.		9.	90.	.	.		30		3.	4.	.			TO218	74
30-02-11060		2SA 1106	P	140.		10.	100.	.	.		30		3.	4.	.			TO218	74
30-02-11160		2SA 1116	P	200.		15.	150.	.	.		30		5.	4.	.			TO3	10
30-02-11170		2SA 1117	P	200.		17.	200.	.	.		20		8.	4.	.			TO3	10
30-02-11350		2SA 1135	P	80.		4.	55.	.	.		40		1.	4.	.			TO218	74
30-02-11690		2SA 1169	P	200.		15.	150.	.	.		30		5.	4.	.			TO218	74
30-02-11700		2SA 1170	P	200.		17.	200.	.	.		20		8.	4.	.			TO218	74
30-02-11860		2SA 1186	P	150.		10.	100.	.	.		30		3.	4.	.			TO218	74
30-02-11870		2SA 1187	P	150.		12.	120.	.	.		30		3.	4.	.			TO218	74
30-02-12130		2SA 1213	P	50.	50	2.	1.0	.	.		70	240	.	.	120.	100	100	SOT89	80
30-02-12150		2SA 1215	P	160.		15.	150.	.	.		30		5.	4.	.			B60	140
30-02-12160		2SA 1216	P	180.		17.	200.	.	.		20		8.	4.	.			B60	140
30-02-12250		2SA 1225	P	160.	160	1.5	1.0	.	.		70	240	.	.	100.			PM1	106
30-02-12430		2SA 1243	P	30.	30	3.0	1.0	.	.		70	240	.	.	100.			PM1	106
30-02-12440		2SA 1244	P	50.	60	5.0	1.0	.	.		70	240	.	.	60.	100	100	PM1	106
30-02-16180		2SA 1618	P	60.		6.	50.	.	.		20		3.	4.	.			TO3	10
30-02-16190		2SA 1619	P	80.		6.	50.	.	.		20		3.	4.	.			TO3	10
30-02-16191		2SA 1619 A	P	100.		6.	50.	.	.		20		3.	4.	.			TO3	10
30-03-05360		2SB 536	P	120.	130	15.	20.	1.	1.		40	450	0.3	5.	40.			NECJ	
30-03-05540	*	2SB 554	P	180.		15.	150.	.	.		40	140	.	.	6.			TO3	10
30-03-06220		2SB 622	P	400.		0.3	0.8	.	.		30		0.05	4.	.			TO5	12
30-03-06460		2SB 646	P	100.	120	0.05	0.9	2.	0.03		60	320	0.01	5.	140.			TO92MOD	
30-03-06860		2SB 686	P	100.	100	6.	60.	2.	4.		55	160	1.	5.	10.			TO218	74
30-03-06880		2SB 688	P	120.	120	8.	80.	2.5	5.		55	160	1.	5.	10.			TO218	74
30-03-07110		2SB 711	P	80.		6.	50.	.	.	D	500		7.	4.	.			TO220	33
30-03-07120		2SB 712	P	100.		6.	50.	.	.	D	500		7.	4.	.			TO220	33
30-03-07540		2SB 754	P	50.	50	7.	60.	0.2	4.		70	240	1.	5.	10.			TO218	74
30-03-09080		2SB 908	P	80.	100	4.0	1.0	.	.	D	1000	2000	.	.	.	150	400	PM1	106
30-03-10160		2SB 1016	P	100.	100	5.	30.	2.	4.		40	240	1.	5.	5.			TO220	33
30-04-03809		2SC 380 TM	N	30.	35	0.05	0.3	0.4	0.01		40	240	0.002	12.	100.			TO92	19
30-04-03829		2SC 382 TM	N	40.	40	0.05	0.25	.	.		30		0.004	10.	400.			TO92	32
30-04-04950		2SC 495	N	50.	70	1.	1.	0.25	0.5		40	240	0.05	2.	100.			TO126	16
30-04-04960		2SC 496	N	30.	40	1.	1.	0.25	0.5		40	240	0.05	2.	100.			TO126	16
30-04-05100		2SC 510	N	100.	140	1.5	8.	0.2	0.2		30	150	0.2	2.	60.	130	200	TO5	12
30-04-07329		2SC 732 TM	N	50.	60	0.150	0.4	0.3	0.01		200	700	0.002	6.	150.			TO92	32

2.2. JIS

EIData code	S	Type	N/P	Uceo V	Ucbo V	Ic A	Ptot W	Uce (sat) V	@ Ic A	D	hFE min. max.	@ Ic A	Uce V	Ft MHz	tON ns	tOFF ns	Case	no.
30-04-09400	*	2SC 940	N	90.		5.	50.				15 120	.	.	10.			TO3	10
30-04-10010		2SC 1001	N	20.	40	0.5	5.				20	0.1	5.	470.			TO5	12
30-04-11150		2SC 1115	N	80.		10.	100.				30	3.	4.	.			TO3	10
30-04-11160		2SC 1116	N	120.		10.	100.				30	3.	4.	.			TO3	10
30-04-11161		2SC 1116 A	N	140.		10.	100.				30	3.	4.	.			TO3	10
30-04-11730		2SC 1173	N	30.	30	3.	10.	0.3	2.		70 240	0.5	2.	100.			TO220	33
30-04-14020		2SC 1402	N	80.		8.	70.				30	3.	4.	.			TO3	10
30-04-14030		2SC 1403	N	100.		8.	70.				30	3.	4.	.			TO3	10
30-04-14031		2SC 1403 A	N	120.		8.	70.				30	3.	4.	.			TO3	10
30-04-14360		2SC 1436	N	230.		15.	100.					.	.	500			TO3	10
30-04-14370		2SC 1437	N	230.		50.	200.					.	.	1000			TO3	10
30-04-14400		2SC 1440	N	150.		15.	100.					.	.	500			TO3	10
30-04-14410		2SC 1441	N	200.		15.	100.					.	.	500			TO3	10
30-04-14420		2SC 1442	N	150.		50.	200.					.	.	1000				
30-04-14430		2SC 1443	N	200.		50.	200.					.	.	1000				
30-04-14440		2SC 1444	N	60.		6.	40.				30	1.	4.	.			TO66	9
30-04-14450		2SC 1445	N	80.		6.	40.				30	1.	4.	.			TO66	9
30-04-15050		2SC 1505	N	300.	300	0.2	15.	2.	0.05		40 200	0.01	10.	80.			TO220	33
30-04-15770		2SC 1577	N	400.		8.	80.					.	.	800			TO3	10
30-04-15780		2SC 1578	N	500.		8.	80.					.	.	1000			TO3	10
30-04-15780		2SC 1578	N	500.		8.	80.					.	.	800			TO3	10
30-04-15790		2SC 1579	N	400.		15.	150.					.	.	400			TO3	10
30-04-15800		2SC 1580	N	500.		15.	150.					.	.	400			TO3	10
30-04-15840		2SC 1584	N	100.		15.	150.				30	5.	4.	.			TO3	10
30-04-15850		2SC 1585	N	150.		15.	150.				30	5.	4.	.			TO3	10
30-04-15860		2SC 1586	N	200.		15.	150.				30	5.	4.	.			TO3	10
30-04-16270		2SC 1627	N	80.		0.3	0.6	0.5	0.2		80 70	0.05	2.	240.	100		TO220	33
30-04-16290		2SC 1629	N	70.		6.	50.				500	1.	4.	.			TO3	10
30-04-16640		2SC 1664	N	60.		6.	40.				500	1.	4.	.			TO66	9
30-04-16641		2SC 1664 A	N	80.		6.	40.				500	1.	4.	.			TO66	9
30-04-16780		2SC 1678	N	65.	65	3.	10.	0.5	0.5		15	0.5	5.	100.			TO220	33
30-04-17680		2SC 1768	N	150.		5.	50.				400	1.	4.	.			TO3	10
30-04-17750		2SC 1775	P	90.	90	0.05	0.3	0.5	0.01		250 800	0.002	12.	120.			TO92	19
30-04-18150		2SC 1815	N	50.	60	0.15	0.4	0.1	0.1		70 700	0.002	6.	80.			TO92	142
30-04-18260		2SC 1826	N	60.		4.	30.				40	1.	4.	.			TO220	33
30-04-18270		2SC 1827	N	80.		4.	30.				40	1.	4.	.			TO220	33

2.2. JIS

ElData code	S	Type	N/P	Uceo V	Ucbo V	Ic A	Ptot W	Uce (sat) V	@ Ic A	D	hFE min. max.	@ Ic A	Uce V	Ft MHz	tON ns	tOFF ns	Case	no.
30-04-18290		2SC 1829	N	150.		5.	100.	.	.		400	1.	4.	.			T03	10
30-04-18300		2SC 1830	N	140.		15.	150.	.	.	D	500	8.	2.	.			T05	12
30-04-18310		2SC 1831	N	70.		8.	100.	.	.		500	1.	4.	.			T03	10
30-04-18320		2SC 1832	N	400.		15.	150.	.	.	D	100	10.	2.	.			T05	12
30-04-18880		2SC 1888	N	60.		3.	0.8	.	.		500	0.5	4.	.			T05	12
30-04-18890		2SC 1889	N	80.		3.	0.8	.	.		500	0.5	4.	.			T05	12
30-04-19230		2SC 1923	N	30.	40	0.02	0.1	.	.		40 200	0.001	6.	550.			T092	142
30-04-19590		2SC 1959	N	30.	35	0.5	0.5	0.1	0.1		70 240	0.1	1.	300.			T092	142
30-04-19830		2SC 1983	N	60.		3.	30.	.	.		500	0.5	4.	.			T0220	33
30-04-19840		2SC 1984	N	80.		3.	30.	.	.		500	0.5	4.	.			T0220	33
30-04-19850		2SC 1985	N	60.		6.	40.	.	.		40	1.	4.	.			T0220	33
30-04-19860		2SC 1986	N	80.		6.	40.	.	.		40	1.	4.	.			T0220	33
30-04-21470		2SC 2147	N	400.		50.	200.	.	.		.	.	.	.	300		T03	10
30-04-21660		2SC 2166	N	75.		4.	12.5	.	.		70	.	.	30.			T0220	33
30-04-21670		2SC 2167	N	150.		2.	30.	.	.		40	0.7	10.	.			T0220	33
30-04-21680		2SC 2168	N	200.		2.	30.	.	.		40	0.7	10.	.			T0220	33
30-04-21980		2SC 2198	N	50.		6.	40.	.	.		300	1.	4.	.	500		T066	9
30-04-21990		2SC 2199	N	80.		8.	60.	.	.		300	1.	4.	.	500		T03	10
30-04-22290		2SC 2229	N	150.	200	0.05	0.8	0.5	0.01		70 240	0.01	5.	120.			T092MOD	19
30-04-22350		2SC 2235	N	120.	120	0.8	0.9	1.	0.5		80 240	0.1	5.	120.			T092MOD	19
30-04-22360		2SC 2236	N	30.	30	1.5	0.9	2.	1.5		100 320	0.5	2.	120.			T092MOD	19
30-04-22380		2SC 2238	N	200.	100	1.5	25.	1.5	0.5		70 240	0.1	5.	100.			T0220	33
30-04-22400		2SC 2240	N	120.	120	0.1	0.3	0.3	0.01		200 700	0.002	6.	100.			T092	142
30-04-22600		2SC 2260	N	100.		8.	80.	.	.		30	3.	4.	.			T03	10
30-04-22610		2SC 2261	N	120.		8.	80.	.	.		30	3.	4.	.			T03	10
30-04-22620		2SC 2262	N	140.		8.	80.	.	.		30	3.	4.	.			T03	10
30-04-23060		2SC 2306	N	400.		15.	150.	.	.		.	.	.	.	350		T03	10
30-04-23150		2SC 2315	N	60.		6.	50.	.	.		500	0.5	4.	.			T0220	33
30-04-23160		2SC 2316	N	80.		6.	50.	.	.		500	0.5	4.	.			T0220	33
30-04-23340		2SC 2334	N	100.	150	7.	40.	5.	.	3	40 200	5.	0.6	.		500	T0220	33
30-04-23350		2SC 2335	N	400.	500	7.	40.	3.	.	1	20 80	5.	1.	.		1000	T0220	33
30-04-24589		2SC 2458 Y	N	50.	50	0.15	0.2	0.1	0.1		120 240	0.002	6.	80.			2-4E1A	
30-04-24910		2SC 2491	N	50.		6.	40.	.	.		300	1.	4.	.	500		T0220	33
30-04-25460		2SC 2546	N	90.	90	0.1	0.4	0.2	0.01		250 1200	0.002	12.	90.			T092	19
30-04-25470		2SC 2547	N	120.	120	0.1	0.4	0.2	0.01		250 800	0.002	12.	90.			T092	19
30-04-25640		2SC 2564	N	140.	140	12.	120.	2.	5.		55 240	1.	5.	90.			B60	140

2.2. JIS

ElData code	S Type	N/P	Uceo V	Ucbo V	Ic A	Ptot W	Uce (sat) V	@ Ic A	D	hFE min. max.	@ Ic A	Uce V	Ft MHz	tON ns	tOFF ns	Case	no.
30-04-25650	2SC 2565	N	160.	160	15.	150.	2.	5.		55 240	1.	5.	80.			B60	140
30-04-25770	2SC 2577	P	80.		6.	60.	.	.		30	2.	4.	.			T0218	74
30-04-25780	2SC 2578	N	100.		7.	70.	.	.		30	3.	4.	.			T0218	74
30-04-25790	2SC 2579	N	120.		8.	80.	.	.		30	3.	4.	.			T0218	74
30-04-25800	2SC 2580	N	120.		9.	90.	.	.		30	3.	4.	.			T0218	74
30-04-25810	2SC 2581	N	140.		10.	100.	.	.		30	3.	4.	.			T0218	74
30-04-26070	2SC 2607	N	200.		15.	150.	.	.		30	5.	4.	.			T03	10
30-04-26080	2SC 2608	N	200.		17.	200.	.	.		20	8.	4.	.			T03	10
30-04-26550	2SC 2655	N	50.	50	2.	0.9	0.5	1.		70 240	0.5	2.	100.	100	100	T092MOD	19
30-04-26650	2SC 2665	N	80.		4.	55.	.	.		40	1.	4.	.			T0218	74
30-04-27610	2SC 2761	N	400.		30.	200.	.	.			.	.	.	400		T03	10
30-04-27730	2SC 2773	N	200.		15.	150.	.	.		30	5.	4.	.				
30-04-27740	2SC 2774	N	200.		17.	200.	.	.		20	8.	4.	.				
30-04-28100	2SC 2810	N	400.		7.	50.	.	.			.	.	.	700		T0220	33
30-04-28250	2SC 2825	N	60.		6.	70.	.	.		500	1.	4.					
30-04-28370	2SC 2837	N	150.		10.	100.	.	.		30	3.	4.	.				
30-04-28380	2SC 2838	N	150.		12.	120.	.	.		30	3.	4.	.				
30-04-28730	2SC 2873	N	50.	50	2.	1.0	.	.		70 240	.	.	120.	100	100	SOT89	80
30-04-29210	2SC 2921	N	160.		15.	150.	.	.		30	5.	4.	.				
30-04-29220	2SC 2922	N	180.		17.	200.	.	.		20	8.	4.	.				
30-04-29830	2SC 2983	N	160.	160	1.5	1.0	.	.		70 240	.	.	100.			PM1	106
30-04-30730	2SC 3073	N	30.	30	3.0	1.0	.	.		70 240	.	.	100.			PM1	106
30-04-30740	2SC 3074	N	50.	60	5.0	1.0	.	.		70 240	.	.	120.	100	100	PM1	106
30-04-30750	2SC 3075	N	400.	500	0.8	1.0	.	.		20 100	.	.	.	1000	1500	PM1	106
30-05-04190	2SD 419	N	80.		7.	40.	.	.	D	700	7.	4.	.			T066	9
30-05-04200	2SD 420	N	100.		7.	40.	.	.	D	700	7.	4.	.			T066	9
30-05-04210	2SD 421	N	120.		7.	40.	.	.	D	700	7.	4.	.			T066	9
30-05-05250	2SD 525	N	100.	100	5.	40.	2.	4.		40 240	1.	5.	12.			T0220	33
30-05-05260	2SD 526	N	80.	80	4.	30.	0.45	3.		40 240	0.5	5.	8.			T0220	33
30-05-05930	2SD 593	N	400.		0.3	0.8	.	.		30	0.05	4.	.			T05	12
30-05-06050	2SD 605	N	500.		8.	80.	.	.	D	200	4.	2.	.			T05	12
30-05-06070	2SD 607	N	800.		5.	50.	.	.			.	.	.			T03	10
30-05-06140	2SD 614	N	80.		3.	0.8	.	.	D	800	3.	4.	.			T05	12
30-05-06150	2SD 615	N	120.		3.	0.8	.	.	D	800	3.	4.	.			T05	12
30-05-06660	2SD 666	N	100.	120	0.05	0.9	2.	0.03		60 320	0.01	5.	140.			T092MOD	19
30-05-06860	2SD 686	N	80.	100	4.	30.	1.5	3.	D	2000	1.	2.	.	200	600	T0220	33

2.2. JIS

ElData code	S	Type	N/P	Uceo V	Ucbo V	Ic A	Ptot W	Uce (sat) V	@ Ic A	D	hFE min.	max.	@ Ic A	Uce V	Ft MHz	tON ns	tOFF ns	Case	no.
30-05-07160		2SD 716	N	100.	100	6.	60.	2.	4.		55	160	1.	5.	12.			TO218	74
30-05-07180		2SD 718	N	120.	120	8.	80.	2.5	5.		55	160	1.	5.	12.			TO218	74
30-05-07210		2SD 721	N	80.		6.	50.	.	.	D	500		7.	4.	.			TO220	33
30-05-07220		2SD 722	N	100.		6.	50.	.	.	D	500		7.	4.	.			TO220	33
30-05-07620		2SD 762 P	N	60.		3.	30.	.	.				.	.	.			TO220	33
30-05-08370		2SD 837	N	60.		4.	40.	.	.				.	.	.			TO220	33
30-05-08440		2SD 844	N	50.	50	7.	60.	0.2	4.		70	240	1.	1.	15.			TO218	74
30-05-08590		2SD 859	N	250.		0.75	35.	.	.				.	.	.			TO220	33
30-05-08700		2SD 870	N	600.	1500	5.	50.	3.	4.		8	12	1.	5.	3.		500	TO3	10
30-05-08800		2SD 880	N	60.	60	3.	30.	0.25	3.		60	300	0.5	5.	3.	800	800	TO220	33
30-05-10310		2SD 1031	N	120.		6.	50.	.	.	D	700		4.	2.2	.			TO220	33
30-05-12230		2SD 1223	N	80.	100	4.0	1.0	.	.	D	1000	2000	.	.	.	200	600	PM1	106
30-75-00500		2SJ 50	P	160.		160.	7.	FET										TO3	102
30-76-01350		2SK 135	N	160.		160.	7.	FET										TO3	102
30-79-00480		3SK 48	N	20.		20.	0.010	FET										TO72	69
30-79-00880		3SK 88	N	.		.	.	FET										SOT103	
30-79-00970		3SK 97	N	.		.	.	FET										SOT103	

2.3. Pro Electron

ElData code	S	Type	N/P	Uceo V	Ucbo V	Ic A	Ptot W	Uce (sat) V	@ Ic A	D	hFE min.	max.	@ Ic A	Uce V	Ft MHz	tON ns	tOFF ns	Case	no.
30-07-01215	*	AC 121 V	P	20.	20	0.300	0.900	0.11	0.1		50	100	0.1	0.5	1.5			T01	1
30-07-01216	*	AC 121 VI	P	20.	20	0.300	0.900	0.11	0.1		75	150	0.1	0.5	1.5			T01	1
30-07-01220	*	AC 122	P	18.		0.200	0.130	.	.		100		.		1.			T01	1
30-07-01270	*	AC 127	N	32.	32	0.500	0.34	1.	0.5		50	100	0.02	5.	2.5			T01	1
30-07-01516	*	AC 151 VI	P	24.	32	0.200	0.900	0.25	0.2		75	150	0.002	1.	1.5			T01	1
30-07-01526	*	AC 152 VI	P	24.	32	0.500	0.900	0.11	0.1		30	250	0.1	0.5	1.5			T01	1
30-07-01537	*	AC 153 VII	P	18.	32	2.	1.	0.16	1.		125	250	0.3	0.	1.5			T01	3
30-07-01760	*	AC 176 K	N	18.	32	1.	1.	0.6	1.		50	250	0.3	0.	3.			T01	3
30-07-01807	*	AC 180 VII	P	24.		1.	0.300	.	.		110		.	.	1.			T01	1
30-07-01870	*	AC 187 K	N	15.	25	2.	1.	0.6	1.		100	500	0.3	0.	1.5			X-9	3
30-07-87880	*	AC 187/188	NP	15.	25	2.	1.	0.6	1.		100	500	0.3	0.	1.5			X-9	3
30-07-01880	*	AC 188 K	P	15.	25	2.	1.	0.6	1.		100	500	0.3	0.	1.5			X-9	3
30-08-00235	*	ACY 23 V	P	30.	32	0.200	0.900	0.11	0.1		70	100	0.001	5.	1.5			T01	1
30-08-00236	*	ACY 23 VI	P	30.	32	0.200	0.900	0.11	0.1		75	150	0.001	.	1.5			T01	1
30-08-00337	*	ACY 33 VII	P	32.	32	1.	1.1	0.16	1.		125	250	03.	5.	1.5			T01	1
30-09-01304	*	AD 130 IV	P	30.	32	3.	30.	0.5	3.		30	60	1.	1.	0.35			T03	10
30-09-01323	*	AD 132 III	P	60.	80	3.	30.	0.5	3.		20	40	1.	1.	0.35			T03	10
30-09-01324	*	AD 132 IV	P	60.	80	3.	30.	05.	3.		30	60	1.	1.	0.35			T03	10
30-09-01325	*	AD 132 V	P	60.	80	3.	30.	0.5	3.		50	100	1.	1.	0.35			T03	10
30-09-01333	*	AD 133 III	P	32.	50	15.	36.	0.3	15.		20	40	5.	0.5	0.3			T03	10
30-09-01334	*	AD 133 IV	P	32.	50	15.	36.	0.3	15.		20	40	5.	0.5	0.3			T03	10
30-09-01364	*	AD 136 IV	P	22.	40	10.	11.	0.22	10.		30	70	5.	0.5	0.3			T08	8
30-09-01365	*	AD 136 V	P	22.	40	10.	11.	0.22	10.		50	100	5.	0.5	0.3			T08	8
30-09-01367	*	AD 136 VII	P	22.	40	10.	11.	0.22	10.		125	250	5.	0.5	0.3			T08	8
30-09-01420	*	AD 142	P	80.	80	10.	30.	0.3	5.		30	200	1.	2.	0.45			T03	10
30-09-01480	*	AD 148	P	26.	32	3.5	13.5	0.2	2.		30	100	1.	1.	0.45			T066	9
30-09-01500	*	AD 150	P	30.	32	3.5	27.5	0.3	3.		30	100	1.	1.	0.45			T03	10
30-09-01550	*	AD 155	P	15.		1.	6.	.	.		35	115	0.5	.	0.3			T066	9
30-09-01610	*	AD 161	N	20.	32	3.	4.	0.6	1.		50	350	0.5	1.	3.			T066	9
30-09-61620	*	AD 161/162	NP	20.	32	3.	6.	0.6	3.		50	350	0.5	1.	3.			T066	9
30-09-01620	*	AD 162	P	20.	32	3.	6.	0.6	1.		50	350	0.5	1.	3.			T066	9
30-09-01632	*	AD 163 II	P	80.	100	3.	30.	0.5	3.		12.5	25	1.	1.	0.350			T03	10
30-09-01634	*	AD 163 IV	P	80.	100	3.	30.	0.5	3.		30	60	1.	1.	0.35			T03	10
30-09-01640	*	AD 164	P	20.	25	1.	6.	.	.		60	185	0.5	1.	2.5			T066	9
30-09-01650	*	AD 165	N	20.	25	1.	6.	.	.		60	185	0.5	1.	2.5			T066	9
30-09-01660	*	AD 166	P	32.		10.	36.	.	.		40		.	.	0.350			T03	10

ElData code	S	Type	N/P	Uceo V	Ucbo V	Ic A	Ptot W	Uce (sat) V	@ Ic A	D	hFE min.	max.	@ Ic A	Uce V	Ft MHz	tON ns	tOFF ns	Case	no.
30-10-00274	*	ADY 27 IV	P	30.	32	3.5	27.5	0.3	3.		30	60	1.	1.	0.450			T03	10
30-10-00275	*	ADY 27 V	P	30.	32	3.5	27.5	0.3	3.		50	100	1.	1.	0.450			T03	10
30-11-00110	*	ADZ 11	P	40.	50	20.	45.	.	.		40	120	1.2	2.	.			T63	75
30-12-01060	*	AF 106	P	18.	25	0.010	0.060	.	.		25	50	0.001	12.	220.			T072	4
30-12-01061	*	AF 106 A	P	18.	25	0.010	0.060	.	.		25	50	0.001	12.	220.			T072	4
30-12-01099	*	AF 109 R	P	15.	20	0.010	0.060	.	.		20	50	0.0015	12.	260.			T072	4
30-12-01180	*	AF 118	P	70.	70	0.030	0.375	.	.		180		0.01	2.	175.			T072	30
30-12-01210	*	AF 121	P	25.		0.01	0.060	.	.		30		.	.	270.			T072	4
30-12-01240	*	AF 124	P	15.	32	0.010	0.060	.	.		150		0.001	6.	75.			T072	7
30-12-01260	*	AF 126	P	15.	32	0.010	0.060	.	.		150		0.001	6.	75.			T072	7
30-12-01380	*	AF 138	P	25.		0.010	0.060	.	.		60		.	.	75.			T072	4
30-12-01390	*	AF 139	P	15.	20	0.010	0.060	.	.		10	50	0.0015	12.	550.			T072	4
30-12-02000	*	AF 200	P	25.	25	0.01	0.060	.	.		30	85	0.003	10.	35.			T072	7
30-12-02010	*	AF 201	P	25.	25	0.01	0.060	.	.		20	85	0.003	10.	35.			T01	1
30-12-02019	*	AF 201 U	P	25.	25	0.01	0.060	.	.		20	85	0.003	10.	35.			T072	5
30-12-02020	*	AF 202	P	25.	25	0.030	0.225	.	.		20	85	0.003	10.	35.			T072	5
30-12-02029	*	AF 202 S	P	25.	25	0.030	0.225	.	.		20	85	0.003	10.	35.			T072	5
30-12-02399	*	AF 239 S	P	15.	20	0.010	0.060	.	.		10	50	0.002	10.	780.			T072	4
30-12-02400	*	AF 240	P	15.	20	0.010	0.060	.	.		10	25	0.002	10.	500.			T072	4
30-12-02419	*	AF 240 S	P	15.	20	0.010	0.060	.	.		10	25	0.002	10.	500.			T072	4
30-12-02799	*	AF 279 S	P	15.	20	0.010	0.060	.	.		10	50	0.002	10.	820.			T0119	89
30-12-02809	*	AF 280 S	P	15.	20	0.010	0.060	.	.		0	25	0.002	10.	550.			T0119	89
30-12-03060	*	AF 306	P	18.	25	0.015	0.060	.	.		10	30	0.001	12.	500.			T092	15
30-12-03670	*	AF 367	P	15.	25	0.010	0.060	.	.		10		0.002	10.	800.			T0119	23
30-12-03790	*	AF 379	P	13.	20	0.020	0.100	.	.		25	80	0.008	8.	1250.			T0119	89
30-13-00110	*	AFY 11	N	15.	30	0.070	0.560	.	.		10	20	0.002	6.	350 .			T05	12
30-13-00120	*	AFY 12	P	18.	25	0.010	0.112	.	.		25	120	0.001	12.	230.			T072	4
30-13-00370	*	AFY 37	P	32.	32	0.020	0.112	.	.		10	40	0.002	12.	600.			T072	4
30-13-00390	*	AFY 39	P	32.	32	0.030	0.225	.	.		20	80	0.003	10.	500.			T072	5
30-15-01020	*	AL 102	P	130.	130	6.	30.	0.5	5.		40	250	1.	2.	4.			T03	10
30-15-01120	*	AL 112	P	60.	130	6.	10.	0.25	1.5		20	200	0.5	2.	3.			T066	9
30-15-01130	*	AL 113	P	40.	100	6.	10.	0.25	1.5		20	200	0.5	2.	3.			T066	9
30-16-00260	*	ASY 26	P	15.	30	0.3	0.15	0.2	0.01		30	80	25.	.	8.	490	730	T05	12
30-16-00270	*	ASY 27	P	15.	25	0.3	0.15	0.2	0.01		50	150	40.	.	14.	350	730	T05	12
30-16-00280	*	ASY 28	N	15.	30	0.200	0.150	0.25	0.05		30		0.01	1.	4.	175	325	T05	12
30-16-00480	*	ASY 48	P	45.	64	0.300	0.900	0.15	0.3		50		0.1	0.5	1.2			T01	1

2.3. Pro Electron

ElData code	S	Type	N/P	Uceo V	Ucbo V	Ic A	Ptot W	Uce (sat) V	@ Ic A	D	hFE min.	max.	@ Ic A	Uce V	Ft MHz	tON ns	tOFF ns	Case	no.
30-16-00486	*	ASY 48 VI	P	45.	64	0.300	0.900	0.15	0.3		75	150	0.1	0.5	1.2			T01	1
30-16-00700	*	ASY 70	P	30.	32	0.300	0.900	0.15	0.3		80		0.1	0.5	1.5.			T01	1
30-16-00740	*	ASY 74	N	15.	30	0.400	0.140	0.3	0.2		35		0.2	0.	6.			T05	12
30-16-00750	*	ASY 75	N	15.	30	0.400	0.140	0.3	0.2		30		0.2	0.	10.			T05	12
30-17-00150	*	ASZ 15	P	60.	100	8.	30.	0.4	10.		20	55	1.	1.	0.200			T03	10
30-17-00160	*	ASZ 16	P	32.	60	8.	30.	0.4	10.		45	130	1.	1.	0.250			T03	10
30-17-00170	*	ASZ 17	P	32.	60	8.	30.	0.4	10.		25	75	1.	1.	0.220			T03	10
30-17-00180	*	ASZ 18	P	32.	100	8.	30.	0.4	10.		30	110	1.	1.	0.220			T03	10
30-17-00210	*	ASZ 21	P	15.		0.030	0.12	.	.		30		.	.	300.			T05	12
30-18-01030	*	AU 103	P	155.	155	10.	10.	.	.		15		10.	1.	0.500			T03	10
30-18-01060	*	AU 106	P	320.	320	10.	5.	1.	6.		15	40	2.	1.3	2.	750		T03	10
30-18-01070	*	AU 107	P	200.	200	10.	30.	.	.		35	120	0.7	2.	2.			T03	10
30-18-01100	*	AU 110	P	140.	140	10.	30.	0.5	5.		20	90	.	.	.		2000	T03	10
30-18-01120	*	AU 112	P	320.	320	10.	5.	1.	6.		15	40	2.	1.3	2.		750	T03	10
30-18-01130	*	AU 113	P	250.	250	10.	5.	0.8	5.		15	40	2.	1.3	.		1500	T03	10
30-19-00184	*	AUY 18 IV	P	45.	64	8.	11.	0.19	8.		30	60	5.	0.5	0.3			T08	8
30-19-00185	*	AUY 18 V	P	45.	64	8.	11.	0.19	8.		50	100	5.	0.5	0.3			T03	10
30-19-00203	*	AUY 20 III	P	60.	80	3.	30.	0.5	3.		20	40	3.	1.	0.35	1000	15000	T03	10
30-19-00204	*	AUY 20 IV	P	60.	80	3.	30.	0.5	3.		30	60	3.	1.	0.35	10000	15000	T03	10
30-19-00343	*	AUY 34 III	P	80.	100	3.	30.	0.5	3.		20	40	3.	1.	0.35	1000	15000	T03	10
30-19-00350	*	AUY 35	P	70.		10.	11.	.	.		35	260	.	.	2.5			T08	8
30-20-01072	*	BC 107 B	N	45.	50	0.100	0.300	0.2	0.1		180	460	0.002	5.	150.			T018	17
30-20-01073	*	BC 107 C	N	45.	50	0.100	0.300	0.2	0.1		380	800	0.002	5.	150.			T018	17
30-20-01081	*	BC 108 A	N	20.	30	0.100	0.300	0.2	0.1		120	220	0.002	5.	150.			T018	17
30-20-01082	*	BC 108 B	N	20.	30	0.100	0.300	0.2	0.1		180	460	0.002	5.	150.			T018	17
30-20-01092	*	BC 109 B	N	20.	30	0.050	0.300	0.2	0.1		180	460	0.002	5.	150.			T018	17
30-20-01093	*	BC 109 C	N	20.	30	0.050	0.300	0.2	0.1		380	800	0.002	5.	150.			T018	17
30-20-01100	*	BC 110	N	80.	80	0.050	0.300	0.6	0.05		30	90	0.002	5.	100.			T018	17
30-20-01403	*	BC 140-16	N	40.	80	1.	3.7	6.	0.5		100	250	0.1	1.	50.	250	850	T05	12
30-20-01413	*	BC 141-16	N	60.	100	1.	3.7	0.6	0.5		100	250	0.1	1.	50.	250	850	T05	12
30-20-01461		BC 146/02	N	20.	20	0.050	0.050	.	.		140	350	0.0002	0.5	150.			SOT42	19
30-20-01471	*	BC 147 A	N	45.	50	0.100	0.30	0.2	0.1		120	220	0.002	5.	250.			SOT25	21
30-20-01592	*	BC 159 B	P	20.	25	0.05	0.35	0.2	0.1		240	500	0.0025	5.	130.			SOT25	21
30-20-01603		BC 160-16	P	40.	40	1.	3.7	0.6	0.5		100	250	0.1	1.	50.	500	650	T05	12
30-20-01613		BC 161-16	P	40.	60	1.	3.7	0.6	0.5		100	250	0.1	1.	50.	500	650	T05	12
30-20-01671	*	BC 167 A	N	45.	50	0.100	0.300	0.2	0.1		120	220	0.002	5.	150.			T092	19

2.3. Pro Electron

EIData code	S	Type	N/P	Uceo V	Ucbo V	Ic A	Ptot W	Uce (sat) V	@ Ic A	D	hFE min.	hFE max.	@ Ic A	Uce V	Ft MHz	tON ns	tOFF ns	Case	no.
30-20-01673	*	BC 167 C	N	45.	50	0.100	0.300	0.2	0.1		380	800	0.002	5.	150.			T092	19
30-20-01683	*	BC 168 C	N	20.	30	0.100	0.300	0.2	0.1		380	800	0.002	5.	150.			T092	19
30-20-01692	*	BC 169 B	N	20.	30	0.05	0.300	0.2	0.1		180	460	0.002	5.	150.			T092	19
30-20-01772	*	BC 177 B	P	45.	50	0.100	0.300	0.2	0.1		180	460	0.002	5.	130.			T018	17
30-20-01791	*	BC 179 A	P	20.	25	0.050	0.300	0.2	0.1		125	260	0.02	5.	130.			T018	17
30-20-01821	*	BC 182 A	N	50.	60	0.200	0.300	0.6	0.1		120	220	0.002	5.	150.			T092	15
30-20-01822	*	BC 182 B	N	50.	60	0.200	0.300	0.6	0.1		180	460	0.002	5.	150.			T092	15
30-20-01830	*	BC 183	N	30.	45	0.200	0.300	0.6	0.1		120	800	0.002	5.	150.			T092	15
30-20-01831	*	BC 183 A	N	30.	45	0.200	0.300	0.6	0.1		120	220	0.002	5.	150.			T092	15
30-20-01832	*	BC 183 B	N	30.	45	0.200	0.300	0.6	0.1		180	460	0.002	5.	150.			T092	15
30-20-01842	*	BC 184 B	N	30.	45	0.200	0.300	.	.		500		.	.	150.			T092	15
30-20-02122	*	BC 212 B	P	50.	60	0.200	0.300	0.6	0.1		180	460	0.002	5.	200.			T092	15
30-20-02130	*	BC 213	P	30.	45	0.200	0.300	0.6	0.1		180	800	0.002	5.	200.			T092	15
30-20-02132	*	BC 213 B	P	30.	45	0.200	0.300	0.6	0.1		180	460	0.002	5.	200.			T092	15
30-20-02142	*	BC 214 B	P	30.	45	0.200	0.300	0.25	0.1		400		0.002	5.	200.			T092	15
30-20-02372		BC 237 B	N	45.	50	0.100	0.300	0.2	0.1		180	460	0.002	5.	150.			T092	15
30-20-02382		BC 238 B	N	20.	30	0.100	0.300	0.2	0.1		180	460	0.002	5.	150.			T092	15
30-20-02383		BC 238 C	N	20.	30	0.100	0.300	0.2	0.1		380	800	0.002	5.	150.			T092	15
30-20-02571	*	BC 257 A	P	45.	50	0.100	0.300	0.2	0.1		120	220	0.002	5.	130.			T092	19
30-20-02582	*	BC 258 B	P	25.	30	0.100	0.300	0.2	0.1		180	460	0.002	5.	130.			T092	19
30-20-02591	*	BC 259 A	P	20.	25	0.050	0.300	0.2	0.1		120	220	0.002	5.	130.			T092	19
30-81-02641	*	BC 264 A	N	30.		30.	.	FET										T092	57
30-20-03021	*	BC 302-5	N	45.	60	0.500	0.85	0.2	0.15		70	140	0.15	10.	100.			T05	12
30-20-03072	*	BC 307 B	P	45.	50	0.100	0.300	0.1	0.01		180	460	0.002	5.	200.			T092	15
30-20-03082	*	BC 308 B	P	25.	30	0.100	0.300	0.2	0.01		180	460	0.002	5.	200.			T092	15
30-20-03092	*	BC 309 B	P	20.	25	0.05	0.300	0.2	0.01		180	460	0.002	5.	200.			T092	15
30-20-03151	*	BC 315 A	P	35.	45	0.100	0.300	.	.		125		.	.	150.			T092	15
30-20-03172	*	BC 317 B	N	45.	50	0.150	0.300	0.2	0.01		200	450	0.002	5.	280.			T092	32
30-20-03201	*	BC 320 A	N	45.		0.150	0.35	.	.		110	220	0.002	5.	250.			T092	32
30-20-03202	*	BC 320 B	N	45.		0.150	0.35	.	.		160	400	0.002	5.	250.			T092	32
30-20-03230	*	BC 323	N	60.	100	5.	7.	0.07	0.5		45	225	0.05	1.	100.			T05	12
30-20-03275		BC 327-40	P	45.	50	0.800	0.625	0.7	0.5		250	630	0.1	1.	100.			T092	15
30-20-03375		BC 337-40	N	45.	50	0.800	0.625	0.7	0.5		250	630	0.1	1.	100.			T092	15
30-20-03385		BC 338-40	N	25.	30	0.800	0.625	0.7	0.5		250	630	0.1	1.	100.			T092	15
30-20-03680		BC 368	N	20.	25	1.	0.800	0.5	1.		85	375	0.5	1.	65.			T092	19
30-20-03690		BC 369	N	20.	25	1.	0.800	0.5	1.		85	375	0.5	1.	65.			T092	19

2.3. Pro Electron

ElData code	S	Type	N/P	Uceo V	Ucbo V	Ic A	Ptot W	Uce (sat) V	@ Ic A	D	hFE min. max.	@ Ic A	Uce V	Ft MHz	tON ns	tOFF ns	Case	no.
30-20-04143		BC 414 C	N	45.	50	0.100	0.300	0.3	0.01		380 800	0.002	5.	250.			TO92	15
30-20-04153		BC 415 C	P	35.		0.100	0.300	0.3	0.01		380 800	0.002	5.	200.			TO92	15
30-20-04163		BC 416 C	P	45.		0.100	0.300	0.25	0.01		380 800	0.002	5.	200.			TO92	15
30-20-04780		BC 478	P	50.	40	0.150	1.2	0.3	0.05		180 350	0.01	5.	150.			TO18	17
30-20-05160		BC 516	P	30.	40	0.400	0.625	1.	0.1	D	30000	0.02	2.	220.			TO92	15
30-20-05170		BC 517	N	30.	40	0.400	0.625	1.	0.1	D	30000	0.02	2.	220.			TO92	15
30-20-05462		BC 546 B	N	65.	80	0.100	0.500	0.2	0.1		200 450	0.002	5.	300.			TO92	15
30-20-05472		BC 547 B	N	45.	50	0.100	0.500	0.2	0.1		200 450	0.002	5.	300.			TO92	15
30-20-05482		BC 548 B	N	30.	30	0.100	0.500	0.2	0.1		200 450	0.002	5.	300.			TO92	15
30-20-05493		BC 549 C	N	30.	30	0.100	0.500	0.2	0.1		420 800	0.002	5.	300.			TO92	15
30-20-05562		BC 556 B	P	65.	80	0.100	0.500	0.3	0.1		200 450	0.002	5.	150.			TO92	15
30-20-05572		BC 557 B	P	45.	50	0.100	0.500	0.3	0.1		200 450	0.002	5.	150.			TO92	15
30-20-05582		BC 558 B	P	30.	30	0.100	0.500	0.3	0.1		200 450	0.002	5.	150.			TO92	15
30-20-05592		BC 559 B	P	30.	30	0.100	0.500	0.3	0.1		200 450	0.002	5.	300.			TO92	15
30-20-05593		BC 559 C	P	30.	30	0.100	0.500	0.3	0.1		420 800	0.002	5.	300.			TO92	15
30-20-05603		BC 560 C	P	45.	50	0.100	0.500	0.3	0.1		420 800	0.002	5.	300.			TO92	15
30-20-06180		BC 618	N	55.	80	1.	0.625	1.1	0.2	D	10000 50000	0.2	5.	150.			TO92	19
30-20-06370		BC 637	N	60.	60	1.	0.8	0.5	0.5		40 160	0.5	2.	130.			TO92	19
30-20-06380		BC 638	P	60.	60	1.	0.8	0.5	0.5		40 160	0.5	2.	130.			TO92	19
30-20-06390		BC 639	N	80.	100	1.	0.800	0.5	0.5		40 160	0.15	2.	130.			TO92	19
30-20-06400		BC 640	P	80.	100	1.	0.800	0.5	0.5		40 160	0.15	2.	130.			TO92	19
30-20-06829	*	BC 682 L	N	70.	75	0.200	0.300	.	.		60	0.002	5.	.			TO92	19
30-20-08073		BC 807-16	P	45.	50	0.800	0.330	0.7	0.5		100 250	0.1	1.	200.			SOT23	25
30-20-08074		BC 807-25	P	45.	50	0.800	0.330	0.7	0.5		160 400	0.1	1.	200.			SOT23	25
30-20-08075		BC 807-40	P	45.	50	0.800	0.330	0.7	0.5		250 630	0.1	1.	200.			SOT23	25
30-20-08174		BC 817-25	N	45.	50	0.800	0.330	0.7	0.5		160 400	0.1	1.	170.			SOT23	25
30-20-08175		BC 817-40	N	45.	50	0.800	0.330	0.7	0.5		250 630	0.1	1.	170.			SOT23	25
30-20-08183		BC 818-16	N	25.	30	0.800	0.330	0.7	0.5		100 250	0.1	1.	170.			SOT23	25
30-20-08462		BC 846 B	N	65.	80	0.100	0.330	0.2	0.1		200 450	0.002	5.	200.			SOT23	25
30-20-08472		BC 847 B	N	45.	50	0.100	0.330	0.2	0.1		200 450	0.002	5.	200.			SOT23	25
30-20-08473		BC 847 C	N	45.	50	0.100	0.330	0.1	0.1		420 800	0.002	5.	200.			SOT23	25
30-20-08562		BC 856 B	P	65.	80	0.100	0.330	0.25	0.1		220 475	0.002	5.	250.			SOT23	25
30-20-08572		BC 857 B	P	45.	50	0.100	0.330	0.25	0.1		220 475	0.002	5.	250.			SOT23	25
30-20-08690		BC 869	P	20.	25	1.	1.	0.5	1.		85 375	0.5	1.	60.			SOT89	80
30-20-08750		BC 875	N	45.	60	1.	0.800	1.3	0.5	D	1000	0.15	10.	200.			TO92	19
30-20-08760		BC 876	P	45.	60	1.	0.800	1.3	0.5	D	1000	0.15	10.	200.			TO92	19

2.3. Pro Electron

ElData code	S	Type	N/P	Uceo V	Ucbo V	Ic A	Ptot W	Uce (sat) V	@ Ic A	D	hFE min.	max.	@ Ic A	Uce V	Ft MHz	tON ns	tOFF ns	Case	no.
30-20-08770		BC 877	N	60.	80	1.	0.800	1.3	0.5	D	1000		0.15	10.	200.			TO92	19
30-20-08780		BC 878	P	60.	80	1.	0.800	1.3	0.5	D	1000		0.15	10.	200.			TO92	19
30-20-08790		BC 879	N	80.	100	1.	0.800	1.3	0.5	D	1000		0.15	10.	200.			TO92	19
30-20-08800		BC 880	P	80.	100	1.	0.800	1.3	0.5	D	1000		0.15	10.	200.			TO92	19
30-21-00700		BCF 70	P	45.	50	0.100	0.350	0.08	0.01		215	500	0.002	5.	150.			SOT23	25
30-21-00810		BCF 81	N	45.	50	0.100	0.350	0.25	0.01		420	800	0.002	5.	300.			SOT23	25
30-21-04600		BCV 46	P	60.	80	0.500	0.360	1.	0.1	D	10000		0.1	5.	200.			SOT23	25
30-21-04700		BCV 47	N	60.	80	0.500	0.360	1.	0.1	D	10000		0.1	5.	170.			SOT23	25
30-21-04800		BCV 48	P	60.	80	0.500	1.	1.	0.1	D	20000		0.1	5.	200.			SOT89	80
30-21-04900		BCV 49	N	60.	80	0.500	1.	1.	0.1	D	20000		0.1	5.	150.			SOT89	80
30-22-00310		BCW 31	N	32.	32	0.100	0.200	0.25	0.01		10	220	0.002	5.	300.			SOT23	25
30-22-00603		BCW 60 C	N	32.	32	0.200	0.310	0.2	0.05		250	460	0.002	5.	250.	85	480	SOT23	25
30-22-00613		BCW 61 C	N	32.	32	0.200	0.310	0.2	0.05		250	460	0.002	5.	180.	85	480	SOT23	25
30-22-00653		BCW 65 C	N	32.	60	0.800	0.360	0.7	0.5		250	630	0.1	1.	100.	100	400	SOT23	25
30-22-00668		BCW 66 H	N	45.	75	0.8	0.33	0.7	0.5		250	630	0.1	1.	100.	100	400	SOT23	25
30-22-00743	*	BCW 74-16	N	45.	75	0.800	1.55	0.7	0.5		100	250	0.1	1.	100.	100	400	TO18	17
30-22-00773		BCW 77-16	N	32.		0.800	0.870	.	.		100	250	.	.	100.	100	400	TO5	17
30-22-00800	*	BCW 80-25	P	45.	60	0.800	4.50	0.7	0.5		63	400	0.1	1.	100.	100	400	TO5	12
30-23-00220	*	BCX 22	N	125.	125	0.450	0.45	0.9	0.3		63		0.1	1.	100.			TO18	17
30-23-00230	*	BCX 23	P	125.	125	0.450	0.45	0.9	0.3		63		0.1	1.	100.			TO18	17
30-23-00410		BCX 41	N	125.	125	0.8	0.33	0.9	0.3		63		0.1	1.	100.			SOT23	25
30-23-00420		BCX 42	P	125.	125	0.8	0.33	0.9	0.3		63		0.1	1.	150.			SOT23	25
30-23-00511		BCX 51-6	P	45.	45	1.	3.	0.5	0.5		40	250	0.15	2.	50.			SOT89	80
30-23-00513		BCX 51-16	P	45.	45	1.	3.	0.5	0.5		100	250	0.15	2.	50.			SOT89	80
30-23-00522		BCX 52-10	P	60.	60	1.	3.	0.5	0.5		40	160	0.15	2.	50.			SOT89	80
30-23-00532		BCX 53-10	P	80.	100	1.	3.	0.5	0.5		60	160	0.15	2.	50.			SOT89	80
30-23-00541		BCX 54-6	N	45.	45	1.	3.	0.5	0.5		100	250	0.15	2.	50.			SOT89	80
30-23-00543		BCX 54-16	N	45.	45	1.	3.	0.5	0.5		100	250	0.15	2.	50.			SOT89	80
30-23-00551		BCX 55-6	N	60.	60	1.	3.	0.5	0.5		40	160	0.15	2.	50.			SOT89	80
30-23-00562		BCX 56-10	N	80.	100	1.	3.	0.5	0.5		40	160	0.15	2.	50.			SOT89	80
30-23-00684		BCX 68-25		20.	25	1.	3.	0.5	1.		160	400	0.5	1.	100.			SOT89	80
30-23-00694		BCX 69-25	P	20.	25	1.	3.	0.5	1.		160	400	0.5	1.	100.			SOT89	80
30-23-00709		BCX 70 K	P	45.	45	0.200	0.150	0.2	0.05		380	630	0.002	5.	250.	85	480	SOT23	25
30-23-00719		BCX 71 K	P	45.	45	0.200	0.150	0.2	0.05		380	630	0.002	5.	250.	852	480	SOT23	25
30-24-00560		BCY 56	N	45.	45	0.100	0.300	0.2	0.1		100	450	0.002	5.	85.			TO18	17
30-24-00570	*	BCY 57	N	20.	25	0.100	0.300	.	.		500		0.002	5.	350.			TO18	17

2.3. Pro Electron

ElData code	S	Type	N/P	Uceo V	Ucbo V	Ic A	Ptot W	Uce (sat) V	@ Ic A	D	hFE min. max.	@ Ic A	Uce V	Ft MHz	tON ns	tOFF ns	Case	no.
30-24-00598	*	BCY 59 VIII	N	45.	45	0.200	1.	0.3	0.01		120 400	0.01	1.	250.	85	480	TO18	17
30-24-00659	*	BCY 65 EIX	N	60.	60	0.100	1.	0.3	0.01		160 630	0.01	1.	250.	85	480	TO18	17
30-24-00660	*	BCY 66	N	45.	45	0.05	1.	0.12	0.01		180 630	0.002	5.	250.			TO18	17
30-24-00670	*	BCY 67	P	45.	45	0.05	1.	0.12	0.01	·	180 630	0.002	5.	180.			TO18	17
30-24-00720	*	BCY 72	P	25.	30	0.200	0.350	0.19	0.05		100	0.01	1.	250.	48	320	TO18	17
30-24-00779	*	BCY 77 IX	P	60.	60	0.100	1.	0.4	0.1		250 460	0.002	5.	180.			TO18	17
30-24-00787	*	BCY 78 VII	P	32.	32	0.200	1.	0.4	0.1		120 220	0.002	5.	180.			TO18	17
30-24-00799	*	BCY 79 IX	P	45.	45	0.200	1.	0.4	0.1		250 460	0.002	5.	180.			TO18	17
30-24-00880		BCY 88	N	40.	45	0.030	0.150	.	.		100 450	0.00005	10.	50.			TO71	81
30-25-01090	*	BD 109	N	40.	60	3.	18.5	0.35	2.		40 250	1.	1.	30.	300	1500	TO66	9
30-25-01150	*	BD 115	N	180.	245	0.150	6.	6.5	0.1		22 60	0.05	100.	145.			TO5	12
30-25-01350	*	BD 135	N	45.	45	1.5	8.	0.5	0.5		40 250	0.15	2.	50.			TO126	16
30-25-01370	*	BD 137	N	60.	60	1.5	12.5	0.5	0.5		40 160	0.15	2.	50.			TO126	16
30-25-01380	*	BD 138	P	60.	60	1.5	12.5	0.5	0.5		40 160	0.15	2.	75.			TO126	16
30-25-01392	*	BD 139-10	N	80.	80	1.5	12.5	0.5	0.5		40 160	0.15	2.	50.			TO126	16
30-25-39400	*	BD 139/140	NP	80.	80	1.5	12.5	0.5	0.5		40 160	0.15	2.	50.			TO126	16
30-25-01402	*	BD 140-10	P	80.	80	1.5	12.5	0.5	0.5		40 160	0.15	2.	75.			TO126	16
30-25-01630	*	BD 163	N	40.	60	4.	23.	0.5	1.5		25 180	0.5	2.	0.65			TO66	9
30-25-01772		BD 177-10	N	60.	60	3.	30.	0.8	1.		40 250	0.15	2.	3.			TO126	16
30-25-01782	*	BD 178-10	P	60.	60	3.	30.	0.8	1.		40 250	0.15	2.	3.			TO126	16
30-25-01790	*	BD 179	N	80.	80	3.	30.	.	.		15	1.	2.	3.			TO126	16
30-25-01830	*	BD 183	N	80.	85	15.	117.	.	.		20 70	3.	4.	0.800			TO3	10
30-25-02010	*	BD 201	N	45.	60	8.	60.	1.5	6.		30	3.	2.	7.	1000	4000	TO220	33
30-25-02020	*	BD 202	P	45.	60	12.	60.	1.5	6.		30	3.	2.	7.	1000	2000	TO220	33
30-25-02030	*	BD 203	N	60.	60	8.	60.	1.5	6.		30	3.	2.	7.	1000	4000	TO220	33
30-25-02040		BD 204	P	60.	60	12.	60.	1.5	6.		30	3.	2.	7.	1000	2000	TO220	33
30-25-02070		BD 207	N	60.	70	10.	90.	.	.		15	1.1	4.	1.5	4	2	TO126	16
30-25-02080		BD 208	P	60.	70	10.	90.	1.1	4.		15	4.	2.	1.5			TO126	16
30-25-02150	*	BD 215	N	300.	500	0.500	21.5	.	.		30 270	0.5	10.	10.			TO66	9
30-25-02160	*	BD 216	N	200.	300	1.	21.5	1.	0.3		40 150	0.1	10.	10.			TO66	9
30-25-02260	*	BD 226	N	45.	45	1.5	12.5	0.8	1.		40 250	0.15	2.	125.			TO126	16
30-25-02270	*	BD 227	P	45.	45	1.5	12.5	0.8	1.		40 250	0.15	2.	50.			TO126	16
30-25-02280		BD 228	N	60.	60	1.5	12.5	0.8	1.		40 160	0.15	2.	125.			TO126	16
30-25-02290		BD 229	P	60.	60	1.5	12.5	0.8	1.		40 160	0.15	2.	50.			TO126	16
30-25-02300		BD 230	N	80.	100	1.5	12.5	0.8	1.		40 160	0.15	2.	125.			TO126	16
30-25-02310	P	BD 231	P	80.	100	1.5	12.5	0.8	1.		40 160	0.15	2.	125.			TO126	16

2.3. Pro Electron

ElData code	S	Type	N/P	Uceo V	Ucbo V	Ic A	Ptot W	Uce (sat) V	@ Ic A	D	hFE min. max.	@ Ic A	Uce V	Ft MHz	tON ns	tOFF ns	Case	no.
30-25-02320		BD 232	N	300.	500	0.25	15.	1.	0.15		20	0.15	5.	20.			TO126	16
30-25-02330		BD 233	N	45.	45	2.	25.	0.6	1.		25	1.	2.	3.	400	1500	TO126	16
30-25-02380	*	BD 238	P	80.	100	2.	25.	.	.		40 160	0.150	2.	3.	300		TO126	16
30-25-02403		BD 240 C	P	100.	100	3.	30.	0.6	1.		15	1.	4.	3.	200	400	TO220	33
30-25-02433		BD 243 C	N	100.	100	8.	65.	1.5	6.		15	3.	4.	3.	600	2000	TO220	33
30-25-02443		BD 244 C	P	100.	100	8.	65.	1.5	6.		15	3.	4.	3.	400	700	TO220	33
30-25-02444		BD 244 D	P	120.	120	8.	65.	1.5	6.		15	3.	4.	3.	400	700	TO220	33
30-25-02493		BD 249 C	N	100.	115	25.	125.	4.	25.		25	1.5	4.	3.	300	900	TO218	74
30-25-02501		BD 250 A	N	60.	70	25.	125.	4.	25.		25	1.5	4.	3.	200	500	TO218	74
30-25-02503		BD 250 C	N	100.	115	25.	125.	4.	25.		25	1.5	4.	3.	200	500	TO218	74
30-25-02660		BD 266	P	60.	60	8.	60.	.	.	D	750	3.	3.	0.100			TO220	33
30-25-02670		BD 267	N	60.	60	8.	60.	.	.	D	750	3.	3.	0.100			TO220	33
30-25-02870		BD 287	P	25.	30	12.	36.	.	.		200	0.1	7.	50.	500	2000	TO126	16
30-25-02880		BD 288	P	45.	45	12.	36.	.	.		200	0.1	0.7	50.	500	2000	TO126	16
30-25-04100		BD 410	N	325.	500	1.	1.2				30 240	0.05	10.	20.			TO220	33
30-25-04330		BD 433	N	22.	22	4.	36.	0.5	2.		85	0.5	1.	3.			TO126	16
30-25-04370	*	BD 437	N	45.	45	4.	36.	0.6	2.		85	0.5	1.	3.			TO126	16
30-25-04380	*	BD 438	P	45.	45	4.	36.	0.6	2.		85	0.5	1.	3.			TO126	16
30-25-04400	*	BD 440	P	60.	60	4.	36.	0.8	2.		40	0.5	1.	3.			TO126	16
30-25-04410		BD 441	N	80.	80	4.	36.	0.8	2.		40	0.5	1.	3.			TO126	16
30-25-04420		BD 442	P	80.	80	4.	36.	0.8	2.		40	0.5	1.	3.			TO126	16
30-25-05199		BD 519 S	N	80.	80	2.	10.	0.24	0.5		60 350	0.15	2.	160.			B18	82
30-25-05200		BD 520	P	80.	80	2.	10.	0.24	0.5		60 350	0.150	2.	125.			B18	82
30-81-05220		BD 522	N	60.		60.	1.5	FET									TO202	84
30-25-05240		BD 524	N	100.	160	0.800	5.	1.	0.3		40	0.1	1.	100.			TO126	16
30-25-05350	*	BD 535	N	60.	60	4.	50.	.	.		25	2.	2.	3.			TO220	33
30-25-06070		BD 607	N	60.	70	10.	90.	1.1	4.		15 30	4.	2.	1.5			B16H	83
30-25-06080		BD 608	P	60.	70	10.	90.	1.1	4.		15 30	4.	2.	1.5			B16H	83
30-25-06490		BD 649	N	100.	100	8.	62.5	2.	3.	D	750	3.	3.	10.			TO220	33
30-25-06500		BD 650	P	100.	100	8.	62.5	2.	3.	D	750	3.	3.	10.			TO220	33
30-25-06510		BD 651	N	120.	140	12.	62.5	2.	3.	D	750	3.	3.	10.			TO220	33
30-25-06520		BD 652	P	120.	140	12.	62.5	2.	3.	D	750	3.	3.	10.			TO220	33
30-25-06750	*	BD 675	N	45.	45	4.	40.	2.5	1.5	D	750	1.5	3.	7.	800	4500	TO126	16
30-25-06760	*	BD 676	P	45.	45	4.	40.	2.5	1.5	D	750	1.5	3.	1.	300	1500	TO126	16
30-25-06770	*	BD 677	N	60.	60	4.	40.	2.5	1.5	D	750	1.5	3.	7.	800	4500	TO126	16
30-25-06780	*	BD 678	P	60.	60	4.	40.	2.5	1.5	D	750	1.5	3.	1.	300	1500	TO126	16

2.3. Pro Electron

ElData code	S	Type	N/P	Uceo V	Ucbo V	Ic A	Ptot W	Uce (sat) V	@ Ic A	D	hFE min. max.	@ Ic A	Uce V	Ft MHz	tON ns	tOFF ns	Case	no.
30-25-06790		BD 679	N	80.	80	4.	40.	2.5	1.5	D	750	1.5	3.	7.	800	4500	TO126	16
30-25-06800		BD 680	P	80.	80	4.	40.	2.5	1.5	D	750	1.5	3.	1.	300	1500	TO126	16
30-25-07960		BD 796	P	45.	45	8.	65.	1.	3.		25 40	1.	2.	3.			TO220	33
30-25-08020		BD 802	P	100.	100	8.	65.	1.	3.		30	1.	2.	3.			TO220	33
30-25-08292		BD 829-10	N	80.	100	1.5	8.	0.5	0.5		63 160	0.15	2.	50.			TO202	84
30-25-08302		BD 830-10	P	80.	100	1.5	8.	0.5	0.5		63 160	0.15	2.	50.			TO202	84
30-25-08750	*	BD 875	N	45.	60	1.	9.	1.8	1.	D	1000	0.15	10.	200.			TO126	16
30-25-08760	*	BD 876	P	45.	60	1.	9.	1.8	1.	D	1000	0.15	10.	200.			TO126	16
30-25-08770	*	BD 877	N	60.	80	1.	9.	1.8	1.	D	1000	0.15	10.	200.			TO126	16
30-25-08780	*	BD 878	P	60.	80	1.	9.	1.8	1.	D	1000	0.15	10.	200.			TO126	16
30-25-08790		BD 879	N	80.	100	1.	9.	1.8	1.	D	1000	0.15	10.	200.			TO126	16
30-25-08800		BD 880	P	80.	100	1.	9.	1.8	1.	D	1000	0.15	10.	200.			TO126	16
30-25-09110		BD 911	N	100.	100	15.	90.	1.	5.		15 150	5.	4.	3.			TO220	33
30-25-09120		BD 912	P	100.	100	15.	90.	1.	5.		15 150	5.	4.	3.			TO220	33
30-25-09790		BD 979	N	80.	100	1.	3.6	1.8	1.	D	1000	0.15	10.	200.			TO202	84
30-25-09800		BD 980	P	80.	100	1.	3.6	1.8	1.	D	1000	0.15	10.	200.			TO202	84
30-26-00631		BDT 63 A	N	80.	80	10.	90.	2.5	8.	D	1000	3.	3.	0.05	1000	5000	TO220	33
30-26-00910		BDT 91	N	60.	60	10.	90.	3.	10.		5	10.	4.	4.	500	2000	TO220	33
30-27-00640		BDV 64	P	60.	60	12.	125.	2.	5.	D	1000	5.	4.	0.100	500	2000	SOT93	74
30-27-00642		BDV 64 B	P	100.	100	12.	125.	2.	5.	D	1000	5.	4.	0.100	500	2000	SOT93	74
30-27-00652		BDV 65 B	N	100.	100	12.	125.	2.	5.	D	1000	5.	4.	0.070	1000	6000	SOT93	74
30-28-00252		BDW 25-10	N	125.	130	5.	26.	1.	3.		63 160	1.	1.	30.	300	1500	TO66	9
30-28-00522		BDW 52 B	P	80.	80	15.	125.	1.	5.		20 150	5.	4.	3.			TO3	10
30-28-00842		BDW 84 B	P	80.	80	15.	150.	4.	15.		750 20000	6.	3.	.	900	7000	SOT93	74
30-29-00333		BDX 33 C	N	100.	100	10.	70.	2.5	3.	D	750	3.	3.	1.	1000	3500	TO220	33
30-29-00343		BDX 34 C	P	100.	100	10.	70.	2.5	3.	D	750	3.	3.	1.	1000	3500	TO220	33
30-29-00533		BDX 53 C	N	100.	100	8.	60.	2.	3.	D	750	3.	3.				TO220	33
30-29-00543		BDX 54 C	P	100.	100	8.	60.	2.	3.	D	750	3.	3.	.			TO220	33
30-29-00662		BDX 66 B	P	100.	100	16.	150.	2.	10.	D	1000	10.	3.	0.060	1000	3500	TO3	10
30-29-00672		BDX 67 B	N	100.	100	16.	150.	2.	10.	D	1000	10.	3.	0.050	1000	3500	TO3	10
30-29-00873		BDX 87 C	N	100.	100	12.	120.	2.	6.		750 18000	6.	3.	0.200	800	2000	TO3	10
30-29-00883		BDX 88 C	P	100.	100	12.	120.	2.	6.		750 8000	6.	3.	0.200	800	2000	TO3	10
30-30-00121		BDY 12-6	N	40.	60	5.	26.	1.	3.		40 250	1.	1.	30.	300	1500	TO66	9
30-30-00123		BDY 12 C	N	40.	60	5.	26.	1.	3.		63 160	1.	1.	30.	300	1500	TO66	9
30-30-00270		BDY 27	N	200.	400	6.	85.	.	.		15 180	2.	4.	10.		500	TO3	10
30-30-00290		BDY 29	N	75.	100	30.	220.	1.2	15.		15 60	15.	2.	0.200			TO3	10

2.3. Pro Electron

ElData code	S	Type	N/P	Uceo V	Ucbo V	Ic A	Ptot W	Uce (sat) V	@ Ic A	D	hFE min. max.	@ Ic A	Uce V	Ft MHz	tON ns	tOFF ns	Case	no.
30-30-00370		BDY 37	N	140.	160	16.	150.	1.4	8.		15 60	8.	4.	0.200			T03	10
30-30-00580		BDY 58	N	125.	160	25.	175.	0.5	10.		20 60	10.	4.	7.	1000	2000	T03	10
30-30-00710		BDY 71	N	55.	90	4.	29.	1.	0.5		80 200	0.5	4.	0.800			T066	9
30-30-00810		BDY 81	N	50.		4.	36.	.	.		40 240	.	.	3.			T0220	33
30-30-00830		BDY 83	P	50.		4.	36.	.	.		40 240	.	.	3.			T0220	33
30-30-00900		BDY 90	N	100.	120	10.	40.	1.	10.		30 120	5.	5.	70.	350	1500	T03	10
30-30-00910		BDY 91	N	80.		10.	40.	1.	10.		30 100	5.	5.	70.	350	1500	T03	10
30-31-01150	*	BF 115	N	30.	50	0.030	0.145	.	.		45 165	0.0010	10.	230.			T072	5
30-31-01520	*	BF 152	N	12.	30	0.010	0.200	.	.		50	.	.	800.			T092	15
30-31-01670	*	BF 167	N	30.	40	0.025	0.150	.	.		45 600	.	.	300.			T072	5
30-31-01690	*	BF 169	N	30.		0.05	0.300	.	.		40	.	.	200.			T018	17
30-31-01740	*	BF 174	N	150.		0.100	0.800	.	.		20	.	.	86.			T05	12
30-31-01770	*	BF 177	N	60.	100	0.050	0.600	.	.		20	0.015	10.	120.			T05	12
30-31-01791	*	BF 179 A	N	115.	250	0.050	1.700	.	.		20	0.02	15.	120.			T05	12
30-31-01800	*	BF 180	N	20.	30	0.020	0.150	.	.		20	.	.	675.			T072	4
30-31-01810	*	BF 181	N	20.	30	0.020	0.150	.	.		20	.	.	600.			T072	5
30-31-01840	*	BF 184	N	20.	30	0.030	0.145	.	.		75 750	0.001	10.	300.			T072	5
30-31-01850	*	BF 185	N	20.	30	0.030	0.145	.	.		34 140	0.001	10.	220.			T072	5
30-31-01950	*	BF 195	N	20.	30	0.030	0.220	.	.		67	0.001	10.	200.			SOT25	13
30-31-01960	*	BF 196	N	30.	40	0.025	0.250	.	.		57	.	.	400.			SOT25	13
30-31-01970	*	BF 197	N	25.	40	0.025	0.250	.	.		88	.	.	550.			SOT25	13
30-31-01980	*	BF 198	N	30.	40	0.025	0.500	.	.		26 70	0.004	10.	400.			T092	14
30-31-01990	*	BF 199	N	25.	40	0.025	0.500	.	.		38 85	0.007	10.	550.			T092	14
30-31-02000	*	BF 200	N	20.	30	0.020	0.150	.	.		16	.	.	650.			T072	4
30-31-02230	*	BF 223	N	25.	35	0.040	0.360	.	.		10	.	.	750.			SOT25	13
30-31-02240		BF 224	N	30.	45	0.010	0.360	0.25	0.01		85	0.007	10.	800.			T092	14
30-31-02250		BF 225	N	40.	50	0.010	0.360	.	.		75	0.004	10.	650.			T092	14
30-31-02320		BF 232	N	25.		0.030	0.270	.	.		30	.	.	600.			T072	7
30-31-02380		BF 238		.		.	.	.	.			.	.	.			T092	14
30-31-02400		BF 240	N	40.	40	0.025	0.250	.	.		10	0.001	10.	400.			T092	14
30-31-02410		BF 241	N	40.	40	0.025	0.250	.	.		10	0.001	10.	400.			T092	14
30-82-02441		BF 244 A	N	30.		30.	0.01	FET									T092	67
30-82-02453		BF 245 C	N	30.		30.	0.025	FET									T092	64
30-82-02473		BF 247 C	N	25.		25.	0.250	FET									T092	64
30-31-02480		BF 248	N	25.	30	0.600	0.400	0.6	0.01		30 300	0.01	10.	250.			T072	17
30-31-02490		BF 249	P	25.	30	0.600	0.400	0.6	0.01		30 300	0.01	10.	250.			T072	17

2.3. Pro Electron

EIData code	S	Type	N/P	Uceo V	Ucbo V	Ic A	Ptot W	Uce (sat) V	@ Ic A	D	hFE min.	hFE max.	@ Ic A	Uce V	Ft MHz	tON ns	tOFF ns	Case	no.
30-31-02491		BF 249-3	P	25.	30	0.600	0.400	0.6	0.01		120	240	0.01	10.	250.			TO72	17
30-31-02540		BF 254	N	20.	30	0.030	0.220	.	.		100		0.001	10.	200.			TO92	14
30-31-02550		BF 255	N	20.	30	0.030	0.220	.	.		67		0.001	10.	260.			TO92	14
30-82-02563		BF 256 C	N	30.		30.	0.018	FET										TO92	64
30-31-02570		BF 257	N	160.	160	0.100	5.	1.	0.03		25		0.03	10.	110.			TO5	12
30-31-02590		BF 259	N	300.	300	0.100	5.	1.	0.03		25		0.03	10.	110.			TO5	14
30-31-02710	*	BF 271	N	25.	30	0.250	00.430	.	.		30	75	0.01	10.	900.			TO92	5
30-31-02740	*	BF 274	N	20.	25	0.030	0.200	.	.		70		0.001	10.	700.			TO18	14
30-31-02970	*	BF 297	N	160.	160	0.100	0.625	.	.		30	150	0.03	.	95.			TO92	15
30-31-02990	*	BF 299	N	300.	300	0.100	0.625	.	.		30	150	0.03	.	95.			TO92	15
30-31-03050	*	BF 305	N	150.		0.05	0.600	.	.				.	.	50.			TO5	12
30-31-03110		BF 311	N	25.		0.04	0.35	.	.		38		.	.	700.			TO92	14
30-31-03140		BF 314	N	30.		0.025	0.300	.	.		29		.	.	450.			TO92	15
30-31-03160		BF 316	P	35.	40	0.020	0.200	.	.		30	50	0.003	10.	600.			TO72	4
30-82-03200		BF 320	P	15.		15.	0.025	FET										TO92	67
30-31-03230		BF 323	N	25.		0.600	0.800	.	.		300		.	.	250.			TO5	12
30-31-03231		BF 323-2	N	25.		0.800	0.800	.	.		60	140	.	.	250.			TO5	12
30-31-03240	*	BF 324	P	30.	30	0.025	0.250	.	.		25	160	0.004	10.	450.			TO92	15
30-31-03322	*	BF 332 B	N	20.		0.030	0.250	.	.		105	300	.	.	600.			SOT25	13
30-31-03334	*	BF 333 D	N	20.		0.030	0.250	.	.		36	74	.	.	200.			SOT25	13
30-31-03370		BF 337	N	200.	250	0.100	3.	.	.		20	60	0.03	10.	130.			TO5	12
30-31-03430	*	BF 343	P	32.	35	0.050	0.250	.	.		30		0.001	.	80.			TO92	19
30-31-03680	*	BF 368	N	15.		0.050	0.31	.	.		35		.	.	250.			TO92	19
30-31-03970		BF 397	P	90.	90	0.100	0.625	.	.		40	250	0.01	.	60.			TO92	14
30-82-04104		BF 410 D	N	20.		20.	0.030	FET										TO92	57
30-31-04140		BF 414	P	30.	40	0.025	0.300	.	.		80		0.001	10.	400.			TO92	14
30-31-04210	*	BF 421	P	300.	300	0.025	0.830	20.	0.025		40		0.025	20.	60.			TO92	14
30-31-04220	*	BF 422	N	250.	250	0.025	00.830	20.	0.025		50		0.025	20.	60.			TO92	14
30-31-04400		BF 440	P	40.		0.025	0.300	.	.		60		.	.	250.			TO92	14
30-31-04410		BF 441	P	40.		0.025	0.300	.	.		30		.	.	250.			TO92	14
30-31-04500	*	BF 450	P	40.	40	0.025	0.250	.	.		60		0.001	10.	375.			TO92	14
30-31-04510	*	BF 451	P	40.	40	0.025	0.250	.	.		30		0.001	10.	325.			TO92	14
30-31-04540	*	BF 454	N	25.	35	0.020	00.500	.	.		65	220	0.001	10.	400.			TO92	14
30-31-04550	*	BF 455	N	25.	35	0.020	0.500	.	.		35	125	0.001	10.	400.			TO92	14
30-31-04570		BF 457	N	160.	160	0.100	10.	1.	0.03		25		0.03	10.	90.			TO126	16
30-31-04580		BF 458	N	250.	270	0.100	10.	1.	0.03		25		0.03	10.	90.			TO126	16

2.3. Pro Electron

ElData code	S	Type	N/P	Uceo V	Ucbo V	Ic A	Ptot W	Uce (sat) V	@ Ic A	D	hFE min. max.	@ Ic A	Uce V	Ft MHz	tON ns	tOFF ns	Case	no.
30-31-04590		BF 459	N	300.	300	0.100	10.	1.	0.03		25	0.03	10.	90.			T0126	16
30-31-04600		BF 460	N	250.	250	0.500	2.	0.6	0.03		40 180	0.03	10.	200.			T0202	88
30-31-04700		BF 470	P	250.	250	0.03	2.	20.	0.025		50	0.025	20.	60.			T0126	16
30-31-04710		BF 471	N	300.	300	0.030	2.	20.	0.025		40	0.025	20.	60.			T0126	16
30-31-04720		BF 472	P	300.	300	0.030	2.	20.	0.025		40	0.025	20.	60.			T0126	16
30-31-04790		BF 479	P	25.	30	0.050	00.350	.	.		20	0.010	10.	1900.			SOT37	89
30-31-04800		BF 480	N	15.	20	0.020	0.200	.	.		10	.	.	2000.			SOT37	90
30-31-04940		BF 494	N	20.	30	0.030	0.300	.	.		115	0.001	10.	260.			T092	14
30-31-05001	*	BF 500 A	P	30.	30	0.020	0.200	.	.		30 50	0.001	10.	400.			T092	15
30-31-05020	*	BF 502	N	30.	40	0.020	0.500	0.6	0.005		40	0.005	10.	700.			T092	14
30-31-05030	*	BF 503	N	30.	40	0.020	0.500	0.6	0.005		40	0.005	10.	750.			T092	14
30-31-05050	*	BF 505	N	25.	30	0.020	0.500	0.6	0.005		40	0.005	10.	750.			T092	14
30-31-05060	*	BF 506	P	35.	40	0.020	0.300	.	.		25	0.003	10.	550.			T092	15
30-31-05070		BF 507	N	25.	30	0.020	0.500	0.6	0.005		40	0.005	10.	750.			T092	14
30-82-05130		BF 513	N	20.		20.	0.030	FET									SOT23	134
30-31-05160	*	BF 516	P	35.	40	0.020	0.200	.	.		25 50	0.003	10.	850.			T072	4
30-31-05500		BF 550	P	40.	40	0.025	0.150	.	.		50	0.001	10.	375.			SOT23	25
30-31-05540		BF 554	N	20.	30	0.030	0.150	.	.		115	0.001	10.	260.			SOT23	25
30-31-05620		BF 562	N	20.	30	0.020	0.250	.	.			.	.	600.			T092	15
30-31-05690		BF 569	P	35.	40	0.030	0.220	.	.		25 50	0.003	10.	850.			SOT23	25
30-31-05790		BF 579	P	20.	25	0.030	0.220	.	.		20	0.01	10.	1600.			SOT23	25
30-31-05940		BF 594	N	25.	35	0.030	0.250	.	.		65 220	0.001	.	260.			T092	14
30-31-05950		BF 595	N	25.	35	0.030	0.25	.	.		35 125	0.001	.	260.			T092	14
30-31-05953	*	BF 595 C	N	25.	35	0.030	0.25	.	.		35 125	0.001	.	260.			T092	14
30-31-05954	*	BF 595 D	N	25.	35	0.030	0.25	.	.		35 125	0.001	.	260.			T092	14
30-31-05990		BF 599	N	25.	40	0.025	0.250	.	.		38 85	0.007	10.	550.			SOT23	25
30-31-06061		BF 606 A	P	30.	40	0.025	0.300	.	.		30	0.001	10.	650.			T092	14
30-31-06170		BF 617	N	300.		0.300	2.	.	.		30	.	.	70.			T0202	84
30-31-06220		BF 622	N	250.	250	0.020	2.	20.	0.025		50	0.025	20.	60.			SOT89	80
30-31-06230		BF 623	P	250.	250	0.020	2.	20.	0.025		50	0.025	20.	60.			SOT89	80
30-31-06600		BF 660	P	30.	40	0.025	0.150	.	.		30	0.003	10.	650.			SOT23	25
30-31-07170		BF 717	N	300.		0.100	6.25	.	.		30	.	.	60.			T0202	84
30-31-07670		BF 767	P	30.	30	0.020	0.200	.	.		15 60	0.003	10.	950.			SOT23	25
30-31-07910		BF 791	P	300.		0.100	10.	.	.		50	.	.	.			T0202	84
30-31-07990		BF 799	N	20.	30	0.035	0.280	0.15	0.02		40 250	0.02	10.	800.			SOT23	25
30-31-08220		BF 822	N	250.	250	0.050	0.315	0.6	0.03		50	0.025	20.	60.			SOT23	25

2.3. Pro Electron

EIData code	S	Type	N/P	Uceo V	Ucbo V	Ic A	Ptot W	Uce (sat) V	@ Ic A	D	hFE min.	max.	@ Ic A	Uce V	Ft MHz	tON ns	tOFF ns	Case	no.
30-31-08240		BF 824	P	30.	30	0.025	0.300	.	.			.		.	450.			SOT23	25
30-31-08590		BF 859	N	300.	300	0.100	1.8	1.	0.03		25		0.03	10.	90.			TO202	84
30-31-08710		BF 871	N	300.	300	0.030	1.6	20.	0.025		40		0.025	20.	60.			TO202	84
30-31-08720		BF 872	P	300.	300	0.030	1.6	20.	0.025		40		0.025	20.	60.			TO202	84
30-82-09000		BF 900	N	20.		20.	0.050	FET										SOT103	104
30-31-09390		BF 939	P	30.	30	0.020	0.350	.	.		30	50	0.002	10.	750.			TO92	15
30-82-09600		BF 960	N	20.		20.	0.020	FET										SOT103	104
30-31-09670		BF 967	P	30.	30	0.020	0.160	.	.		15	60	0.001	10.	950.			TO119	92
30-31-09690		BF 969	P	35.		0.030	0.16	.	.		50		.	.	850.			TO119	92
30-31-09799		BF 979 S	P	25.	30	0.050	0.160	.	.		20		0.01	10.	1600.			TO119	92
30-82-09899		BF 989 S	N	20.		20.	30.	FET										SOT143	103
30-82-09900		BF 990	N	18.		18.	0.030	FET										SOT143	103
30-82-09930		BF 993	N	20.		20.	50.	FET										SOT143	103
30-82-09949		BF 994 S	N	20.		20.	30.	FET										SOT143	103
30-82-09950		BF 995	N	20.		20.	30.	FET										SOT143	103
30-82-09969		BF 996 S	N	20.		20.	30.	FET										SOT143	103
30-82-09970		BF 997	N	20.		20.	30.	FET										SOT143	103
30-32-00180		BFN 18	N	300.	300	0.200	2.	0.5	0.020		40		0.01	10.	60.			SOT89	80
30-32-00190		BFN 19	P	300.	300	0.2	1.	.	.		40		.	.	100.			SOT89	80
30-32-00200		BFN 20	N	300.	300	0.200	2.	0.5	0.010		40		0.25	20.	60.			SOT89	80
30-32-00210		BFN 21	P	300.	300	0.20	2.	0.5	0.010		40		0.025	20.	60.			SOT89	10
30-32-00260		BFN 26	N	300.	300	0.200	0.360	0.5	0.020		30		0.03	30.	70.			SOT23	25
30-32-00270		BFN 27	P	300.	300	0.200	0.360	0.5	0.020		30		0.03	30.	100.			SOT23	25
30-83-00100		BFQ 10	N	30.		30.	0.030	FET										TO71	56
30-34-00170	*	BFQ 17	N	25.	40	0.150	1.5	0.75	0.1		25		0.150	5.	1200.			SOT89	80
30-34-00190		BFQ 19	N	15.	20	0.075	0.550	.	.		50		0.05	10.	5000.			SOT89	80
30-34-00290		BFQ 29	N	15.	20	0.030	0.200	.	.		30		0.01	6.	3600.			SOT23	25
30-34-00640		BFQ 64	N	20.	30	0.200	1.	.	.		25		0.12	5.	3000.			SOT89	80
30-34-00690		BFQ 69	N	25.		0.030	0.200	.	.		100		.	.	5500.			TO119	92
30-34-00810		BFQ 81	N	16.	25	0.030	0.280	0.2	0.03		50		0.015	10.	5800.			SOT23	25
30-83-00290		BFR 29	N	30.		30.	0.020	FET										TO72	68
30-83-00300		BFR 30	N	25.		25.	4.	FET										SOT23	134
30-83-00310		BFR 31	N	25.		25.	0.010	FET										SOT23	134
30-35-00341		BFR 34 A	N	12.	20	0.030	0.200	.	.		25		0.02	6.	5000.			TO119	92
30-35-00351		BFR 35 A	N	12.		0.030	0.200	.	.		25		.	.	5000.			SOT23	25
30-35-00370	*	BFR 37	N	30.	30	0.050	0.430	0.13	0.01		80	250	0.01	15.	1400.			TO72	5

2.3. Pro Electron

ElData code	S	Type	N/P	Uceo V	Ucbo V	Ic A	Ptot W	Uce (sat) V	@ Ic A	D	hFE min.	hFE max.	@ Ic A	Uce V	Ft MHz	tON ns	tOFF ns	Case	no.
30-35-00790		BFR 79	P	80.		1.	0.800	.	.		50		.	.	100.			T092	19
30-83-00840		BFR 84	N	20.		20.	0.050	FET										T072	69
30-35-00900		BFR 90	N	15.	20	0.030	0.200	.	.		25		0.025	6.	5000.			T0119	92
30-35-00910		BFR 91	N	15.	20	0.050	0.250	.	.		30		0.05	5.	5000.			T0119	89
30-35-00920		BFR 92	N	15.	20	0.030	0.200	.	.		25		0.02	6.	5000.			SOT23	95
30-35-00930		BFR 93	N	15.	20	0.050	0.200	.	.		30		0.05	5.	4500.			SOT23	95
30-35-00990	*	BFR 99	P	25.	30	0.050	0.360	.	.		75		0.001	10.	2300.			T072	4
30-83-01012		BFR 101 B	N	30.		30.	0.020	FET										SOT143	144
30-36-00170		BFS 17	N	15.	25	0.250	0.200	.	.		20	150	0.002	1.	1300.			SOT23	25
30-36-00180		BFS 18	N	20.	30	0.030	0.150	.	.		35	125	0.001	10.	260.			SOT23	25
30-36-00190		BFS 19	N	20.	30	0.030	0.150	.	.		65	225	0.001	10.	260.			SOT23	25
30-37-00120		BFT 12	N	15.	25	0.150	0.700	.	.		25		0.05	5.	1900.			T0119	92
30-37-00283	*	BFT 28 C	P	250.	300	1.	5.	5.	0.01		20		0.01	10.	25.			T05	12
30-37-00660		BFT 66	N	15.	20	0.030	0.200	.	.		30		0.01	6.	3600.			T072	5
30-37-00920		BFT 92	P	15.	20	0.025	0.200	.	.		20	50	0.014	10.	5000.			SOT23	25
30-37-00930		BFT 93	P	12.	15	0.035	0.200	.	.		20	50	0.030	5.	5000.			SOT23	25
30-37-00980		BFT 98	N	20.	30	0.200	2.250	.	.		25		0.12	5.	3000.			T0117	96
30-84-00100		BFW 10	N	30.		30.	0.020	FET										T072	61
30-84-00120		BFW 12	N	30.		30.	0.010	FET										T072	64
30-39-00300		BFW 30	N	10.	20	0.050	0.250	.	.		25		0.05	5.	1600.			T072	4
30-39-00310	*	BFW 31	P	30.	50	0.700	1.8	0.4	0.1		40	500	0.01	10.	200.	40	250	T018	17
30-39-00320	*	BFW 32	N	30.	50	0.700	1.8	0.1	0.1		40	500	0.01	10.	200.	40	250	T018	17
30-84-00610		BFW 61	N	25.		25.	0.020	FET										T072	61
30-39-00920		BFW 92	N	15.	25	0.025	0.200	0.75	0.02		20	150	0.002	1.	1900.			T0119	23
30-40-00370	*	BFX 37	P	80.	90	0.100	1.2	0.1	0.01		25	280	0.001	5.	40.			T018	17
30-40-00480		BFX 48	P	30.	30	0.100	1.	0.1	0.01		70	130	0.0001	1.	400.	20	95	T018	17
30-40-00596	*	BFX 59 F	N	20.	30	0.100	0.370	.	.		30	200	0.01	10.	1050.			T072	4
30-40-00620	*	BFX 62	N	20.	30	0.012	0.130	.	.		20	40	0.002	10.	1000.			T072	4
30-40-00890		BFX 89	N	15.	30	0.025	0.200	0.75	0.02		20	125	0.025	1.	1200.			T072	4
30-41-00390	*	BFY 39	N	25.	45	0.100	0.300	1.	0.01		35	400	0.01	10.	150.			T018	17
30-41-00410	*	BFY 41	N	60.	120	0.600	3.	5.	0.05		35		0.05	10.	60.			T05	12
30-41-00450	*	BFY 45	N	90.	140	0.030	2.5	.	.		40	60	0.01	10.	130.			T05	12
30-41-00500		BFY 50	N	35.	80	1.	2.86	0.66	1.		30		0.15	10.	60.	55	360	T05	12
30-41-00520		BFY 52	N	20.	40	1.	2.86	0.66	1.		60		0.15	10.	50.	55	360	T05	12
30-41-00760	*	BFY 76	N	60.	60	0.050	1.2	0.15	0.001		150	220	0.001	5.	40.			T018	17
30-41-00900		BFY 90	N	15.	30	0.025	0.200	0.75	0.02		20	125	0.025	1.	1200.			T072	4

2.3. Pro Electron

ElData code	S	Type	N/P	Uceo V	Ucbo V	Ic A	Ptot W	Uce (sat) V	@ Ic A	D	hFE min.	max.	@ Ic A	Uce V	Ft MHz	tON ns	tOFF ns	Case	no.
30-43-00890		BLW 89	N	30.	60	0.32	9.6	0.9	0.5		10	100	0.15	5.	1200.			SOT122	38
30-43-00900		BLW 90	N	30.	60	0.62	18.6	0.9	1.		10	100	0.3	5.	1200.			SOT122	38
30-43-00910		BLW 91	N	30.	60	1.5	30.	1.	2.		10	100	0.6	5.	1200.			SOT122	38
30-45-00871		BLY 87 A	N	18.	36	1.25	17.5	.	.		5		0.5	5.	700.			SOT48	37
30-45-00883		BLY 88 C	N	18.	36	3.	36.	1.	4.5		10	100	1.5	5.	850.			SOT120	41
30-45-00891		BLY 89 A	N	18.	36	5.	70.	.	.		10	120	1.	5.	650.			SOT56	39
30-45-00900		BLY 90	N	18.	36	8.	130.	.	.		10	50	1.	5.	550.			SOT55	40
30-45-00911		BLY 91 A	N	36.	65	0.75	17.5	.	.		5		0.5	5.	500.			SOT48	37
30-45-00921		BLY 92 A	N	36.	65	1.5	32.	.	.		5		0.5	5.	500.			SOT48	37
30-45-00931		BLY 93 A	N	36.	65	3.	70.	.	.		10	120	1.	5.	500.			SOT56	39
30-45-00940		BLY 94	N	36.	65	6.	130.	.	.		10	120	1.	5.	500.			SOT55	40
30-85-01070		BS 107	N	200.		200.	0.120	FET										T092	57
30-85-01700		BS 170	N	60.		60.	0.500	FET										T092	57
30-48-01400		BSR 14	N	40.	75	0.800	0.425	0.3	0.15		100	300	0.15	10.	300.	25	60	SOT23	25
30-48-01600		BSR 16	P	60.	60	0.600	0.425	0.4	0.15		30	50	0.5	10.	200.	45	100	SOT23	25
30-49-00380		BSS 38	N	100.	120	0.100	0.500	0.7	0.004		80		0.004	1.	60.		1000	T092	15
30-49-00630		BSS 63	P	100.	110	0.100	0.200	0.9	0.075		30		0.020	5.	50.			SOT23	25
30-49-00640		BSS 64	N	80.	120	0.100	0.200	0.7	0.004		20	80	0.004	1.	50.			SOT23	25
30-49-00793		BSS 79 C	N	40.	75	0.800	0.350	1.	0.05		100	300	0.150	10.	250.	10	60	SOT23	25
30-49-00803		BSS 80 C	P	40.	60	0.800	0.350	1.6	0.5		100	300	0.150	10.	200.	40	30	SOT23	25
30-49-00822		BSS 82 B	P	60.	60	0.800	0.350	1.6	0.5		40	120	0.150	10.	200.	40	30	SOT23	25
30-49-00823		BSS 82 C	P	60.	60	0.800	0.350	1.6	0.5		100	300	0.150	10.	200.	40	30	SOT23	25
30-85-08700		BSS 87	N	200.		200.	0.280	FET										SOT89	104
30-85-00890		BSS 89	N	200.		200.	0.300	FET										T092	58
30-85-12300		BSS 123	N	100.		100.	0.170	FET										SOT89	105
30-49-01600		BST 16	P	300.	350	1.	1.	2.	0.05		30	120	0.05	10.	15.			SOT89	80
30-85-00800		BST 80	N	80.		80.	0.500	FET										SOT89	104
30-85-00840		BST 84	N	200.		200.	0.250	FET										SOT89	104
30-50-00103		BSV 10-16	P	40.		1.	3.2	.	.		100	250	.	.	50.			TO5	12
30-50-00162		BSV 16-10	P	60.	60	1.	5.	1.	0.5		63	160	0.1	1.	50.	500	650	TO5	12
30-50-00163		BSV 16-16	P	60.	60	1.	5.	1.	0.5		100	250	0.1	1.	50.	500	650	TO5	12
30-50-00172		BSV 17-10	P	80.	80	1.	5.	1.	0.5		63	160	0.1	1.	50.	500	650	TO5	12
30-50-00640		BSV 64	N	60.	100	2.	5.	1.	5.		40		2.	2.	100.	600	1200	TO5	17
30-86-00780		BSV 78	N	40.		40.	0.050	FET										TO18	63
30-86-00790		BSV 79	N	40.		40.	0.020	FET										TO18	63
30-51-00260	*	BSW 26	N	40.	50	1.	1.8	0.5	0.5		25		0.1	2.	200.	40	85	TO18	17

2.3. Pro Electron

ElData code	S	Type	N/P	Uceo V	Ucbo V	Ic A	Ptot W	Uce (sat) V	@ Ic A	D	hFE min. max.	@ Ic A	Uce V	Ft MHz	tON ns	tOFF ns	Case	no.
30-51-00280	*	BSW 28	N	50.	60	1.	3.	0.5	0.5		25	0.1	2.	200.	50	85	TO5	12
30-52-00120	*	BSX 12	N	12.	25	1.	3.	0.24	0.3		30 120	0.3	0.5	450.	15	25	R179G	12
30-52-00210	*	BSX 21	N	80.	120	0.100	0.300	0.7	0.004		20 80	0.004	1.	160.			TO18	17
30-52-00453	*	BSX 45-16	N	40.	80	1.	5.	0.7	1.		100 250	0.1	1.	50.	200	850	TO5	12
30-52-00462	*	BSX 46-10	N	60.	100	1.	5.	0.7	1.		63 100	0.1	1.	50.	200	850	TO5	12
30-52-00463	*	BSX 46-16	N	60.	100	1.	5.	0.7	1.		100 250	0.1	1.	50.	200	850	TO5	12
30-52-00472	*	BSX 47-10	N	80.	120	1.	5.	0.7	1.		63 160	0.1	1.	50.	200	850	TO5	12
30-52-00480	*	BSX 48	N	25.	50	0.600	1.	0.17	0.1		17 42	0.1	1.	250.	65	110	TO18	17
30-52-00490	*	BSX 49	N	40.	60	0.600	1.	0.17	0.1		25 42	0.1	1.	250.	50	95	TO18	17
30-52-00509	*	BSX 50-S20	N	80.		1.	5.	.	.		63 160	.	.	50.			TO5	12
30-52-00510		BSX 51	N	25.		0.200	0.300	0.3	0.05		75 225	0.002	.	150.		250	TO18	17
30-52-00520		BSX 52	N	25.		0.200	0.300	0.3	0.05		180 540	0.002	.	150.		250	TO18	17
30-52-00531		BSX 52 A	N	50.		0.200	0.300	0.3	0.05		180 540	0.002	.	150.		250	TO18	17
30-52-00600	*	BSX 60	N	30.	70	1.	0.800	0.5	0.5		30	0.5	1.	475.	35	70	TO5	12
30-52-00610	*	BSX 61	N	45.	70	1.	0.800	0.7	0.5		30	0.5	1.	475.	50	100	TO5	12
30-52-00622	*	BSX 62-10	N	40.	60	3.	5.	0.4	2.		63 100	1.	1.	70.	300	1500	TO5	12
30-52-00631	*	BSX 63-6	N	60.	80	3.	5.	0.4	2.		40 100	1.	1.	70.	300	1500	TO5	12
30-53-00560	*	BSY 56	N	80.	120	0.500	3.	0.2	0.15		100 300	0.15	10.	100.	80	350	TO5	12
30-53-00720	*	BSY 72	N	18.	25	0.030	0.230	.	.		80 250	0.001	1.	170.			TO18	17
30-53-00760	*	BSY 76	N	32.	40	0.250	0.230	0.15	0.1		80 250	0.001	1.	170.			TO18	17
30-53-00770		BSY 77	N	64.	80	0.25	0.230	0.15	0.1		35 100	0.001	1.	145.			TO18	17
30-54-01050	*	BU 105	N	750.	1500	2.5	10.	5.	2.5		10	.	.	7.5		750	TO3	10
30-54-01080	*	BU 108	N	750.	1500	5.	12.5	5.	4.5		7	.	.	7.		1000	TO3	10
30-54-01110	*	BU 111	N	300.	500	6.	50.	1.5	3.		5	3.	5.	20.		1000	TO3	10
30-54-01260	*	BU 126	N	300.	750	3.	30.	5.	4.		15 60	1.	5.	8.		1000	TO3	10
30-54-02050	*	BU 205	N	700.	1500	2.5	10.	5.	2.		2	2.	5.	7.5		750	TO3	10
30-54-02080	*	BU 208	N	700.	700	5.	12.5	5.	4.5		2.25	4.5	5.	1.		700	TO3	10
30-54-02081	*	BU 208 A	N	1500.	700	5.	12.5	1.	4.5		2.25	4.5	5.	7.		700	TO3	10
30-54-02084	*	BU 208 D	N	1500.	700	5.	12.5	1.	4.5		2.5	4.5	5.	7.		700	TO3	10
30-54-02090		BU 209	N	800.	1700	4.	12.5	5.	3.		2.2	3.	5.	7.		700	TO3	10
30-54-02269		BU 226 S	N	800.		2.	32.	.	.		1.5	.	.	.		700	TO3	10
30-54-03120		BU 312	N	150.	280	6.	25.	1.5	5.		10	5.	1.5	25.	300	2300	TO3	10
30-54-03261		BU 326 A	N	400.	900	6.	60.	3.	4.		40	0.6	5.	6.		200	TO3	10
30-54-03269		BU 326 S	N	400.	800	6.	60.	3.	4.		10	4.	5.	20.		300	TO3	10
30-54-04064	*	BU 406 D	N	400.	400	7.	60.	1.	5.		16	1.	1.	10.			TO220	33
30-54-04070		BU 407	N	150.	330	7.	60.	1.	5.		12	4.	10.	10.		750	TO220	33

2.3. Pro Electron

ElData code	S	Type	N/P	Uceo V	Ucbo V	Ic A	Ptot W	Uce (sat) V	@ Ic A	D	hFE min.	max.	@ Ic A	Uce V	Ft MHz	tON ns	tOFF ns	Case	no.
30-54-04074		BU 407 D	N	330.	330	7.	60.	1.	5.		12		4.	10.	10.		750	TO220	33
30-54-04080		BU 408	N	200.		7.	60.	.	.		10		.		10.		400	TO220	33
30-54-04120		BU 412	N	175.		12.	50.	.	.		10		.	.	25.		1000	TO3	10
30-54-04130		BU 413	N	175.		15.	60.	.	.		5		.	.	25.		1000	TO3	10
30-54-04142		BU 414 B	N	900.		15.	60.	.	.		3.5		.	.	15.		700	TO3	10
30-54-04152		BU 415 B	N	900.		20.	120.	.	.		4		.	.	15.		700	TO3	10
30-54-04261		BU 426 A	N	400.	900	6.	70.	3.	4.		30		0.6	5.	.	300	150	TO218	74
30-54-05000		BU 500	N	1500.	1500	6.	30.	.	.		3		4.5	.	.		9000	TO3	10
30-54-05081		BU 508 A	N	700.	1500	8.	125.	1.	4.5				.	.	7.			TO218	74
30-54-05260		BU 526	N	400.		8.	86.	.	.		15		.	.	10.		1000	TO3	10
30-54-06261		BU 626 A	N	400.	1000	10.	100.	3.3	8.		10		10.	1.5	6.		1000	TO3	10
30-54-08060		BU 806	N	200.	400	8.	60.	.	.	D	100		.	.	.	350	750	TO220	33
30-54-09320		BU 932	N	450.	500	15.	150.	1.8	8.	D	250		5.	2.	.	800	1700	TO3	10
30-55-00210		BUR 21	N	200.		40.	250.	0.6	12.		20	60	12.	.	6.		1200	TO3	10
30-55-00500		BUR 50	N	125.	200	70.	350.	1.	35.		20	100	5.	4.	16.	500	1000	TO3	10
30-56-00140		BUS 14	N	400.	850	30.	250.	1.5	20.		5		.	.	.	1000	4000	TO3	10
30-58-00131		BUW 13 A	N	450.	1000	15.	175.	1.5	10.		3	30	.	.	.	1000	800	SOT93	74
30-58-00402		BUW 40 B	N	400.	650	1.	40.	1.	1.		20	100	0.3	3.	50.	700	400	TO220	33
30-58-00412		BUW 41 B	N	400.	650	8.	100.	1.	5.		10	40	5.	3.	60.	500	400	TO220	33
30-58-00580	*	BUW 58	N	160.	250	20.	120.	1.5	15.		10		.	.	15.			TO3	10
30-58-00840		BUW 84	N	400.	800	2.	50.	1.	1.		50		0.1	50.	20.	200	2400	TO126	79
30-59-00100		BUX 10	N	125.	160	25.	150.	0.3	10.		20	60	10.	2.	8.	500	850	TO3	10
30-59-00111		BUX 11 A	N	190.	250	20.	200.	0.6	8.		10	60	8.	2.	45.			TO3	10
30-59-00161		BUX 16 A	N	250.	325	5.	100.	2.5	2.		15	130	0.4	10.	5.			TO3	10
30-59-00173		BUX 17 C	N	350.	450	10.	150.	3.	8.		15		4.	3.	2.5	2000	4500	TO3	10
30-59-00182		BUX 18 B	N	325.	600	8.	120.	2.5	4.		15	100	1.	5.	3.		2600	TO3	10
30-59-00183		BUX 18 C	N	375.	750	8.	120.	2.5	4.		15	100	1.	5.	3.		2600	TO3	10
30-59-00270		BUX 27	N	450.		10.	60.	.	.		7		.	.	20.		1000	TO3	10
30-59-00280	*	BUX 28	N	350.	350	8.	80.	2.	10.	D	10		7.	1.5	1.			TO3	10
30-59-00312		BUX 31 B	N	500.	1000	8.	150.	1.	4.		8	40	4.	3.	60.	450	400	TO3	10
30-59-00322		BUX 32 B	N	500.	1000	8.	150.	1.3	60.		8	40	6.	3.	60.	450	400	TO3	10
30-59-00332		BUX 33 B	N	500.	1000	12.	150.	1.	8.		6	40	8.	3.	60.	450	400	TO3	10
30-59-00481		BUX 48 A	N	450.		15.	175.	.	.		5		.	.	10.	1000	800	TO3	10
30-59-00662		BUX 66 B	P	300.	350	2.	35.	2.5	1.		10	150	0.2	10.	.	600	3100	TO66	9
30-59-00663		BUX 66 C	P	350.	400	2.	35.	2.5	1.		10	150	0.2	10.	.	600	3100	TO66	9
30-59-00672		BUX 67 B	N	300.	350	2.	35.	2.5	1.		10	150	0.2	10.	.	3000	7000	TO66	9

2.3. Pro Electron

ElData code	S	Type	N/P	Uceo V	Ucbo V	Ic A	Ptot W	Uce (sat) V	@ Ic A	D	hFE min. max.	@ Ic A	Uce V	Ft MHz	tON ns	tOFF ns	Case	no.
30-59-00800		BUX 80	N	400.	1000	10.	100.	1.5	5.		30	1.2	5.	6.	350	300	TO3	10
30-59-00810		BUX 81	N	450.	1000	10.	150.	3.	8.		30	1.2	5.	8.	500	800	TO3	10
30-59-00820		BUX 82	N	400.	800	6.	75.	3.	4.		30	1.2	5.	12.	400	250	TO3	10
30-59-00830		BUX 83	N	450.	1000	6.	75.	1.6	4.		30	1.2	5.	12.	400	250	TO3	10
30-59-00850		BUX 85	N	450.	1000	2.	40.	3.	1.		30	0.1	5.	20.	250	400	TO220	33
30-59-00860		BUX 86	N	400.	800	0.500	20.	3.	0.2		50	0.05	5.2	20.	250	400	TO126	16
30-60-00570	*	BUY 57	N	125.	150	15.	117.	1.3	10.		12	10.	1.5	.	1600	1600	TO3	10
30-60-00710	*	BUY 71	N	2200.		2.	40.	5.	1.5		1.5	.	.	5.	1000	1500	TO3	10
30-60-00720	*	BUY 72	N	200.	280	10.	60.	1.5	7.		25 160	2.	1.5	1.5	2000	6000	TO3	10
30-60-00730	*	BUY 73	N	200.	280	15.	117.	1.4	10.		10	12.	1.5	.	1700	1000	TO3	10
30-60-00790	*	BUY 79	N	350.	750	8.	60.	1.5	5.		4	5.	1.5	15.	1000	700	TO3	10
30-87-00100		BUZ 10	N	50.		50.	19.	FET										TO220	101
30-87-00110		BUZ 11	N	50.		50.	30.	FET										TO220	101
30-87-00150		BUZ 15	N	50.		50.	45.	FET										TO3	102
30-87-00200		BUZ 20	N	100.		100.	12.	FET										TO220	101
30-87-00210		BUZ 21	N	100.		100.	19.	FET										TO220	101
30-87-00230		BUZ 23	N	100.		100.	10.	FET										TO3	102
30-87-00240		BUZ 24	N	100.		100.	32.	FET										TO3	102
30-87-00360		BUZ 36	N	200.		200.	22.	FET										TO3	102
30-87-00400	*	BUZ 40	N	500.		500.	2.5	FET										TO220	101
30-87-00411		BUZ 41 A	N	500.		500.	4.5	FET										TO220	101
30-87-00440	*	BUZ 44	N	500.		500.	5.6	FET										TO3	102
30-87-00441		BUZ 44 A	N	500.		500.	4.8	FET										TO3	102
30-87-00451		BUZ 45 A	N	500.		500.	8.3	FET										TO3	102
30-87-00800		BUZ 80	N	800.		800.	2.6	FET										TO220	101
30-87-00840		BUZ 84	N	800.		800.	5.3	FET										TO3	102
30-87-00881		BUZ 88 A	N	800.		800.	5.0	FET										TO238	100

2.4. Brand-specific

ElData code	S	Type	N/P	Uceo V	Ucbo V	Ic A	Ptot W	Uce (sat) V	@ Ic A	D	hFE min.	max.	@ Ic A	Uce V	Ft MHz	tON ns	tOFF ns	Case	no.
30-06-02920	*	40292	N	50.	90	1.25	23.2	.	.			.		.	300.			T060	31
30-06-03100	*	40310	N	35.		4.	29.	.	.		20	120	1.	2.	0.75			T066	9
30-06-03120	*	40312	N	60.		4.	29.	.	.		20	120	1.	2.	0.75			T066	9
30-06-03130	*	40313	N	300.		2.	35.	.	.		40	250	0.1	10.	.			T066	9
30-06-03190		40319	P	40.		0.700	5.	1.4	0.15		35	200	0.05	10.	100.			T05	12
30-06-03240	*	40324	N	35.		4.	29.	.	.		20	120	1.	2.	0.75			T066	9
30-06-03250	*	40325	N	35.	35	15.	117.	1.5	8.		12	60	8.	4.	0.75			T03	10
30-06-03470	*	40347	N	40.	60	1.5	8.750	1.	0.45		25	100	0.45	4.	.			T05	12
30-06-03490	*	40349	N	140.	160	1.5	8.75	0.5	0.15		30	125	0.15	4.	1.5			T05	12
30-06-03610	*	40361	N	70.		0.700	5.	1.4	0.05		70	350	0.05	4.	100.			T05	12
30-06-03620	*	40362	P	70.		0.700	5.	1.4	0.05		35	200	0.05	4.	100.			T05	12
30-06-03630	*	40363	N	70.		15.	115.	1.1	4.		20	70	4.	4.	0.700			T03	10
30-06-03890	*	40389	N	40.	60	0.700	3.5	1.4	0.15		50	250	0.150	10.	100.			F31	78
30-06-03910	*	40391	P	40.	60	1.	3.5	1.4	0.15		50	250	0.150	10.	60.			F31	78
30-06-04070		40407	N	50.		0.700	1.	.	.		40	200	0.001	10.	100.			T05	12
30-06-04080		40408	N	90.		0.700	1.	1.4	0.15		40	200	0.01	4.	100.			T05	12
30-06-04090		40409	N	90.		0.700	3.	1.4	0.15		50	250	0.15	4.	100.			F31	78
30-06-04100		40410	P	90.		0.700	3.	1.4	0.15		50	250	0.15	4.	100.			F31	78
30-06-04110		40411	N	90.		30.	150.	0.8	4.		35	100	4.	4.	0.800			T03	10
30-06-05940	*	40594	N	95.		2.	10.	0.8	0.3		70	350	0.3	.	50.			T05	12
30-06-05950	*	40595	P	95.		2.	10.	0.8	0.3		70	350	0.3	.	50.			T05	12
30-80-06040		40604	N	20.		20.	0.050	FET										T072	70
30-06-06340	*	40634	P	75.	75	1.	5.	0.8	0.15		50	250	0.15	4.	60.			T05	12
30-06-06350	*	40635	N	75.	75	1.	5.	0.8	0.15		50	250	0.15	4.	120.			T05	12
30-80-06730		40673	N	20.		20.	0.050	FET										T072	70
30-80-08220		40822	N	18.		18.	0.050	FET										T072	70
30-80-08410		40841	N	18.		18.	0.050	FET										T072	70
30-06-08520	*	40852	N	350.	450	7.	100.	3.	4.		12		1.2	1.	.			T03	10
30-06-08540	*	40854	N	300.	450	15.	175.	3.	10.		8		10.	4.	.			103	10
30-06-08950	*	40895	N	12.	20	0.050	0.200	1.	0.01		40	250	0.001	6.	.			T072	4
30-06-10120	*	41012	N	80.		20.	175.	1.4	10.		20	60	10.	4.	60.			T03	10
30-06-51950		45195	P	80.		7.	40.	0.6	1.5		20	80	1.5		2.			T0220	33
30-88-03030	*	D 303		.		.	.	FET										T072	
30-88-08220		D82 CN 2	N	200.		200.	1.0	FET										DIL8-4	
30-88-09440		D94 FR 4	N	500.		500.	18.0	FET										T0220	101
30-88-09840		D98 GR 4	N	500.		500.	36.0	FET										T0218	74

2.4. Brand-specific

ElData code	S	Type	N/P	Uceo V	Ucbo V	Ic A	Ptot W	Uce (sat) V	@ Ic A	D	hFE min. max.	@ Ic A	Uce V	Ft MHz	tON ns	tOFF ns	Case	no.
30-89-03100		E 310	N	25.		25.	0.060	FET									TO106	66
30-90-01200		IRF 120	N	100.		100.	8.	FET									TO3	102
30-90-01300		IRF 130	N	100.		100.	14.	FET									TO3	102
30-90-01500		IRF 150	N	100.		100.	40.	FET									TO3	102
30-90-02300		IRF 230	N	200.		200.	9.	FET									TO3	102
30-90-03200		IRF 320	N	400.		400.	3.	FET									TO3	102
30-90-03300		IRF 330	N	400.		400.	5.5	FET									TO3	102
30-90-03500		IRF 350	N	400.		400.	15.	FET									TO3	102
30-90-05130		IRF 513	N	60.		60.	3.5	FET									TO220	101
30-90-05200		IRF 520	N	100.		100.	8.	FET									TO220	101
30-90-05300		IRF 530	N	100.		100.	14.	FET									TO220	101
30-90-06200		IRF 620	N	200.		200.	5.	FET									TO220	101
30-90-08400		IRF 840	N	500.		500.	8.0	FET									TO220	101
30-90-95200		IRF 9520	P	100.		100.	6.	FET									TO220	101
30-90-95300		IRF 9530	P	100.		100.	12.	FET									TO220	101
30-91-00110		IRFD 110	N	100.		100.	1.	FET									DIL4	
30-91-00100		IRFD 1Z0	N	100.		100.	0.5	FET									DIL4	
30-91-91200		IRFD 9120	P	100.		100.	1.	FET									DIL4	
30-89-03040		J 304	P	.		.	.	FET									TO92	
30-98-39720		KE 3972	N	40.		40.	0.030	FET									TO106	66
30-98-36840		MEF 3684	N	50.		50.	0.01	FET									PO18	
30-98-43040		MEF 4304	N	30.		30.	0.015	FET									RO97B	
30-98-48560		MEF 4856	N	40.		40.	0.200	FET									PO18	
30-98-05111		MEM 511 A	P	.		.	.	FET									TO106	66
30-61-00410	*	MJ 410	N	200.	200	5.	100.	0.8	1.		30 90	1.	5.	2.5			TO3	10
30-61-00900		MJ 900	P	60.	80	8.	90.	2.	3.	D	1000	3.	3.	1.			TO3	10
30-61-01000		MJ 1000	N	60.	80	8.	90.	2.	3.	D	1000	3.	3.	1.			TO3	10
30-61-29550		MJ 2955	P	60.	100	15.	150.	1.1	4.		20 70	4.	4.	4.			TO3	10
30-61-11015		MJ 11015	P	120.	120	20.	200.	3.	20.	D	1000	20.	5.	4.			TO3	10
30-61-11016		MJ 11016	N	120.	100	50.	200.	3.	20.	D		20.	5.	4.			TO3	10
30-61-11032		MJ 11032	N	120.	120	50.	300.	.	.	D	400	50.	5.	30.		250	TO3	10
30-61-11033		MJ 11033	P	120.	120	50.	300.	.	.	D	400	50.	5.	30.		250	TO3	10
30-61-15022		MJ 15022	N	200.	350	16.	250.	1.4	8.		15 60	8.	4.	20.			TO3	10
30-61-15024		MJ 15024	N	250.	400	16.	250.	1.4	8.		15 60	8.	4.	20.			TO3	10
30-62-00340		MJE 340	N	300.		0.500	20.	.	.		30 240	0.05	10.	10.			TO126	16
30-62-00350		MJE 350	P	300.		0.500	20.	.	.		30 240	0.05	10.	10.			TO126	16

2.4. Brand-specific

ElData code	S	Type	N/P	Uceo V	Ucbo V	Ic A	Ptot W	Uce (sat) V	@ Ic A	D	hFE min. max.	@ Ic A	Uce V	Ft MHz	tON ns	tOFF ns	Case	no.
30-62-34390		MJE 3439	N	350.	450	0.300	15.	.	.		30	0.020	10.	15.			TO126	16
30-62-13007		MJE 13007	N	400.	700	8.	8.	1.5	5.		6 30	5.	5.	4.	500	150	TO220	33
30-62-13009		MJE 13009	N	400.	700	12.	10.	1.5	8.		6 30	8.	5.	4.	450	200	TO220	33
30-63-08340		MPS 834	N	30.	40	0.200	0.500	0.25	0.01		25	0.01	1.	350.	16	30	TO92	32
30-64-00060		MPSA 06	N	80.	80	0.500	1.5	0.25	0.1		50	0.1	1.	100.			TO92	32
30-64-00120		MPSA 13	N	30.	30	0.300	0.500	0.8	0.1	D	5000	0.01	5.	200.			TO92	32
30-64-00420		MPSA 42	N	300.	300	0.500	1.5	0.5	0.02		40	0.03	10.	50.			TO92	32
30-64-00430		MPSA 43	N	200.	200	0.500	1.5	0.4	0.02		50 200	0.03	10.	50.			TO92	32
30-64-00560		MPSA 56	P	80.	80	0.500	1.5	0.25	0.1		50	0.1	1.	100.			TO92	32
30-64-00660		MPSA 66	N	30.	30	0.300	0.500	0.9	0.1	D	75000	0.01	5.	175.			TO92	32
30-64-00920		MPSA 92	P	300.	300	0.500	1.5	0.5	0.02		25	0.03	10.	50.			TO92	32
30-64-08100	*	MPSH 81	P	20.		0.005	.	.	.				. .	700.			TO92	142
30-65-00070		MPSU 07	N	100.	100	2.	10.	0.18	0.25		60 110	0.05	1.	150.			B18	82
30-65-00100		MPSU 10	N	300.	300	1.	10.	1.5	0.02		40	0.01	15.	60.			B18	82
30-65-00450		MPSU 45	N	40.	50	2.	10.	1.2	1.	D	40000 12000	1.	5.				B18	82
30-65-00570		MPSU 57	P	100.	100	2.	10.	0.24	0.25		60 140	0.05	1.	100.			B18	82
30-65-00600		MPSU 60	P	300.	300	0.500	10.	0.70	0.02		25	0.01	110.	60.			B18	82
30-65-00950		MPSU 95	P	40.	50	2.	10.	1.2	1.	D	4000 12000	1.	5.				B18	82
30-66-02370		MRF 237	N	18.	36	0.640	8.	.	.		5	0.250	5.	225.			TO5	22
30-66-02380		MRF 238	N	18.	36	4.	65.	.	.		5	1.	5.	175.			T113	86
30-66-04501		MRF 450 A	N	20.	40	7.5	115.	.	.		10	1.	5.	30.			T113	86
30-66-04540		MRF 454	N	25.	45	20.	250.	.	.		10 150	5.	5.	30.			X92	87
30-66-04750		MRF 475	N	18.	48	4.	10.	.	.		30 60	0.5	5.	30.			TO220	33
30-98-10690		P 1069	P	20.		20.	.	FET									TO106	66
30-98-10875		P 1087 E	P	30.		30.	0.05	FET									TO106	66
30-67-10030		RCA 1A03	N	95.		2.	10.	0.8	0.3		70 350	0.3	.	50.			TO5	12
30-67-10040		RCA 1A04	P	95.	95	2.	10.	0.8	0.3		70 300	0.3	4.	50.			TO5	12
30-67-10050		RCA 1A05	P	75.	75	1.	5.	0.8	0.150		50 250	0.15	4.	60.			TO5	12
30-67-10060		RCA 1A06	N	75.	75	1.	5.	0.8	0.15		50 250	0.15	4.	120.			TO5	12
30-67-01040	*	RCA 104	P	80.		7.	75.	.	.		30	.	.	.			TO220	33
30-67-02040	*	RCA 204	N	80.		7.	75.	.	.		30	.	.	.			TO220	33
30-67-04230		RCA 423	N	325.	400	7.	125.	0.2	1.		10	2.5	5.	4.	350	150	TO3	10
30-67-04310		RCA 431	N	325.	400	7.	125.	0.25	2.5		15 35	2.5	5.	4.	350	400	TO3	10
30-67-10010		RCA 1001	N	80.	80	8.	90.	2.	3.	D	750	4.	3.	1.			TO3	10
30-67-30550		RCA 3055	N	60.	100	4.	75.	1.1	4.		20 70	4.	4.	0.8			TO220	33
30-67-87664		RCA 8766 D	N	450.	450	10.	150.	1.5	6.	D	100	6.	3.	10.			TO3	10

2.4. Brand-specific

ElData code	S	Type	N/P	Uceo V	Ucbo V	Ic A	Ptot W	Uce (sat) V	@ Ic A	D	hFE min. max.	@ Ic A	Uce V	Ft MHz	tON ns	tOFF ns	Case	no.
30-67-91164		RCA 9116 D	P	120.	120	20.	200.	1.	5.		25 150	5.	2.	2.	400	2000	T03	10
30-67-02580	*	RCS 258	N	60.	100	20.	250.	1.4	10.		15 60	10.	4.	0.2			T03	10
30-93-04150		RFL 4 N 15	N	150.		150.	4.0	FET									T05	103
30-93-12200		RFM 12 N 20	N	200.		200.	12.	FET									T03	102
30-92-05150		RFM 5 P 15	P	150.		150.	5.0	FET									T03	102
30-93-12100		RFP 12 N 10	N	100.		100.	12.0	FET									T0220	101
30-92-12110		RFP 12 P 10	P	100.		100.	12.0	FET									T0220	101
30-93-02100		RFP 2 N 10	N	100.		100.	2.0	FET									T0220	101
30-92-02110		RFP 2 P 10	P	100.		100.	2.0	FET									T0220	101
30-94-03030	*	SD 303		.		.	.	FET									T072	
30-73-22221		SMBT 2222 A	N	40.	75	0.600	0.330	1.	0.5		100 300	0.15	10.	300.	25	60	SOT23	25
30-73-29071		SMBT 2907 A	P	60.	60	0.600	0.330	1.6	0.5		100 300	0.15	10.	200.	40	30	SOT23	25
30-73-39040		SMBT 3904	N	40.	60	0.200	0.330	0.3	0.05		100 300	0.01	1.	300.	35	50	SOT23	25
30-73-39060		SMBT 3906	P	40.	40	0.200	0.330	0.4	0.05		100 300	0.01	1.	250.	35	75	SOT23	25
30-73-00140		SMBTA 14	N	30.	30	0.300	0.330	1.5	0.1	D	20000	0.1	5.	125.			SOT23	25
30-73-00200		SMBTA 20	N	40.		0.100	0.330	0.25	0.01		40	0.005	10.	125.			SOT23	25
30-73-00420		SMBTA 42	N	300.	300	0.500	0.360	0.5	0.02		40	0.03	10.	50.			SOT23	25
30-73-00920		SMBTA 92	P	300.	300	0.500	0.360	0.5	0.02		40	0.03	10.	50.			SOT23	25
30-69-82040	*	TA 8204	P	40.	40	8.	65.	2.	3.	D	1000 20000	3.	3.	50.			T0220	33
30-69-83510	*	TA 8351	P	40.	40	10.	70.	2.	5.	D	1000 2000	5.	3.	50.			T03	10
30-69-84870	*	TA 8487	P	60.	60	10.	65.	2.	5.	D	1000 20000	5.	3.	50.			T0220	33
30-98-03200	*	TAA 320		.		.	.	FET									T072	
30-98-59020		TD 5902	N	40.		40.	0.001	FET									T018-8	
30-70-00290		TIP 29	N	40.	80	1.	30.	0.7	1.		15 75	1.	4.	3.	500	2000	T0220	33
30-70-00292		TIP 29 B	N	80.	120	1.	30.	0.7	1.		15 75	1.	4.	3.	500	2000	T0220	33
30-70-00301		TIP 30 A	P	60.	100	1.	30.	0.7	1.		15 75	1.	4.	3.	300	1000	T0220	33
30-70-00302		TIP 30 B	P	80.	120	1.	30.	0.7	1.		15 75	1.	4.	3.	300	1000	T0220	33
30-70-00303		TIP 30 C	P	100.	140	1.	30.	0.7	1.		15 75	1.	4.	3.	300	1000	T0220	33
30-70-00311		TIP 31 A	N	60.	100	3.	40.	2.5	3.		10 50	3.	4.	3.	500	2000	T0220	33
30-70-00312		TIP 31 B	N	80.	120	3.	40.	2.5	3.		10 50	3.	4.	3.	500	2000	T0220	33
30-70-00313		TIP 31 C	N	100.	140	3.	40.	2.5	3.		10 50	3.	4.	3.	500	2000	T0220	33
30-70-00322		TIP 32 B	P	80.	120	3.	40.	2.5	0.750		10 50	3.	4.	3.	300	1000	T0220	33
30-70-00323		TIP 32 C	P	100.	140	5.	40.	2.5	0.750		10 50	3.	4.	3.	300	1000	T0220	33
30-70-00330		TIP 33	N	40.	80	10.	80.	4.	10.		20 100	3.	4.	3.	600	1000	T0218	74
30-70-00331		TIP 33 A	N	60.	100	10.	80.	4.	10.		20 100	3.	4.	3.	600	1000	T0218	74
30-70-00332		TIP 33 B	N	80.	120	10.	80.	4.	10.		20 100	3.	4.	3.	600	1000	T0218	74

2.4. Brand-specific

ElData code	S	Type	N/P	Uceo V	Ucbo V	Ic A	Ptot W	Uce (sat) V	@ Ic A	D	hFE min. max.	@ Ic A	Uce V	Ft MHz	tON ns	tOFF ns	Case	no.
30-70-00333		TIP 33 C	N	100.	140	10.	80.	4.	10.		20 100	3.	4.	3.	600	1000	TO218	74
30-70-00335		TIP 33 E	N	140.	180	10.	80.	4.	10.		20 100	3.	4.	3.	600	1000	TO218	74
30-70-00340		TIP 34	P	40.	80	10.	80.	4.	10.		20 100	3.	4.	3.	400	700	TO218	74
30-70-00341		TIP 34 A	P	60.	100	10.	80.	4.	10.		20 100	3.	4.	3.	400	700	TO218	74
30-70-00343		TIP 34 C	P	100.	140	10.	80.	4.	10.		20 100	3.	4.	3.	400	700	TO218	74
30-70-00351		TIP 35 A	N	60.	100	25.	125.	4.	25.		10 50	15.	4.	3.	1200	900	TO218	74
30-70-00353		TIP 35 C	N	100.	140	25.	125.	4.	25.		10 50	15.	4.	3.	1200	900	TO218	74
30-70-00360		TIP 36	P	40.	80	25.	125.	4.	25.		10 50	15.	4.	3.	1100	800	TO218	74
30-70-00362		TIP 36 B	P	80.	120	25.	125.	4.	25.		10 50	15.	4.	3.	1100	800	TO218	74
30-70-00363		TIP 36 C	P	100.	140	25.	125.	4.	25.		10 50	15.	4.	3.	1100	800	TO218	74
30-70-00411		TIP 41 A	N	60.	100	6.	65.	1.5	60.		15 75	3.	4.	3.	600	1000	TO220	33
30-70-00413		TIP 41 C	N	100.	140	6.	65.	1.5	6.		15 75	3.	4.	3.	600	1000	TO220	33
30-70-00415		TIP 41 E	N	140.	180	6.	65.	1.5	6.		15 75	3.	4.	3.	600	1000	TO220	33
30-70-00421		TIP 42 A	P	60.	100	6.	65.	1.5	6.		15 75	3.	4.	3.	400	700	TO220	33
30-70-00422		TIP 42 B	P	80.	120	6.	65.	1.5	60.		15 75	3.	4.	3.	400	700	TO220	33
30-70-00423		TIP 42 C	P	100.	140	6.	65.	1.5	60.		15 75	3.	4.	3.	400	700	TO220	33
30-70-00500		TIP 50	N	400.	500	1.	40.	1.	1.		30 150	0.3	10.	10.	200	2000	TO220	33
30-70-00540		TIP 54	N	400.	500	3.	100.	1.5	3.		30 150	0.3	10.	2.5	250	5000	TO218	74
30-70-00581		TIP 58 A	N	400.	500	7.5.	50.	2.5	10.		10 100	1.	3.	.	130	200	TO218	74
30-70-01120		TIP 112	N	100.	100	4.	50.	2.5	2.	D	500	2.	4.	.	2600	4500	TO220	33
30-70-01150		TIP 115	P	60.	60	4.	50.	2.5	2.	D	500	2.	4.	.	2600	4500	TO220	33
30-70-01160		TIP 116	P	80.	80	4.	50.	2.5	2.	D	500	2.	4.	.	2600	4500	TO220	33
30-70-01170		TIP 117	P	100.	100	4.	50.	2.5	2.	D	500	2.	4.	.	2600	4500	TO220	33
30-70-01220		TIP 122	N	100.	100	5.	65.	4.	5.	D	1000	3.	3.	.	1500	8500	TO220	33
30-70-01270		TIP 127	P	100.	100	5.	65.	4.	5.	D	1000	3.	3.	.	1500	8500	TO220	33
30-70-01310		TIP 131	N	80.	80	8.	70.	3.	6.	D	1000 15000	4.	4.	.			TO220	33
30-70-01320		TIP 132	N	100.	100	8.	70.	3.	6.	D	1000 15000	4.	4.	.			TO220	33
30-70-01370		TIP 137	P	100.	100	8.	70.	3.	6.	D	1000 15000	4.	4.	.			TO220	33
30-70-01400		TIP 140	N	60.	60	10.	125.	3.	10.	D	500	10.	4.	.	900	1100	TO218	74
30-70-01420		TIP 142	N	100.	100	10.	125.	3.	10.	D	500	10.	4.	.	900	1100	TO218	74
30-70-01450		TIP 145	P	60.	60	10.	125.	3.	10.	D	500	10.	4.	.	900	1100	TO218	74
30-70-01470		TIP 147	P	100.	100	10.	125.	3.	10.	D	500	10.	4.	.	900	1100	TO218	74
30-70-01520		TIP 152	N	400.	400	7.	80.	1.5	2.	D	150	5.	5.	.	160	1500	TO220	33
30-70-01620		TIP 162	N	380.	380	10.	50.	2.4	10.	D	200	4.	2.2	.	1500	2600	TO218	74
30-70-06600		TIP 660	N	320.	320	10.	80.	2.9	10.	D	200	4.	2.2	.	1500	2600	TO3	10
30-70-06610		TIP 661	N	350.	350	10.	80.	2.9	10.	D	200	4.	2.2	.	1500	2600	TO3	10

2.4. Brand-specific

EIData code	S	Type	N/P	Uceo V	Ucbo V	Ic A	Ptot W	Uce (sat) V	@ Ic A	D	hFE min.	max.	@ Ic A	Uce V	Ft MHz	tON ns	tOFF ns	Case	no.
30-70-06620		TIP 662	N	380.	380	10.	80.	2.9	10.	D	200		4.	2.2	.	1500	2600	TO3	10
30-70-06630		TIP 663	N	300.	400	20.	150.	3.	20.	D	500	10000	5.	5.	.	220	1300	TO3	10
30-70-06640		TIP 664	N	350.	450	20.	150.	3.	20.	D	500	10000	5.	5.	.	220	1300	TO3	10
30-70-29550		TIP 2955	P	70.	100	15.	90.	3.	10.		20	70	4.	4.	3.	400	700	T0218	74
30-70-30550		TIP 3055	N	70.	100	15.	90.	3.	10.		20	70	4.	4.	3.	600	1000	T0218	74
30-70-07521		TIPL 752 A	N	400.		6.	150.	5.	6.		15	60	0.5	5.	7.	1000	450	TO3	10
30-70-07531		TIPL 753 A	N	400.	1000	8.	150.	5.	8.		15	60	0.5	5.	8.	800	450	TO3	10
30-70-07551		TIPL 755 A	N	420.	1000	10.	180.	5.	10.		15	60	0.5	5.	10.	750	500	TO3	10
30-70-07571		TIPL 757 A	N	420.		15.	200.	.	.		15	60	.	.	12.			TO3	10
30-70-07601		TIPL 760 A	N	420.	1000	4.	80.	5.	4.		20	60	0.5	5.	12.	550	500	T0220	33
30-70-07610		TIPL 761	N	375.	800	4.	100.	5.	4.		20	60	0.5	5.	12.	550	500	T0218	74
30-70-07611		TIPL 761 A	N	420.	1000	4.	100.	5.	4.		20	60	0.5	5.	12.	550	500	T0218	74
30-70-07621		TIPL 762 A	N	400.	1000	6.	120.	5.	6.		15	60	0.5	5.	7.	1000	450	T0218	74
30-70-07631		TIPL 763 A	N	400.	1000	8.	120.	5.	8.		15	60	0.5	5.	8.	800	450	T0218	74
30-70-07851		TIPL 785 A	N	150.	200	10.	80.	2.	10.	D	60	500	0.5	5.	10.	160	250	T0218	74
30-70-07901		TIPL 790 A	N	150.	200	10.	70.	2.	10.	D	60	500	0.5	5.	10.	160	250	T0218	74
30-95-00680		TIS 68	N	25.		25.	0.01	FET										T092	67
30-98-41171		TN 4117 A	N	40.		40.	0.001	FET										T072	61
30-07-00006	*	TO1 BLAUW	N	20.	20	2.	1.	.	.		100	500	.	.	1.5			TO1	1
30-07-00002	*	TO1 ROOD	P	20.	20	2.	1.	.	.		100	500	.	.	1.5			TO1	1
30-96-00109		VN 10 KM	N	60.		60.	0.300	FET										T0237	
30-96-00466		VN 46 AF	N	40.		40.	1.6	FET										T0202A	
30-96-00664		VN 66 AD	N	60.		60.	1.9	FET										T0220	101
30-96-00886		VN 88 AF	N	80.		80.	1.5	FET										T0202A	
30-72-03040		ZTX 304	N	70.	70	0.500	0.300	0.35	0.050		50	300	0.010	.	150.			T092	20
30-72-05040		ZTX 504	P	70.	70	0.500	0.300	0.6	0.050		50	300	0.010	.	150.			T092	20

3
SELECTIONS BY CASE

3.1. SMD (Surface Mount Devices)

ElData code	S	Type	N/P	Uceo V	Ucbo V	Ic A	Ptot W	Uce (sat) V	@ Ic A	D	hFE min. max.	@ Ic A	Uce V	Ft MHz	tON ns	tOFF ns	Case	no.
30-31-07670		BF 767	P	30.	30	0.020	0.200	.	.		15 60	0.003	10.	950.			SOT23	25
30-31-06220		BF 622	N	250.	250	0.020	2.	20.	0.025		50	0.025	20.	60.			SOT89	80
30-31-06230		BF 623	P	250.	250	0.020	2.	20.	0.025		50	0.025	20.	60.			SOT89	80
30-37-00920		BFT 92	P	15.	20	0.025	0.200	.	.		20 50	0.014	10.	5000.			SOT23	25
30-31-05990		BF 599	N	25.	40	0.025	0.250	.	.		38 85	0.007	10.	550.			SOT23	25
30-31-08240		BF 824	P	30.	30	0.025	0.300	.	.			.	.	450.			SOT23	25
30-31-06600		BF 660	P	30.	40	0.025	0.150	.	.		30	0.003	10.	650.			SOT23	25
30-31-05500		BF 550	P	40.	40	0.025	0.150	.	.		50	0.001	10.	375.			SOT23	25
30-35-00351		BFR 35 A	N	12.		0.030	0.200				25	.	.	5000.			SOT23	25
30-35-00920		BFR 92	N	15.	20	0.030	0.200	.	.		25	0.02	6.	5000.			SOT23	95
30-34-00290		BFQ 29	N	15.	20	0.030	0.200	.	.		30	0.01	6.	3600.			SOT23	25
30-34-00810		BFQ 81	N	16.	25	0.030	0.280	0.2	0.03		50	0.015	10.	5800.			SOT23	25
30-31-05790		BF 579	P	20.	25	0.030	0.220	.	.		20	0.01	10.	1600.			SOT23	25
30-36-00180		BFS 18	N	20.	30	0.030	0.150	.	.		35 125	0.001	10.	260.			SOT23	25
30-36-00190		BFS 19	N	20.	30	0.030	0.150	.	.		65 225	0.001	10.	260.			SOT23	25
30-31-05540		BF 554	N	20.	30	0.030	0.150	.	.		115	0.001	10.	260.			SOT23	25
30-31-05690		BF 569	P	35.	40	0.030	0.220	.	.		25 50	0.003	10.	850.			SOT23	25
30-37-00930		BFT 93	P	12.	15	0.035	0.200	.	.		20 50	0.030	5.	5000.			SOT23	25
30-31-07990		BF 799	N	20.	30	0.035	0.280	0.15	0.02		40 250	0.02	10.	800.			SOT23	25
30-35-00930		BFR 93	N	15.	20	0.050	0.200	.	.		30	0.05	5.	4500.			SOT23	95
30-31-08220		BF 822	N	250.	250	0.050	0.315	0.6	0.03		50	0.025	20.	60.			SOT23	25
30-34-00190		BFQ 19	N	15.	20	0.075	0.550	.	.		50	0.05	10.	5000.			SOT89	80
30-22-00310		BCW 31	N	32.	32	0.100	0.200	0.25	0.01		10 220	0.002	5.	300.			SOT23	25
30-73-00200		SMBTA 20	N	40.		0.100	0.330	0.25	0.01		40	0.005	10.	125.			SOT23	25
30-20-08472		BC 847 B	N	45.	50	0.100	0.330	0.2	0.1		200 450	0.002	5.	200.			SOT23	25
30-20-08572		BC 857 B	P	45.	50	0.100	0.330	0.25	0.1		220 475	0.002	5.	250.			SOT23	25
30-20-08473		BC 847 C	N	45.	50	0.100	0.330	0.1	0.1		420 800	0.002	5.	200.			SOT23	25
30-21-00700		BCF 70	P	45.	50	0.100	0.350	0.08	0.01		215 500	0.002	5.	150.			SOT23	25
30-21-00810		BCF 81	N	45.	50	0.100	0.350	0.25	0.01		420 800	0.002	5.	300.			SOT23	25
30-20-08462		BC 846 B	N	65.	80	0.100	0.330	0.2	0.1		200 450	0.002	5.	200.			SOT23	25
30-20-08562		BC 856 B	P	65.	80	0.100	0.330	0.25	0.1		220 475	0.002	5.	250.			SOT23	25
30-49-00640		BSS 64	N	80.	120	0.100	0.200	0.7	0.004		20 80	0.004	1.	50.			SOT23	25
30-49-00630		BSS 63	P	100.	110	0.100	0.200	0.9	0.075		30	0.020	5.	50.			SOT23	25
30-34-00170	*	BFQ 17	N	25.	40	0.150	1.5	0.75	0.1		25	0.150	5.	1200.			SOT89	80
30-34-00640		BFQ 64	N	20.	30	0.200	1.	.	.		25	0.12	5.	3000.			SOT89	80
30-22-00613		BCW 61 C	P	32.	32	0.200	0.310	0.2	0.05		250 460	0.002	5.	180.	85	480	SOT23	25

3.1. SMD (Surface Mount Devices)

ElData code	Type	N/P	Uceo V	Ucbo V	Ic A	Ptot W	Uce (sat) V	@ Ic A	D	hFE min. max.	@ Ic A	Uce V	Ft MHz	tON ns	tOFF ns	Case	no.
30-22-00603	BCW 60 C	N	32.	32	0.200	0.310	0.2	0.05		250 460	0.002	5.	250.	85	480	SOT23	25
30-73-39060	SMBT 3906	P	40.	40	0.200	0.330	0.4	0.05		100 300	0.01	1.	250.	35	75	SOT23	25
30-73-39040	SMBT 3904	N	40.	60	0.200	0.330	0.3	0.05		100 300	0.01	1.	300.	35	50	SOT23	25
30-23-00709	BCX 70 K	N	45.	45	0.200	0.150	0.2	0.05		380 630	0.002	5.	250.	85	480	SOT23	25
30-23-00719	BCX 71 K	P	45.	45	0.200	0.150	0.2	0.05		380 630	0.002	5.	250.	852	480	SOT23	25
30-32-00260	BFN 26	N	300.	300	0.200	0.360	0.5	0.020		30	0.03	30.	70.			SOT23	25
30-32-00270	BFN 27	P	300.	300	0.200	0.360	0.5	0.020		30	0.03	30.	100.			SOT23	25
30-32-00190	BFN 19	P	300.	300	0.2	1.	.	.		40	.	.	100.			SOT89	80
30-32-00180	BFN 18	N	300.	300	0.200	2.	0.5	0.020		40	0.01	10.	60.			SOT89	80
30-32-00200	BFN 20	N	300.	300	0.200	2.	0.5	0.010		40	0.25	20.	60.			SOT89	80
30-32-00210	BFN 21	P	300.	300	0.20	2.	0.5	0.010		40	0.025	20.	60.			SOT89	10
30-36-00170	BFS 17	N	15.	25	0.250	0.200	.	.		20 150	0.002	1.	1300.			SOT23	25
30-73-00140	SMBTA 14	N	30.	30	0.300	0.330	1.5	0.1	D	20000	0.1	5.	125.			SOT23	25
30-21-04700	BCV 47	N	60.	80	0.500	0.360	1.	0.1	D	10000	0.1	5.	170.			SOT23	25
30-21-04600	BCV 46	P	60.	80	0.500	0.360	1.	0.1	D	10000	0.1	5.	200.			SOT23	25
30-21-04900	BCV 49	N	60.	80	0.500	1.	1.	0.1	D	20000	0.1	5.	150.			SOT89	80
30-21-04800	BCV 48	P	60.	80	0.500	1.	1.	0.1	D	20000	0.1	5.	200.			SOT89	80
30-73-00420	SMBTA 42	N	300.	300	0.500	0.360	0.5	0.02		40	0.03	10.	50.			SOT23	25
30-73-00920	SMBTA 92	P	300.	300	0.500	0.360	0.5	0.02		40	0.03	10.	50.			SOT23	25
30-73-22221	SMBT 2222 A	N	40.	75	0.600	0.330	1.	0.5		100 300	0.15	10.	300.	25	60	SOT23	25
30-73-29071	SMBT 2907 A	P	60.	60	0.600	0.330	1.6	0.5		100 300	0.15	10.	200.	40	30	SOT23	25
30-48-01600	BSR 16	P	60.	60	0.600	0.425	0.4	0.15		30 50	0.5	10.	200.	45	100	SOT23	25
30-20-08183	BC 818-16	N	25.	30	0.800	0.330	0.7	0.5		100 250	0.1	1.	170.			SOT23	25
30-22-00653	BCW 65 C	N	32.	60	0.800	0.360	0.7	0.5		250 630	0.1	1.	100.	100	400	SOT23	25
30-49-00803	BSS 80 C	P	40.	60	0.800	0.350	1.6	0.5		100 300	0.150	10.	200.	40	30	SOT23	25
30-49-00793	BSS 79 C	N	40.	75	0.800	0.350	1.	0.05		100 300	0.150	10.	250.	10	60	SOT23	25
30-48-01400	BSR 14	N	40.	75	0.800	0.425	0.3	0.15		100 300	0.15	10.	300.	25	60	SOT23	25
30-20-08073	BC 807-16	P	45.	50	0.800	0.330	0.7	0.5		100 250	0.1	1.	200.			SOT23	25
30-20-08174	BC 817-25	N	45.	50	0.800	0.330	0.7	0.5		160 400	0.1	1.	170.			SOT23	25
30-20-08074	BC 807-25	P	45.	50	0.800	0.330	0.7	0.5		160 400	0.1	1.	200.			SOT23	25
30-20-08175	BC 817-40	N	45.	50	0.800	0.330	0.7	0.5		250 630	0.1	1.	170.			SOT23	25
30-20-08075	BC 807-40	P	45.	50	0.800	0.330	0.7	0.5		250 630	0.1	1.	200.			SOT23	25
30-22-00668	BCW 66 H	N	45.	75	0.8	0.33	0.7	0.5		250 630	0.1	1.	100.	100	400	SOT23	25
30-49-00822	BSS 82 B	P	60.	60	0.800	0.350	1.6	0.5		40 120	0.150	10.	200.	40	30	SOT23	25
30-49-00823	BSS 82 C	P	60.	60	0.800	0.350	1.6	0.5		100 300	0.150	10.	200.	40	30	SOT23	25
30-23-00410	BCX 41	N	125.	125	0.8	0.33	0.9	0.3		63	0.1	1.	100.			SOT23	25

3.1. SMD (Surface Mount Devices)

ElData code	S	Type	N/P	Uceo V	Ucbo V	Ic A	Ptot W	Uce (sat) V	@ Ic A	D	hFE min. max.	@ Ic A	Uce V	Ft MHz	tON ns	tOFF ns	Case	no.
30-23-00420		BCX 42	P	125.	125	0.8	0.33	0.9	0.3		63	0.1	1.	150.			SOT23	25
30-04-30750		2SC 3075	N	400.	500	0.8	1.0	.	.		20 100	.	.	.	1000	1500	PM1	106
30-20-08690		BC 869	P	20.	25	1.	1.	0.5	1.		85 375	0.5	1.	60.			SOT89	80
30-23-00684		BCX 68-25	N	20.	25	1.	3.	0.5	1.		160 400	0.5	1.	100.			SOT89	80
30-23-00694		BCX 69-25	P	20.	25	1.	3.	0.5	1.		160 400	0.5	1.	100.			SOT89	80
30-23-00511		BCX 51-6	P	45.	45	1.	3.	0.5	0.5		40 250	0.15	2.	50.			SOT89	80
30-23-00543		BCX 54-16	N	45.	45	1.	3.	0.5	0.5		100 250	0.15	2.	50.			SOT89	80
30-23-00541		BCX 54-6	N	45.	45	1.	3.	0.5	0.5		100 250	0.15	2.	50.			SOT89	80
30-23-00513		BCX 51-16	P	45.	45	1.	3.	0.5	0.5		100 250	0.15	2.	50.			SOT89	80
30-23-00551		BCX 55-6	N	60.	60	1.	3.	0.5	0.5		40 160	0.15	2.	50.			SOT89	80
30-23-00522		BCX 52-10	P	60.	60	1.	3.	0.5	0.5		40 160	0.15	2.	50.			SOT89	80
30-23-00562		BCX 56-10	N	80.	100	1.	3.	0.5	0.5		40 160	0.15	2.	50.			SOT89	80
30-23-00532		BCX 53-10	P	80.	100	1.	3.	0.5	0.5		60 160	0.15	2.	50.			SOT89	80
30-49-01600		BST 16	P	300.	350	1.	1.	2.	0.05		30 120	0.05	10.	15.			SOT89	80
30-04-29830		2SC 2983	N	160.	160	1.5	1.0	.	.		70 240	.	.	100.			PM1	106
30-02-12250		2SA 1225	P	160.	160	1.5	1.0	.	.		70 240	.	.	100.			PM1	106
30-04-28730		2SC 2873	N	50.	50	2.	1.0	.	.		70 240	.	.	120.	100	100	SOT89	80
30-02-12130		2SA 1213	P	50.	50	2.	1.0	.	.		70 240	.	.	120.	100	100	SOT89	80
30-04-30730		2SC 3073	N	30.	30	3.0	1.0	.	.		70 240	.	.	100.			PM1	106
30-02-12430		2SA 1243	P	30.	30	3.0	1.0	.	.		70 240	.	.	100.			PM1	106
30-05-12230		2SD 1223	N	80.	100	4.0	1.0	.	.	D	1000 2000	.	.	.	200	600	PM1	106
30-03-09080		2SB 908	P	80.	100	4.0	1.0	.	.	D	1000 2000	.	.	.	150	400	PM1	106
30-02-12440		2SA 1244	P	50.	60	5.0	1.0	.	.		70 240	.	.	60.	100	100	PM1	106
30-04-30740		2SC 3074	N	50.	60	5.0	1.0	.	.		70 240	.	.	120.	100	100	PM1	106

3.2. TO92/SOT25

ElData code	S	Type	N/P	Uceo V	Ucbo V	Ic A	Ptot W	Uce (sat) V	@ Ic A	D	hFE min. max.	@ Ic A	Uce V	Ft MHz	tON ns	tOFF ns	Case	no.
30-31-01520	*	BF 152	N	12.	30	0.010	0.200	.	.		50	.	.	800.			TO92	15
30-31-02240		BF 224	N	30.	45	0.010	0.360	0.25	0.01		85	0.007	10.	800.			TO92	14
30-31-02250		BF 225	N	40.	50	0.010	0.360	.	.		75	0.004	10.	650.			TO92	14
30-12-03060	*	AF 306	P	18.	25	0.015	0.060	.	.		10 30	0.001	12.	500.			TO92	15
30-31-05620		BF 562	N	20.	30	0.020	0.250	.	.			.	.	600.			TO92	15
30-31-05070	*	BF 507	N	25.	30	0.020	0.500	0.6	0.005		40	0.005	10.	750.			TO92	14
30-31-05050	*	BF 505	N	25.	30	0.020	0.500	0.6	0.005		40	0.005	10.	750.			TO92	14
30-31-04550	*	BF 455	N	25.	35	0.020	0.500	.	.		35 125	0.001	10.	400.			TO92	14
30-31-04540	*	BF 454	N	25.	35	0.020	00.500	.	.		65 220	0.001	10.	400.			TO92	14
30-31-05001	*	BF 500 A	P	30.	30	0.020	0.200	.	.		30 50	0.001	10.	400.			TO92	15
30-31-09390		BF 939	P	30.	30	0.020	0.350	.	.		30 50	0.002	10.	750.			TO92	15
30-04-19230		2SC 1923	N	30.	40	0.02	0.1	.	.		40 200	0.001	6.	550.			TO92	142
30-31-05020	*	BF 502	N	30.	40	0.020	0.500	0.6	0.005		40	0.005	10.	700.			TO92	14
30-31-05030		BF 503	N	30.	40	0.020	0.500	0.6	0.005		40	0.005	10.	750.			TO92	14
30-31-01970		BF 197	N	25.	40	0.025	0.250	.	.		88	.	.	550.			SOT25	13
30-31-01990		BF 199	N	25.	40	0.025	0.500	.	.		38 85	0.007	10.	550.			TO92	14
30-31-03140		BF 314	N	30.		0.025	0.300	.	.		29	.	.	450.			TO92	15
30-31-03240	*	BF 324	P	30.	30	0.025	0.250	.	.		25 160	0.004	10.	450.			TO92	15
30-31-01960	*	BF 196	N	30.	40	0.025	0.250	.	.		57	.	.	400.			SOT25	13
30-31-06061		BF 606 A	P	30.	40	0.025	0.300	.	.		30	0.001	10.	650.			TO92	14
30-31-04140		BF 414	P	30.	40	0.025	0.300	.	.		80	0.001	10.	400.			TO92	14
30-31-01980		BF 198	N	30.	40	0.025	0.500	.	.		26 70	0.004	10.	400.			TO92	14
30-31-04410		BF 441	P	40.		0.025	0.300	.	.		30	.	.	250.			TO92	14
30-31-04400		BF 440	P	40.		0.025	0.300	.	.		60	.	.	250.			TO92	14
30-31-02410	*	BF 241	N	40.	40	0.025	0.250	.	.		10	0.001	10.	400.			TO92	14
30-31-02400		BF 240	N	40.	40	0.025	0.250	.	.		10	0.001	10.	400.			TO92	14
30-31-04510	*	BF 451	P	40.	40	0.025	0.250	.	.		30	0.001	10.	325.			TO92	14
30-31-04500	*	BF 450	P	40.	40	0.025	0.250	.	.		60	0.001	10.	375.			TO92	14
30-31-04220	*	BF 422	N	250.	250	0.025	00.830	20.	0.025		50	0.025	20.	60.			TO92	14
30-31-04210	*	BF 421	P	300.	300	0.025	0.830	20.	0.025		40	0.025	20.	60.			TO92	14
30-31-03334	*	BF 333 D	N	20.		0.030	0.250	.	.		36 74	.	.	200.			SOT25	13
30-31-03322	*	BF 332 B	N	20.		0.030	0.250	.	.		105 300	.	.	600.			SOT25	13
30-31-01950	*	BF 195	N	20.	30	0.030	0.220	.	.		67	0.001	10.	200.			SOT25	13
30-31-02550		BF 255	N	20.	30	0.030	0.220	.	.		67	0.001	10.	260.			TO92	14
30-31-02540		BF 254	N	20.	30	0.030	0.220	.	.		100	0.001	10.	200.			TO92	14
30-31-04940		BF 494	N	20.	30	0.030	0.300	.	.		115	0.001	10.	260.			TO92	14

3.2. TO92/SOT25

ElData code	S	Type	N/P	Uceo V	Ucbo V	Ic A	Ptot W	Uce (sat) V	@ Ic A	D	hFE min.	hFE max.	@ Ic A	Uce V	Ft MHz	tON ns	tOFF ns	Case	no.
30-31-05950		BF 595	N	25.	35	0.030	0.25	.	.		35	125	0.001	.	260.			TO92	14
30-31-05954	*	BF 595 D	N	25.	35	0.030	0.25	.	.		35	125	0.001	.	260.			TO92	14
30-31-05953	*	BF 595 C	N	25.	35	0.030	0.25	.	.		35	125	0.001	.	260.			TO92	14
30-31-05940		BF 594	N	25.	35	0.030	0.250	.	.		65	220	0.001	.	260.			TO92	14
30-01-37080	*	2N 3708	N	30.	30	0.030	0.25	1.	0.01		45	660	0.001	5.	80.			TO92	19
30-01-37100	*	2N 3710	N	30.	30	0.030	0.25	1.	0.01		90	330	0.001	5.	80.			TO92	19
30-01-37070	*	2N 3707	N	30.	30	0.030	0.25	1.	0.01		100	400	0.0001	2.	80.			TO92	19
30-01-37110	*	2N 3711	N	30.	30	0.030	0.25	1.	0.01		180	660	0.001	5.	80.			TO92	19
30-31-05060	*	BF 506	P	35.	40	0.030	0.300	.	.		25		0.003	10.	550.			TO92	15
30-31-03110		BF 311	N	25.		0.04	0.35	.	.		38		.	.	700.			TO92	14
30-31-02230	*	BF 223	N	25.	35	0.040	0.360	.	.		10		.	.	750.			SOT25	13
30-31-03680	*	BF 368	N	15.		0.050	0.31	.	.		35		.	.	250.			TO92	19
30-01-42920	*	2N 4292	N	15.	30	0.050	0.200	0.6	0.01		20		0.03	1.	600.			TO92	36
30-20-02591	*	BC 259 A	P	20.	25	0.050	0.300	0.2	0.1		120	220	0.002	5.	130.			TO92	19
30-20-03092	*	BC 309 B	P	20.	25	0.05	0.300	0.2	0.1		180	460	0.002	5.	200.			TO92	15
30-20-01592	*	BC 159 B	P	20.	25	0.05	0.35	0.2	0.1		240	500	0.0025	5.	130.			SOT25	21
30-20-01692	*	BC 169 B	N	20.	30	0.05	0.300	0.2	0.1		180	460	0.002	5.	150.			TO92	19
30-04-03809		2SC 380 TM	N	30.	35	0.05	0.3	0.4	0.01		40	240	0.002	12.	100.			TO92	19
30-01-50880		2N 5088	N	30.	35	0.05	0.310	0.5	0.01		300	900	0.0001	5.	175.			TO92	32
30-31-03430	*	BF 343	P	32.	35	0.050	0.250	.	.		30		0.001	.	80.			TO92	19
30-04-03829		2SC 382 TM	N	40.	40	0.05	0.25	.	.		30		0.004	10.	400.			TO92	32
30-01-50870		2N 5087	P	50.	50	0.05	0.310	0.3	0.01		250	800	0.0001	5.	150.			TO92	32
30-04-17750		2SC 1775	N	90.	90	0.05	0.3	0.5	0.01		250	800	0.002	12.	120.			TO92	19
30-02-08720		2SA 872	P	90.	90	0.05	0.3	0.5	0.01		250	800	0.002	12.	120.			TO92	19
30-05-06660		2SD 666	N	100.	120	0.05	0.9	2.	0.03		60	320	0.01	5.	140.			TO92MOD	19
30-03-06460		2SB 646	P	100.	120	0.05	0.9	2.	0.03		60	320	0.01	5.	140.			TO92MOD	
30-04-22290		2SC 2229	N	150.	200	0.05	0.8	0.5	0.01		70	240	0.01	5.	120.			TO92MOD	19
30-20-02382		BC 238 B	N	20.	30	0.100	0.300	0.2	0.1		180	460	0.002	5.	150.			TO92	15
30-20-02383		BC 238 C	N	20.	30	0.100	0.300	0.2	0.1		380	800	0.002	5.	150.			TO92	15
30-20-01683	*	BC 168 C	N	20.	30	0.100	0.300	0.2	0.1		380	800	0.002	5.	150.			TO92	19
30-20-02582	*	BC 258 B	P	25.	30	0.100	0.300	0.2	0.1		180	460	0.002	5.	130.			TO92	19
30-20-03082	*	BC 308 B	P	25.	30	0.100	0.300	0.2	0.01		180	460	0.002	5.	200.			TO92	15
30-20-05582		BC 558 B	P	30.	30	0.100	0.500	0.3	0.1		200	450	0.002	5.	150.			TO92	15
30-20-05482		BC 548 B	N	30.	30	0.100	0.500	0.2	0.1		200	450	0.002	5.	300.			TO92	15
30-20-05592		BC 559 B	P	30.	30	0.100	0.500	0.3	0.1		200	450	0.002	5.	300.			TO92	15
30-20-05493		BC 549 C	N	30.	30	0.100	0.500	0.2	0.1		420	800	0.002	5.	300.			TO92	15

3.2. TO92/SOT25

ElData code	S	Type	N/P	Uceo V	Ucbo V	Ic A	Ptot W	Uce (sat) V	@ Ic A	D	hFE min. max.	@ Ic A	Uce V	Ft MHz	tON ns	tOFF ns	Case	no.
30-20-05593		BC 559 C	P	30.	30	0.100	0.500	0.3	0.1		420 800	0.002	5.	300.			TO92	15
30-20-04153		BC 415 C	P	35.		0.100	0.300	0.3	0.01		380 800	0.002	5.	200.			TO92	15
30-20-03151	*	BC 315 A	P	35.	45	0.100	0.300	.	.		125	.	.	150.			TO92	15
30-20-04163		BC 416 C	P	45.		0.100	0.300	0.25	0.01		380 800	0.002	5.	200.			TO92	15
30-20-02571	*	BC 257 A	P	45.	50	0.100	0.300	0.2	0.1		120 220	0.002	5.	130.			TO92	19
30-20-01671	*	BC 167 A	N	45.	50	0.100	0.300	0.2	0.1		120 220	0.002	5.	150.			TO92	19
30-20-01471	*	BC 147 A	N	45.	50	0.100	0.30	0.2	0.1		120 220	0.002	5.	250.			SOT25	21
30-20-02372		BC 237 B	N	45.	50	0.100	0.300	0.2	0.1		180 460	0.002	5.	150.			TO92	15
30-20-03072	*	BC 307 B	P	45.	50	0.100	0.300	0.1	0.01		180 460	0.002	5.	200.			TO92	15
30-20-01673	*	BC 167 C	N	45.	50	0.100	0.300	0.2	0.1		380 800	0.002	5.	150.			TO92	19
30-20-04143		BC 414 C	N	45.	50	0.100	0.300	0.3	0.01		380 800	0.002	5.	250.			TO92	15
30-20-05572		BC 557 B	P	45.	50	0.100	0.500	0.3	0.1		200 450	0.002	5.	150.			TO92	15
30-20-05472		BC 547 B	N	45.	50	0.100	0.500	0.2	0.1		200 450	0.002	5.	300.			TO92	15
30-20-05603		BC 560 C	P	45.	50	0.100	0.500	0.3	0.1		420 800	0.002	5.	300.			TO92	15
30-20-05562		BC 556 B	P	65.	80	0.100	0.500	0.3	0.1		200 450	0.002	5.	150.			TO92	15
30-20-05462		BC 546 B	N	65.	80	0.100	0.500	0.2	0.1		200 450	0.002	5.	300.			TO92	15
30-04-25460		2SC 2546	N	90.	90	0.1	0.4	0.2	0.01		250 1200	0.002	12.	90.			TO92	19
30-02-10840		2SA 1084	P	90.	90	0.1	0.4	0.2	0.01		250 800	0.002	12.	90.			TO92	19
30-31-03970		BF 397	P	90.	90	0.100	0.625	.	.		40 250	0.01	.	60.			TO92	14
30-49-00380		BSS 38	N	100.	120	0.100	0.500	0.7	0.004		80	0.004	1.	60.		1000	TO92	15
30-04-22400		2SC 2240	N	120.	120	0.1	0.3	0.3	0.01		200 700	0.002	6.	100.			TO92	142
30-02-09700		2SA 970	P	120.	120	0.1	0.3	0.3	0.01		200 700	0.002	6.	100.			TO92	19
30-04-25470		2SC 2547	N	120.	120	0.1	0.4	0.2	0.01		250 800	0.002	12.	90.			TO92	19
30-02-10850		2SA 1085	P	120.	120	0.1	0.4	0.2	0.01		250 800	0.002	12.	90.			TO92	19
30-31-02970	*	BF 297	N	160.	160	0.100	0.625	.	.		30 150	0.03	.	95.			TO92	15
30-31-02990	*	BF 299	N	300.	300	0.100	0.625	.	.		30 150	0.03	.	95.			TO92	15
30-20-03201	*	BC 320 A	N	45.		0.150	0.35	.	.		110 220	0.002	5.	250.			TO92	32
30-20-03202	*	BC 320 B	N	45.		0.150	0.35	.	.		160 400	0.002	5.	250.			TO92	32
30-20-03172	*	BC 317 B	N	45.	50	0.150	0.300	0.2	0.01		200 450	0.002	5.	280.			TO92	32
30-02-10150		2SA 1015	P	50.	50	0.15	0.4	0.1	0.1		70 400	0.002	6.	80.			TO92	19
30-04-18150		2SC 1815	N	50.	60	0.15	0.4	0.1	0.1		70 700	0.002	6.	80.			TO92	142
30-04-07329		2SC 732 TM	N	50.	60	0.150	0.4	0.3	0.01		200 700	0.002	6.	150.			TO92	32
30-01-41260		2N 4126	P	25.	25	0.2	0.31	0.4	0.05		120 360	0.002	1.	250.	18	15	TO92	32
30-01-41240		2N 4124	N	25.	30	0.2	0.31	0.3	0.05		120 360	0.002	1.	300.	13	11	TO92	32
30-01-37020	*	2N 3702	P	25.	40	0.200	0.300	0.25	0.05		60 300	0.05	5.	100.			TO92	19
30-01-41250	*	2N 4125	P	30.	30	0.2	0.31	0.4	0.05		50 150	0.002	1.	200.	18	15	TO92	32

3.2. TO92/SOT25

ElData code	S	Type	N/P	Uceo V	Ucbo V	Ic A	Ptot W	Uce (sat) V	@ Ic A	D	hFE min. max.	@ Ic A	Uce V	Ft MHz	tON ns	tOFF ns	Case	no.
30-01-41230		2N 4123	N	30.	40	0.2	0.310	0.3	0.05		50 150	0.002	1.	250.	13	11	TO92	32
30-63-08340		MPS 834	N	30.	40	0.200	0.500	0.25	0.01		25	0.01	1.	350.	16	30	TO92	32
30-20-01831	*	BC 183 A	N	30.	45	0.200	0.300	0.6	0.1		120 220	0.002	5.	150.			TO92	15
30-20-01830	*	BC 183	N	30.	45	0.200	0.300	0.6	0.1		120 800	0.002	5.	150.			TO92	15
30-20-01832	*	BC 183 B	N	30.	45	0.200	0.300	0.6	0.1		180 460	0.002	5.	150.			TO92	15
30-20-02132	*	BC 213 B	P	30.	45	0.200	0.300	0.6	0.1		180 460	0.002	5.	200.			TO92	15
30-20-02130	*	BC 213	P	30.	45	0.200	0.300	0.6	0.1		180 800	0.002	5.	200.			TO92	15
30-20-02142	*	BC 214 B	P	30.	45	0.200	0.300	0.25	0.1		400	0.002	5.	200.			TO92	15
30-20-01842	*	BC 184 B	N	30.	45	0.200	0.300	.	.		500	.	.	150.			TO92	15
30-01-37030	*	2N 3703	P	30.	50	0.200	0.300	0.25	0.05		30 150	0.05	5.	100.			TO92	19
30-01-39050	*	2N 3905	P	40.	40	0.2	0.3	0.25	0.01		50 150	0.01	1.	200.	35	60	TO92	32
30-01-53080	*	2N 5308	N	40.	40	0.200	0.400	1.4	0.2	D	7000 20000	0.002	5.	60.			TO92	19
30-01-39060		2N 3906	P	40.	60	0.200	0.31	0.25	0.01		100 300	0.01	1.	250.			TO92	32
30-01-39040		2N 3904	N	40.	60	0.200	0.31	0.2	0.01		100 300	0.01	1.	300.			TO92	32
30-20-01821	*	BC 182 A	N	50.	60	0.200	0.300	0.6	0.1		120 220	0.002	5.	150.			TO92	15
30-20-01822	*	BC 182 B	N	50.	60	0.200	0.300	0.6	0.1		180 460	0.002	5.	150.			TO92	15
30-20-02122	*	BC 212 B	P	50.	60	0.200	0.300	0.6	0.1		180 460	0.002	5.	200.			TO92	15
30-20-06829	*	BC 682 L	N	70.	75	0.200	0.300	.	.		60	0.002	5.	.			TO92	19
30-31-02710	*	BF 271	N	25.	30	0.250	00.430	.	.		30 75	0.01	10.	900.			TO92	5
30-01-44100		2N 4410	N	80.	120	0.250	0.310	0.2	0.001		60 400	0.001	1.	60.			TO92	32
30-64-00120		MPSA 13	N	30.	30	0.300	0.500	0.8	0.1	D	5000	0.01	5.	200.			TO92	32
30-64-00660		MPSA 66	P	30.	30	0.300	0.500	0.9	0.1	D	75000	0.01	5.	175.			TO92	32
30-20-05170		BC 517	N	30.	40	0.400	0.625	1.	0.1	D	30000	0.02	2.	220.			TO92	15
30-20-05160		BC 516	P	30.	40	0.400	0.625	1.	0.1	D	30000	0.02	2.	220.			TO92	15
30-04-19590		2SC 1959	N	30.	35	0.5	0.5	0.1	0.1		70 240	0.1	1.	300.			TO92	142
30-72-03040		ZTX 304	N	70.	70	0.500	0.300	0.35	0.050		50 300	0.010	.	150.			TO92	20
30-72-05040		ZTX 504	P	70.	70	0.500	0.300	0.6	0.050		50 300	0.010	.	150.			TO92	20
30-64-00060		MPSA 06	N	80.	80	0.500	1.5	0.25	0.1		50	0.1	1.	100.			TO92	32
30-64-00560		MPSA 56	P	80.	80	0.500	1.5	0.25	0.1		50	0.1	1.	100.			TO92	32
30-64-00430		MPSA 43	N	200.	200	0.500	1.5	0.4	0.02		50 200	0.03	10.	50.			TO92	32
30-01-65150		2N 6515	N	250.		0.5	.	0.30	.		50	0.03	.	40.			TO92	32
30-01-65190		2N 6519	P	300.		0.5	.	0.3	.		45	0.03	.	40.			TO92	32
30-64-00920		MPSA 92	P	300.	300	0.500	1.5	0.5	0.02		25	0.03	10.	50.			TO92	32
30-64-00420		MPSA 42	N	300.	300	0.500	1.5	0.5	0.02		40	0.03	10.	50.			TO92	32
30-01-65200		2N 6520	P	350.		0.5	.	0.3	0.01		30 40	0.03	.	.			TO92	32
30-01-65170		2N 6517	N	350.		0.5	.	0.01	.		30	.	0.3	40.			TO92	32

3.2. TO92/SOT25

ElData code	S	Type	N/P	Uceo V	Ucbo V	Ic A	Ptot W	Uce (sat) V	@ Ic A	D	hFE min. max.	@ Ic A	Uce V	Ft MHz	tON ns	tOFF ns	Case	no.
30-01-44020		2N 4402	P	40.	40	0.6	0.310	0.4	0.15		50 150	0.15	2.	150.	20	30	TO92	32
30-01-44030		2N 4403	P	40.	40	0.6	0.310	0.4	0.15		100 300	0.15	2.	200.	20	30	TO92	32
30-01-44000		2N 4400	N	40.	60	0.6	0.310	0.4	0.15		50 150	0.15	1.	200.	20	30	TO92	32
30-01-44010		2N 4401	N	40.	60	0.6	0.310	0.4	0.15		100 300	0.15	1.	250.	20	30	TO92	32
30-01-54000		2N 5400	P	120.	130	0.6	0.31	0.3	0.01		40 180	0.01	5.	100.			TO92	32
30-01-55500		2N 5550	N	140.	160	0.6	0.310	0.25	0.05		60 250	0.01	5.	100.			TO92	32
30-01-54010		2N 5401	P	150.	160	0.6	0.310	0.25	0.05		60 240	0.01	5.	100.			TO92	32
30-01-55510		2N 5551	N	160.	180	0.6	0.310	0.20	0.05		80 250	0.01	5.	100.			TO92	32
30-01-37060	*	2N 3706	N	20.	40	0.800	0.360	1.	0.1		30 160	0.05	2.	100.			TO92	19
30-20-03385		BC 338-40	N	25.	30	0.800	0.625	0.7	0.5		250 630	0.1	1.	100.			TO92	15
30-01-37040	*	2N 3704	N	30.	50	0.800	0.360	0.6	0.1		100 300	0.05	2.	100.			TO92	19
30-20-03375		BC 337-40	N	45.	50	0.800	0.625	0.7	0.5		250 630	0.1	1.	100.			TO92	15
30-20-03275		BC 327-40	P	45.	50	0.800	0.625	0.7	0.5		250 630	0.1	1.	100.			TO92	15
30-04-22350		2SC 2235	N	120.	120	0.8	0.9	1.	0.5		80 240	0.1	5.	120.			TO92MOD	19
30-02-09650		2SA 965	P	120.	120	0.8	0.9	1.	0.5		80 240	0.1	5.	120.			TO92	19
30-20-03690		BC 369	N	20.	25	1.	0.800	0.5	1.		85 375	0.5	1.	65.			TO92	19
30-20-03680		BC 368	N	20.	25	1.	0.800	0.5	1.		85 375	0.5	1.	65.			TO92	19
30-20-08750		BC 875	N	45.	60	1.	0.800	1.3	0.5	D	1000	0.15	10.	200.			TO92	19
30-20-08760		BC 876	P	45.	60	1.	0.800	1.3	0.5	D	1000	0.15	10.	200.			TO92	19
30-20-06180		BC 618	N	55.	80	1.	0.625	1.1	0.2	D	10000 50000	0.2	5.	150.			TO92	19
30-20-06370		BC 637	N	60.	60	1.	0.8	0.5	0.5		40 160	0.5	2.	130.			TO92	19
30-20-06380		BC 638	P	60.	60	1.	0.8	0.5	0.5		40 160	0.5	2.	130.			TO92	19
30-20-08770		BC 877	N	60.	80	1.	0.800	1.3	0.5	D	1000	0.15	10.	200.			TO92	19
30-20-08780		BC 878	P	60.	80	1.	0.800	1.3	0.5	D	1000	0.15	10.	200.			TO92	19
30-35-00790		BFR 79	P	80.		1.	0.800	.	.		50	.	.	100.			TO92	19
30-20-06390		BC 639	N	80.	100	1.	0.800	0.5	0.5		40 160	0.15	2.	130.			TO92	19
30-20-06400		BC 640	P	80.	100	1.	0.800	0.5	0.5		40 160	0.15	2.	130.			TO92	19
30-20-08790		BC 879	N	80.	100	1.	0.800	1.3	0.5	D	1000	0.15	10.	200.			TO92	19
30-20-08800		BC 880	P	80.	100	1.	0.800	1.3	0.5	D	1000	0.15	10.	200.			TO92	19
30-04-22360		2SC 2236	N	30.	30	1.5	0.9	2.	1.5		100 320	0.5	2.	120.			TO92MOD	19
30-02-09660		2SA 966	P	30.	30	1.5	0.9	2.	1.5		100 320	0.5	2.	120.			TO92	19
30-04-26550		2SC 2655	N	50.	50	2.	0.9	0.5	1.		70 240	0.5	2.	100.	100	100	TO92MOD	19
30-02-10200		2SA 1020	P	50.	50	2.	0.9	0.5	1.		70 240	0.5	2.	100.	100	100	TO92	19

3.3. TO18/TO72

ElData code	S	Type	N/P	Uceo V	Ucbo V	Ic A	Ptot W	Uce (sat) V	@ Ic A	D	hFE min.	max.	@ Ic A	Uce V	Ft MHz	tON ns	tOFF ns	Case	no.
30-01-35460		2N 3546	P	12.	15	.	1.2	0.15	.0.01		30	120	0.01	1.	700.	40	30	T018	17
30-01-39600		2N 3960	N	12.	20	.	0.75	0.2	0.001		40	200	0.01	1.	1300.	2	1.6	T018	17
30-01-25010	*	2N 2501	N	20.	40	.	1.2	0.2	0.01		50	100	0.01	1.	350.			T018	17
30-01-09100	*	2N 910	N	60.	80	.	1.8	0.4	0.01		35	75	0.01	10.	60.			T018	17
30-12-02419	*	AF 240 S	P	15.	20	0.010	0.060	.	.		10	25	0.002	10.	500.			T072	4
30-12-02400	*	AF 240	P	15.	20	0.010	0.060	.	.		10	25	0.002	10.	500.			T072	4
30-12-01390	*	AF 139	P	15.	20	0.010	0.060	.	.		10	50	0.0015	12.	550.			T072	4
30-12-02399	*	AF 239 S	P	15.	20	0.010	0.060	.	.		10	50	0.002	10.	780.			T072	4
30-12-01099	*	AF 109 R	P	15.	20	0.010	0.060	.	.		20	50	0.0015	12.	260.			T072	4
30-12-01240	*	AF 124	P	15.	32	0.010	0.060	.	.		150		0.001	6.	75.			T072	7
30-12-01260	*	AF 126	P	15.	32	0.010	0.060	.	.		150		0.001	6.	75.			T072	7
30-12-01061	*	AF 106 A	P	18.	25	0.010	0.060	.	.		25	50	0.001	12.	220.			T072	4
30-12-01060	*	AF 106	P	18.	25	0.010	0.060	.	.		25	50	0.001	12.	220.			T072	4
30-13-00120	*	AFY 12	P	18.	25	0.010	0.112	.	.		25	120	0.001	12.	230.			T072	4
30-12-01210	*	AF 121	P	25.		0.01	0.060	.	.		30		.	.	270.			T072	4
30-12-01380	*	AF 138	P	25.		0.010	0.060	.	.		60		.	.	75.			T072	4
30-12-02019	*	AF 201 U	P	25.	25	0.01	0.060	.	.		20	85	0.003	10.	35.			T072	5
30-12-02000	*	AF 200	P	25.	25	0.01	0.060	.	.		30	85	0.003	10.	35.			T072	7
30-40-00620	*	BFX 62	N	20.	30	0.012	0.130	.	.		20	40	0.002	10.	1000.			T072	4
30-01-58350		2N 5835	N	10.	15	0.015	0.200	.	.		25		.	.	2500.	0.25		T072	4
30-31-02000		BF 200	N	20.	30	0.020	0.150	.	.		16		.	.	650.			T072	4
30-31-01810	*	BF 181	N	20.	30	0.020	0.150	.	.		20		.	.	600.			T072	5
30-31-01800	*	BF 180	N	20.	30	0.020	0.150	.	.		20		.	.	675.			T072	4
30-13-00370	*	AFY 37	P	32.	32	0.020	0.112	.	.		10	40	0.002	12.	600.			T072	4
30-31-05160	*	BF 516	P	35.	40	0.020	0.200	.	.		25	50	0.003	10.	850.			T072	4
30-31-03160	*	BF 316	P	35.	40	0.020	0.200	.	.		30	50	0.003	10.	600.			T072	4
30-41-00900		BFY 90	N	15.	30	0.025	0.200	0.75	0.02		20	125	0.025	1.	1200.			T072	4
30-40-00890		BFX 89	N	15.	30	0.025	0.200	0.75	0.02		20	125	0.025	1.	1200.			T072	4
30-31-01670	*	BF 167	N	30.	40	0.025	0.150	.	.		45	600	.	.	300.			T072	5
30-01-42600		2N 4260	P	15.	15	0.030	0.2	0.15	0.001		30	150	0.01	1.	1200.	1	1	T072	4
30-37-00660		BFT 66	N	15.	20	0.030	0.200	.	.		30		0.01	6.	3600.			T072	5
30-53-00720	*	BSY 72	N	18.	25	0.030	0.230	.	.		80	250	0.001	1.	170.			T018	17
30-31-02740	*	BF 274	N	20.	25	0.030	0.200	.	.		70		0.001	10.	700.			T018	14
30-31-01850	*	BF 185	N	20.	30	0.030	0.145	.	.		34	140	0.001	10.	220.			T072	5
30-31-01840	*	BF 184	N	20.	30	0.030	0.145	.	.		75	750	0.001	10.	300.			T072	5
30-31-02320		BF 232	N	25.		0.030	0.270	.	.		30		.	.	600.			T072	7

3.3. TO18/TO72

ElData code	S	Type	N/P	Uceo V	Ucbo V	Ic A	Ptot W	Uce (sat) V	@ Ic A	D	hFE min. max.	@ Ic A	Uce V	Ft MHz	tON ns	tOFF ns	Case	no.
30-12-02029	*	AF 202 S	P	25.	25	0.030	0.225	.	.		20 85	0.003	10.	35.			T072	5
30-12-02020	*	AF 202	P	25.	25	0.030	0.225	.	.		20 85	0.003	10.	35.			T072	5
30-01-49590		2N 4959	P	30.	30	0.030	0.2	.	.		20	0.002	10.	1000.			T072	4
30-01-49580		2N 4958	P	30.	30	0.030	0.2	.	.		20	0.002	10.	1000.			T072	4
30-01-49570		2N 4957	P	30.	30	0.030	0.2	.	.		20	0.002	10.	1200.			T072	4
30-31-01150	*	BF 115	N	30.	50	0.030	0.145	.	.		45 165	0.0010	10.	230.			T072	5
30-13-00390		AFY 39	P	32.	32	0.030	0.225	.	.		20 80	0.003	10.	500.			T072	5
30-01-09290		2N 929	N	45.	45	0.030	1.8	1.	0.01		40 120	0.01	5.	30.			T018	17
30-01-09300		2N 930	N	45.	45	0.03	1.8	1.	0.01		100 300	0.00001	5.	30.			T018	17
30-12-01180		AF 118	P	70.	70	0.030	0.375	.	.		180	0.01	2.	175.			T072	30
30-01-28570		2N 2857	N	15.	30	0.04	0.3	0.4	0.01		30 150	0.003	1.	1000.			T072	4
30-39-00300		BFW 30	N	10.	20	0.050	0.250	.	.		25	0.05	5.	1600.			T072	4
30-06-08950	*	40895	N	12.	20	0.050	0.200	1.	0.01		40 250	0.001	6.	.			T072	4
30-01-51790		2N 5179	N	12.	20	0.05	0.3	0.4	0.01		25 250	0.003	1.	900.			T072	4
30-01-07530	*	2N 753	N	15.	20	0.050	1.	0.6	0.01		40 120	0.01	1.	200.			T018	17
30-01-09180		2N 918	N	15.	30	0.050	0.3	0.4	0.01		20 50	0.003	1.	.			T018	4
30-20-01791	*	BC 179 A	P	20.	25	0.050	0.300	0.2	0.1		125 260	0.02	5.	130.			T018	17
30-01-32270		2N 3227	N	20.	40	0.05	0.36	0.25	0.01		100 300	0.1	.	500.	12	18	T018	17
30-35-00990	*	BFR 99	P	25.	30	0.050	0.360	.	.		75	0.001	10.	2300.			T072	4
30-31-01690	*	BF 169	N	30.		0.05	0.300	.	.		40	.	.	200.			T018	17
30-35-00370	*	BFR 37	N	30.	30	0.050	0.430	0.13	0.01		80 250	0.01	15.	1400.			T072	5
30-24-00670		BCY 67	P	45.	45	0.05	1.	0.12	0.01		180 630	0.002	5.	180.			T018	17
30-24-00660		BCY 66	N	45.	45	0.05	1.	0.12	0.01		180 630	0.002	5.	250.			T018	17
30-01-24840		2N 2484	N	60.	60	0.05	0.360	0.35	0.001		100 500	0.01	5.	15.			T018	17
30-41-00760	*	BFY 76	N	60.	60	0.050	1.2	0.15	0.001		150 220	0.001	5.	40.			T018	17
30-20-01100	*	BC 110	N	80.	80	0.05	0.300	0.6	0.05		30 90	0.002	5.	100.			T018	17
30-24-00570	*	BCY 57	N	20.	25	0.100	0.300	.	.		500	0.002	5.	350.			T018	17
30-01-07061		2N 706 A	N	20.	25	0.100	1.	0.3	0.01		20 60	0.01	1.	400.	30	50	T018	17
30-20-01081	*	BC 108 A	N	20.	30	0.100	0.300	0.2	0.1		120 220	0.002	5.	150.			T018	17
30-20-01082	*	BC 108 B	N	20.	30	0.100	0.300	0.2	0.1		180 460	0.002	5.	150.			T018	17
30-40-00596		BFX 59 F	N	20.	30	0.100	0.370	.	.		30 200	0.01	10.	1050.			T072	4
30-41-00390		BFY 39	N	25.	45	0.100	0.300	1.	0.01		35 400	0.01	10.	150.			T018	17
30-40-00480	*	BFX 48	P	30.	30	0.100	1.	0.1	0.01		70 130	0.0001	1.	400.	20	95	T018	17
30-24-00560		BCY 56	N	45.	45	0.100	0.300	0.2	0.1		100 450	0.002	5.	85.			T018	17
30-20-01772	*	BC 177 B	P	45.	50	0.100	0.300	0.2	0.1		180 460	0.002	5.	130.			T018	17
30-20-01072	*	BC 107 B	N	45.	50	0.100	0.300	0.2	0.1		180 460	0.002	5.	150.			T018	17

3.3. TO18/TO72

ElData code	S	Type	N/P	Uceo V	Ucbo V	Ic A	Ptot W	Uce (sat) V	@ Ic A	D	hFE min. max.	@ Ic A	Uce V	Ft MHz	tON ns	tOFF ns	Case	no.
30-20-01073	*	BC 107 C	N	45.	50	0.100	0.300	0.2	0.1		380 800	0.002	5.	150.			TO18	17
30-24-00659	*	BCY 65 EIX	N	60.	60	0.100	1.	0.3	0.01		160 630	0.01	1.	250.	85	480	TO18	17
30-24-00779	*	BCY 77 IX	P	60.	60	0.100	1.	0.4	0.1		250 460	0.002	5.	180.			TO18	17
30-40-00370	*	BFX 37	P	80.	90	0.100	1.2	0.1	0.01		25 280	0.001	5.	40.			TO18	17
30-52-00210	*	BSX 21	N	80.	120	0.100	0.300	0.7	0.004		20 80	0.004	1.	160.			TO18	17
30-01-34970	*	2N 3497	P	120.	120	0.1	1.8	0.35	0.01		40	0.05	10.	150.	300	450	TO18	17
30-20-04780		BC 478	P	50.	40	0.150	1.2	0.3	0.05		180 350	0.01	5.	150.			TO18	17
30-01-30120	*	2N 3012	P	12.	12	0.2	1.2	0.15	0.01		30 120	0.03	0.5	400.	60	75	TO18	17
30-01-28940	*	2N 2894	P	12.	12	0.2	1.2	0.5	0.1		40 150	0.03	0.5	400.	60	90	TO18	17
30-01-07440	*	2N 744	N	12.	20	0.2	1.	0.35	0.01		20 120	0.01	0.4	.	26	30	TO18	17
30-01-07080	*	2N 708	N	15.	30	0.200	1.2	0.4	0.01		30 120	0.01	1.	300.	40	75	TO18	17
30-01-23680	*	2N 2368	N	15.	40	0.2	1.2	0.25	0.01		20 60	0.01	1.	550.	12	15	TO18	17
30-01-23691	*	2N 2369 A	N	15.	40	0.2	1.2	0.2	0.01		40 120	0.01	0.4	500.	12	18	TO18	17
30-52-00510	*	BSX 51	N	25.		0.200	0.300	0.3	0.05		75 225	0.002	.	150.		250	TO18	17
30-52-00520	*	BSX 52	N	25.		0.200	0.300	0.3	0.05		180 540	0.002	.	150.		250	TO18	17
30-24-00720	*	BCY 72	P	25.	30	0.200	0.350	0.19	0.05		100	0.01	1.	250.	48	320	TO18	17
30-24-00787	*	BCY 78 VII	P	32.	32	0.200	1.	0.4	0.1		120 220	0.002	5.	180.			TO18	17
30-01-39470	*	2N 3947	N	40.	60	0.2	1.2	0.2	0.01		100 300	0.01	1.	300.	35	75	TO18	17
30-01-32510	*	2N 3251	P	40.	60	0.2	1.2	0.25	0.01		100 300	0.01	1.	300.	35	50	TO18	17
30-01-39640	*	2N 3964	P	45.	45	0.200	0.360	0.25	0.01		250 600	0.001	5.	160.			TO18	17
30-24-00598	*	BCY 59 VIII	N	45.	45	0.200	1.	0.3	0.01		120 400	0.01	1.	250.	85	480	TO18	17
30-24-00799	*	BCY 79 IX	P	45.	45	0.200	1.	0.4	0.1		250 460	0.002	5.	180.			TO18	17
30-52-00531		BSX 52 A	N	50.		0.200	0.300	0.3	0.05		180 540	0.002	.	150.		250	TO18	17
30-01-39620	*	2N 3962	P	60.	60	0.200	0.360	0.25	0.01		100 450	0.001	5.	160.			TO18	17
30-01-39650	*	2N 3965	P	60.	60	0.200	0.360	0.25	0.01		250 600	0.001	5.	160.			TO18	17
30-01-39630	*	2N 3963	P	80.	80	0.200	0.360	0.25	0.01		100 450	0.001	5.	160.			TO18	17
30-53-00760	*	BSY 76	N	32.	40	0.250	0.230	0.15	0.1		80 250	0.001	1.	170.			TO18	17
30-53-00770		BSY 77	N	64.	80	0.25	0.230	0.15	0.1		35 100	0.001	1.	145.			TO18	17
30-23-00220		BCX 22	N	125.	125	0.450	0.45	0.9	0.3		63	0.1	1.	100.			TO18	17
30-23-00230		BCX 23	P	125.	125	0.450	0.45	0.9	0.3		63	0.1	1.	100.			TO18	17
30-01-09140	*	2N 914	N	15.	30	0.500	1.2	0.7	0.02		30 120	0.01	1.	370.			TO18	17
30-20-01092	*	BC 109 B	N	20.	30	0.50	0.300	0.2	0.1		180 460	0.002	5.	150.			TO18	17
30-20-01093	*	BC 109 C	N	20.	30	0.50	0.300	0.2	0.1		380 800	0.002	5.	150.			TO18	17
30-01-22210	*	2N 2221	N	30.	60	0.5	1.8	0.4	0.15		40 120	0.15	10.	250.	25	60	TO18	17
30-01-22221		2N 2222 A	N	40.	75	0.5	1.8	0.3	0.15		100 300	0.15	10.	250.	25	60	TO18	17
30-31-02480	*	BF 248	N	25.	30	0.600	0.400	0.6	0.01		30 300	0.01	10.	250.			TO72	17

3.3. TO18/TO72

ElData code	S	Type	N/P	Uceo V	Ucbo V	Ic A	Ptot W	Uce (sat) V @ Ic A		D	hFE min. max.	@ Ic A	Uce V	Ft MHz	tON ns	tOFF ns	Case	no.
30-31-02490		BF 249	P	25.	30	0.600	0.400	0.6	0.01		30 300	0.01	10.	250.			TO72	17
30-31-02491		BF 249-3	P	25.	30	0.600	0.400	0.6	0.01		120 240	0.01	10.	250.			TO72	17
30-52-00480	*	BSX 48	N	25.	50	0.600	1.	0.17	0.1		17 42	0.1	1.	250.	65	110	TO18	17
30-52-00490	*	BSX 49	N	40.	60	0.600	1.	0.17	0.1		25 42	0.1	1.	250.	50	95	TO18	17
30-01-29061	*	2N 2906 A	P	60.	60	0.6	1.8	0.4	0.15		40 120	0.15	10.	200.	26	70	TO18	17
30-01-29071		2N 2907 A	P	60.	60	0.600	1.8	0.4	0.15		100 300	0.15	10.	200.	26	70	TO18	17
30-39-00320	*	BFW 32	N	30.	50	0.700	1.8	0.1	0.1		40 500	0.01	10.	200.	40	250	TO18	17
30-39-00310	*	BFW 31	P	30.	50	0.700	1.8	0.4	0.1		40 500	0.01	10.	200.	40	250	TO18	17
30-22-00743	*	BCW 74-16	N	45.	75	0.800	1.55	0.7	0.5		100 250	0.1	1.	100.	100	400	TO18	17
30-01-19909	*	2N 1990 R	N	.	100	1.	0.250	0.5	0.002		25	0.03	.	40.				12
30-51-00260	*	BSW 26	N	40.	50	1.	1.8	0.5	0.5		25	0.1	2.	200.	40	85	TO18	17
30-01-40260	*	2N 4026	P	60.	60	1.	0.500	.	.		40 120	0.001	5.	100.	100	50	TO18	17
30-01-28950		2N 2895	N	65.	120	1.	1.8	0.6	0.15		40 120	0.150	10.	120.			TO18	17
30-01-37000		2N 3700	N	80.	140	1.	0.5	0.75	0.01		50 200	0.5	10.	80.			TO18	17

3.4. TO5/TO39

ElData code	S	Type	N/P	Uceo V	Ucbo V	Ic A	Ptot W	Uce (sat) V	@ Ic A	D	hFE min.	max.	@ Ic A	Uce V	Ft MHz	tON ns	tOFF ns	Case	no.
30-17-00210	*	ASZ 21	P	15.		0.030	0.12	.	.		30		.	.	300.			TO5	12
30-41-00450	*	BFY 45	N	90.	140	0.030	2.5	.	.		40	60	0.01	10.	130.			TO5	12
30-31-01770	*	BF 177	N	60.	100	0.050	0.600	.	.		20		0.015	10.	120.			TO5	12
30-31-01791	*	BF 179 A	N	115.	250	0.050	1.700	.	.		20		0.02	15.	120.			TO5	12
30-31-03050	*	BF 305	N	150.		0.05	0.600	.	.				.	.	50.			TO5	12
30-01-49260	*	2N 4926	N	200.	200	0.05	5.	2.	0.03		20	200	0.03	10.	30.			TO5	12
30-01-49270	*	2N 4927	N	250.	250	0.05	5.	2.	0.03		20	200	0.03	10.	30.			TO5	12
30-13-00110	*	AFY 11	P	15.	30	0.070	0.560	.	.		10	20	0.002	6.	350.			TO5	12
30-01-00340	*	2CY 34	P	32.	32	0.100	0.300	.	.				.	.	0.600			TO5	12
30-01-34940	*	2N 3494	P	80.	80	0.1	3.	0.3	0.01		35		0.1	10.	200.	300	450	TO5	12
30-01-49280	*	2N 4928	P	100.	100	0.100	0.600	0.5	0.01		20	200	0.01	.	100.			TO5	12
30-01-34950	*	2N 3495	P	120.	120	0.1	3.	0.35	0.01		40		0.05	10.	150.	300	450	TO5	12
30-31-01740		BF 174	N	150.		0.100	0.800	.	.		20		.	.	86.			TO5	12
30-31-02570		BF 257	N	160.	160	0.100	5.	1.	0.03		25		0.03	10.	110.			TO5	12
30-31-03370		BF 337	N	200.	250	0.100	3.	.	.		20	60	0.03	10.	130.			TO5	12
30-31-02590		BF 259	N	300.	300	0.100	5.	1.	0.03		25		0.03	10.	110.			TO5	14
30-25-01150		BD 115	N	180.	245	0.150	6.	6.5	0.1		22	60	0.05	100.	145.			TO5	12
30-16-00280	*	ASY 28	N	15.	30	0.200	0.150	0.25	0.05		30		0.01	1.	4.	175	325	TO5	12
30-01-44320		2N 4432	N	30.	580	0.200	0.600	.	.		80	150	0.006	.	250.			TO5	12
30-16-00270	*	ASY 27	P	15.	25	0.3	0.15	0.2	0.01		50	150	40.	.	14.	350	730	TO5	12
30-16-00260	*	ASY 26	P	15.	30	0.3	0.15	0.2	0.01		30	80	25.	.	8.	490	730	TO5	12
30-01-35000		2N 3500	N	150.	150	0.3	5.	0.4	0.15		40	120	0.15	10.	150.	35	80	TO5	12
30-05-05930		2SD 593	N	400.		0.3	0.8	.	.		30		0.05	4.	.			TO5	12
30-03-06220		2SB 622	P	400.		0.3	0.8	.	.		30		0.05	4.	.			TO5	12
30-01-35530		2N 3553	N	40.	65	0.33	7.	1.	0.25		10	100	0.25	5.	500.			TO5	12
30-16-00750	*	ASY 75	N	15.	30	0.400	0.140	0.3	0.2		30		0.2	10.	.			TO5	12
30-16-00740	*	ASY 74	N	15.	30	0.400	0.140	0.3	0.2		35		0.2	0.	6.			TO5	12
30-01-39480		2N 3948	N	20.	36	0.4	1.	.	.		15		0.05	5.	700.			TO5	12
30-01-44270		2N 4427	N	20.	40	0.400	2.	.	.		10	200	0.1	1.	500.			TO5	17
30-01-59430		2N 5943	N	30.	40	0.4	3.5	0.15	0.1		25	300	0.05	15.	1550.			TO5	12
30-01-38660		2N 3866	N	30.	55	0.400	5.	1.	0.1		10	200	0.05	5.	700.			TO5	12
30-01-51600		2N 5160	P	40.	60	0.4	5.	.	.		10		0.05	.	900.			TO5	12
30-04-10010		2SC 1001	N	20.	40	0.5	5.	.	.		20		0.1	5.	470.			TO5	12
30-01-55830		2N 5583	P	30.	30	0.5	5.	.	.		25	100	0.1	2.	1300.	2.1	1.8	TO5	12
30-01-48900		2N 4890	P	40.	60	0.5	5.	0.12	0.15		25	250	0.15	10.	280.	20	20	TO5	12
30-01-22181	*	2N 2218 A	N	40.	75	0.5	3.0	0.3	0.15		40	120	0.15	10.	250.	25	60	TO5	12

IData code	S	Type	N/P	Uceo V	Ucbo V	Ic A	Ptot W	Uce (sat) V	@ Ic A	D	hFE min. max.	@ Ic A	Uce V	Ft MHz	tON ns	tOFF ns	Case	no.
0-01-22191		2N 2219 A	N	40.	75	0.5	3.	0.3	0.15		100 300	0.15	10.	250.	25	60	TO5	12
40-20-03021	*	BC 302-5	N	45.	60	0.500	0.85	0.2	0.15		70 140	0.15	10.	100.			TO5	12
40-01-18930		2N 1893	N	80.	120	0.500	3.	5.	0.15		40 120	0.15	10.	50.			TO5	12
40-53-00560	*	BSY 56	N	80.	120	0.500	3.	0.2	0.15		100 300	0.15	10.	100.	80	350	TO5	12
40-01-34980		2N 3498	N	100.	100	0.5	5.	0.6	0.3		40 120	0.15	10.	150.	35	80	TO5	12
30-01-49290		2N 4929	P	150.	150	0.500	1.	0.5	0.01		25 200	0.06	.	100.			TO5	12
30-31-03230		BF 323	N	25.		0.600	0.800	.	.		300	.	.	250.			TO5	12
30-01-11320	*	2N 1132	P	35.	50	0.600	2.	1.5	0.15		25 90	0.15	.	60.			TO5	12
30-01-29041	*	2N 2904 A	P	60.	60	0.6	3.	0.4	0.15		40 120	0.15	10.	200.	26	70	TO5	12
30-01-29051	*	2N 2905 A	P	60.	60	0.600	3.	0.4	0.15		100 300	0.15	10.	200.	26	70	TO5	12
30-41-00410	*	BFY 41	N	60.	120	0.600	3.	5.	0.05		35	0.05	10.	60.			TO5	12
30-66-02370		MRF 237	N	18.	36	0.640	8.	.	.		5	0.250	5.	225.			TO5	22
30-06-03190		40319	P	40.		0.700	5.	1.4	0.15		35 200	0.05	10.	100.			TO5	12
30-01-30530		2N 3053	N	40.	60	0.700	5.	1.4	0.15		50 250	0.15	10.	100.			TO5	12
30-06-04070		40407	N	50.		0.700	1.	.	.		40 200	0.001	10.	100.			TO5	12
30-06-03620	*	40362	P	70.		0.700	5.	1.4	0.05		35 200	0.05	4.	100.			TO5	12
30-06-03610	*	40361	N	70.		0.700	5.	1.4	0.05		70 350	0.05	4.	100.			TO5	12
30-06-04080		40408	N	90.		0.700	1.	1.4	0.15		40 200	0.01	4.	100.			TO5	12
30-31-03231		BF 323-2	N	25.		0.800	0.800	.	.		60 140	.	.	250.			TO5	12
30-22-00773		BCW 77-16	N	32.		0.800	0.870	.	.		100 250	.	.	100.	100	400	TO5	17
30-22-00800	*	BCW 80-25	P	45.	60	0.800	4.50	0.7	0.5		63 400	0.1	1.	100.	100	400	TO5	12
30-41-00520		BFY 52	N	20.	40	1.	2.86	0.66	1.		60	0.15	10.	50.	55	360	TO5	12
30-52-00600	*	BSX 60	N	30.	70	1.	0.800	0.5	0.5		30	0.5	1.	475.	35	70	TO5	12
30-41-00500		BFY 50	N	35.	80	1.	2.86	0.66	1.		30	0.15	10.	60.	55	360	TO5	12
30-50-00103		BSV 10-16	P	40.		1.	3.2	.	.		100 250	.	.	50.			TO5	12
30-20-01603		BC 160-16	P	40.	40	1.	3.7	0.6	0.5		100 250	0.1	1.	50.	500	650	TO5	12
30-01-34670		2N 3467	P	40.	40	1.	5.	1.	1.		40 120	0.5	1.	175.	30	30	TO5	12
30-20-01613		BC 161-16	P	40.	60	1.	3.7	0.6	0.5		100 250	0.1	1.	50.	500	650	TO5	12
30-20-01403	*	BC 140-16	N	40.	80	1.	3.7	6.	0.5		100 250	0.1	1.	50.	250	850	TO5	12
30-52-00453	*	BSX 45-16	N	40.	80	1.	5.	0.7	1.		100 250	0.1	1.	50.	200	850	TO5	12
30-52-00610	*	BSX 61	N	45.	70	1.	0.800	0.7	0.5		30	0.5	1.	475.	50	100	TO5	12
30-51-00280	*	BSW 28	N	50.	60	1.	3.	0.5	0.5		25	0.1	2.	200.	50	85	TO5	12
30-01-39450		2N 3945	N	50.	70	1.	5.	0.5	0.15		40 250	0.15	10.	60.			TO5	12
30-01-16130		2N 1613	N	50.	75	1.	3.	1.5	0.15		40 120	0.15	10.	60.			TO5	12
30-01-17110		2N 1711	N	50.	75	1.	3.	1.5	0.15		100 300	0.15	10.	70.			TO5	12
30-01-21930		2N 2193	N	50.	80	1.	2.8	0.35	0.15		15	0.0001	10.	.	70	50	TO5	12

ElData code	S	Type	N/P	Uceo V	Ucbo V	Ic A	Ptot W	Uce (sat) V	@ Ic A	D	hFE min.	max.	@ Ic A	Uce V	Ft MHz	tON ns	tOFF ns	Case	
30-50-00162		BSV 16-10	P	60.	60	1.	5.	1.	0.5		63	160	0.1	1.	50.	500	650	TO5	1
30-50-00163		BSV 16-16	P	60.	60	1.	5.	1.	0.5		100	250	0.1	1.	50.	500	650	TO5	1'
30-01-42380		2N 4238	N	60.	80	1.	6.	0.6	1.		30	150	0.25	1.	2.			TO5	1
30-20-01413	*	BC 141-16	N	60.	100	1.	3.7	0.6	0.5		100	250	0.1	1.	50.	250	850	TO5	1
30-52-00462	*	BSX 46-10	N	60.	100	1.	5.	0.7	1.		63	100	0.1	1.	50.	200	850	TO5	1
30-52-00463	*	BSX 46-16	N	60.	100	1.	5.	0.7	1.		100	250	0.1	1.	50.	200	850	TO5	12
30-01-40360		2N 4036	P	65.	90	1.	7.	0.6	0.15		40	140	0.15	10.	60.	110	700	TO5	12
30-01-21020		2N 2102	N	65.	120	1.	5.	0.5	0.15		40	120	0.15	10.	60.			TO5	12
30-06-06340	*	40634	P	75.	75	1.	5.	0.8	0.15		50	250	0.15	4.	60.			TO5	12
30-67-10050		RCA 1A05	P	75.	75	1.	5.	0.8	0.150		50	250	0.15	4.	60.			TO5	12
30-67-10060		RCA 1A06	N	75.	75	1.	5.	0.8	0.15		50	250	0.15	4.	120.			TO5	12
30-06-06350		40635	N	75.	75	1.	5.	0.8	0.15		50	250	0.15	4.	120.			TO5	12
30-52-00509	*	BSX 50-S20	N	80.			1.	5.	.	.	63	160	.	.	50.			TO5	12
30-01-04033		2N 4033	P	80.	80	1.	0.800	.	.		75		0.100	5.	.			TO5	12
30-50-00172		BSV 17-10	P	80.	80	1.	5.	1.	0.5		63	160	0.1	1.	50.	500	650	TO5	12
30-01-44040		2N 4404	P	80.	80	1.	7.	0.5	0.5		40	120	0.15	1.	200.	25	35	TO5	12
30-01-44050		2N 4405	P	80.	80	1.	7.	0.5	0.5		100	300	0.15	1.	200.	25	35	TO5	12
30-01-22431	*	2N 2243 A	N	80.	120	1.	0.800	0.25	0.15		40	120	0.15	.	150.			TO5	12
30-52-00472	*	BSX 47-10	N	80.	120	1.	5.	0.7	1.		63	160	0.1	1.	50.	200	850	TO5	12
30-01-30200		2N 3020	N	80.	140	1.	5.	0.2	0.15	.	40	120	0.15	10.	80.			TO5	12
30-01-30190		2N 3019	N	80.	140	1.	5.	0.2	0.15		100	300	0.15	10.	100.			TO5	12
30-01-24050	*	2N 2405	N	90.	120	1.	5.	0.5	0.15		60	200	0.15	10.	.			TO5	12
30-01-56810		2N 5681	N	100.	100	1.	10.	2.	1.		40	150	0.25	2.	30.			TO5	12
30-01-56790		2N 5679	P	100.	100	1.	10.	2.	1.		40	150	0.25	2.	30.			TO5	12
30-01-56820		2N 5682	N	120.	120	1.	10.	2.	1.		40	150	0.25	2.	30.			TO5	12
30-01-56800		2N 5680	P	120.	120	1.	10.	2.	1.		40	150	0.25	2.	30.			TO5	12
30-01-36350		2N 3635	P	140.	140	1.	5.	0.3	0.01		100	300	0.05	10.	200.	400	600	TO5	12
30-01-54150		2N 5415	P	200.	200	1.	10.	2.5	0.05		30	120	0.05	10.	15.			TO5	12
30-37-00283	*	BFT 28 C	P	250.	300	1.	5.	5.	0.01		20		0.01	10.	25.			TO5	12
30-01-34400		2N 3440	N	250.	300	1.	10.	0.5	0.05		40	160	0.02	10.	15.	650	600	TO5	12
30-01-54160		2N 5416	P	300.	350	1.	10.	2.	0.05		30	120	0.05	10.	50.			TO5	12
30-01-34390		2N 3439	N	350.	450	1.	10.	0.5	0.05		40	160	0.02	10.	15.	650	600	TO5	12
30-01-37340		2N 3734	N	30.	50	1.5	4.	0.2	0.01		30	120	1.	1.5	300.	40	30	TO5	12
30-01-37620		2N 3762	P	40.	40	1.5	4.	0.1	0.01		30	120	1.	1.5	180.	35	35	TO5	12
30-06-03470		40347	N	40.	60	1.5	8.750	1.	0.45		25	100	0.45	4.	.			TO5	12
30-01-37630		2N 3763	P	60.	60	1.5	4.	0.1	0.01		20	80	1.	1.5	150.	35	35	TO5	12

3.4. TO5/TO39

ElData code	S	Type	N/P	Uceo V	Ucbo V	Ic A	Ptot W	Uce (sat) V	@ Ic A	D	hFE min. max.	@ Ic A	Uce V	Ft MHz	tON ns	tOFF ns	Case	no.
30-04-05100		2SC 510	N	100.	140	1.5	8.	0.2	0.2		30 150	0.2	2.	60.	130	200	T05	12
30-06-03490	*	40349	N	140.	160	1.5	8.75	0.5	0.15		30 125	0.15	4.	1.5			T05	12
30-01-58590		2N 5859	N	40.	80	2.	1.	0.7	1.		30 120	0.5	1.	250.	30	35	T05	12
30-01-52620	*	2N 5262	N	50.	25	2.	0.800	0.8	1.		40	0.1	.	350.	50		T05	12
30-01-37250		2N 3725	N	50.	80	2.	0.8	0.52	0.5		35 500	0.5	1.	300.	35	60	T05	12
30-50-00640		BSV 64	N	60.	100	2.	5.	1.	5.		40	2.	2.	100.	600	1200	T05	17
30-01-53200		2N 5320	N	75.	100	2.	10.	0.5	0.5		30 130	0.5	.	50.	80	800	T05	12
30-01-53220		2N 5322	P	75.	100	2.	10.	0.7	0.5		30 130	0.5	.	50.	80	800	T05	12
30-01-44070		2N 4407	P	80.	80	2.	8.75	0.2	0.5		75 225	0.15	1.	150.	60	50	T05	12
30-67-10030		RCA 1A03	N	95.		2.	10.	0.8	0.3		70 350	0.3	.	50.			T05	12
30-06-05940	*	40594	N	95.		2.	10.	0.8	0.3		70 350	0.3	.	50.			T05	12
30-06-05950	*	40595	P	95.		2.	10.	0.8	0.3		70 350	0.3	.	50.			T05	12
30-67-10040		RCA 1A04	P	95.		2.	10.	0.8	0.3		70 300	0.3	4.	50.			T05	12
30-01-42340		2N 4234	P	40.	40	3.	6.	0.6	1.		30 150	0.1	1.	3.			T05	12
30-52-00622	*	BSX 62-10	N	40.	60	3.	5.	0.4	2.		63 100	1.	1.	70.	300	1500	T05	12
30-04-18880		2SC 1888	N	60.		3.	0.8	.	.		500	0.5	4.	.			T05	12
30-52-00631	*	BSX 63-6	N	60.	80	3.	5.	0.4	2.		40 100	1.	1.	70.	300	1500	T05	12
30-04-18890		2SC 1889	N	80.		3.	0.8	.	.		500	0.5	4.	.			T05	12
30-05-06140		2SD 614	N	80.		3.	0.8	.	.	D	800	3.	4.	.			T05	12
30-01-42360		2N 4236	P	80.	80	3.	6.	0.6	1.		30 150	0.1	1.	3.			T05	12
30-05-06150		2SD 615	N	120.		3.	0.8	.	.	D	800	3.	4.	.			T05	12
30-01-57830	*	2N 5783	P	40.	45	3.5	10.	1.	1.6		20 100	0.1	2.	8.	500	2500	T05	12
30-01-57850		2N 5785	N	50.	65	3.5	10.	0.75	1.2		20 100	0.1	2.	1.	500	2500	T05	12
30-01-57820		2N 5782	P	50.	65	3.5	10.	0.25	1.2		20 100	0.1	2.	8.	500	2500	T05	12
30-20-03230	*	BC 323	N	60.	100	5.	7.	0.07	0.5		45 225	0.05	1.	100.			T05	12
30-01-53380		2N 5338	N	100.	80	5.	6.	1.2	5.		30 120	2.	2.	30.	100	200	T05	12

3.5. TO126

ElData code	S	Type	N/P	Uceo V	Ucbo V	Ic A	Ptot W	Uce (sat) V	@ Ic A	D	hFE min. max.	@ Ic A	Uce V	Ft MHz	tON ns	tOFF ns	Case	no.
30-31-04700		BF 470	P	250.	250	0.03	2.	20.	0.025		50	0.025	20.	60.			TO126	16
30-31-04710		BF 471	N	300.	300	0.030	2.	20.	0.025		40	0.025	20.	60.			TO126	16
30-31-04720		BF 472	P	300.	300	0.030	2.	20.	0.025		40	0.025	20.	60.			TO126	16
30-31-04570		BF 457	N	160.	160	0.100	10.	1.	0.03		25	0.03	10.	90.			TO126	16
30-31-04580		BF 458	N	250.	270	0.100	10.	1.	0.03		25	0.03	10.	90.			TO126	16
30-31-04590		BF 459	N	300.	300	0.100	10.	1.	0.03		25	0.03	10.	90.			TO126	16
30-25-02320		BD 232	N	300.	500	0.25	15.	1.	0.15		20	0.15	5.	20.			TO126	16
30-62-34390		MJE 3439	N	350.	450	0.300	15.	.	.		30	0.020	10.	15.			TO126	16
30-62-00340		MJE 340	N	300.		0.500	20.	.	.		30 240	0.05	10.	10.			TO126	16
30-62-00350		MJE 350	P	300.		0.500	20.	.	.		30 240	0.05	10.	10.			TO126	16
30-59-00860		BUX 86	N	400.	800	0.500	20.	3.	0.2		50	0.05	5.2	20.	250	400	TO126	16
30-25-05240		BD 524	N	100.	160	0.800	5.	1.	0.3		40	0.1	1.	100.			TO126	16
30-04-04960		2SC 496	N	30.	40	1.	1.	0.25	0.5		40 240	0.05	2.	100.			TO126	16
30-02-04960		2SA 496	P	30.	40	1.	1.	0.8	0.5		40 240	0.05	2.	100.			TO126	16
30-01-49210	*	2N 4921	N	40.	40	1.	30.	0.6	1.		20 100	0.5	1.	3.			TO126	16
30-01-49180	*	2N 4918	P	40.	40	1.	30.	0.6	1.		20 100	0.5	1.	3.			TO126	16
30-25-08750	*	BD 875	N	45.	60	1.	9.	1.8	1.	D	1000	0.15	10.	200.			TO126	16
30-25-08760	*	BD 876	P	45.	60	1.	9.	1.8	1.	D	1000	0.15	10.	200.			TO126	16
30-04-04950		2SC 495	N	50.	70	1.	1.	0.25	0.5		40 240	0.05	2.	100.			TO126	16
30-01-49220	*	2N 4922	N	60.	60	1.	30.	0.6	1.		20 100	0.5	1.	3.			TO126	16
30-01-49190	*	2N 4919	P	60.	60	1.	30.	0.6	1.		20 100	0.5	1.	3.			TO126	16
30-25-08770	*	BD 877	N	60.	80	1.	9.	1.8	1.	D	1000	0.15	10.	200.			TO126	16
30-25-08780	*	BD 878	P	60.	80	1.	9.	1.8	1.	D	1000	0.15	10.	200.			TO126	16
30-01-49230	*	2N 4923	N	80.	80	1.	30.	0.6	1.		20 100	0.5	1.	3.			TO126	16
30-01-49200	*	2N 4920	P	80.	80	1.	30.	0.6	1.		20 100	0.5	1.	3.			TO126	16
30-25-08790		BD 879	N	80.	100	1.	9.	1.8	1.	D	1000	0.15	10.	200.			TO126	16
30-25-08800		BD 880	P	80.	100	1.	9.	1.8	1.	D	1000	0.15	10.	200.			TO126	16
30-25-01350	*	BD 135	N	45.	45	1.5	8.	0.5	0.5		40 250	0.15	2.	50.			TO126	16
30-25-02270	*	BD 227	P	45.	45	1.5	12.5	0.8	1.		40 250	0.15	2.	50.			TO126	16
30-25-02260	*	BD 226	N	45.	45	1.5	12.5	0.8	1.		40 250	0.15	2.	125.			TO126	16
30-25-01370	*	BD 137	N	60.	60	1.5	12.5	0.5	0.5		40 160	0.15	2.	50.			TO126	16
30-25-02290		BD 229	P	60.	60	1.5	12.5	0.8	1.		40 160	0.15	2.	50.			TO126	16
30-25-01380	*	BD 138	P	60.	60	1.5	12.5	0.5	0.5		40 160	0.15	2.	75.			TO126	16
30-25-02280		BD 228	N	60.	60	1.5	12.5	0.8	1.		40 160	0.15	2.	125.			TO126	16
30-25-01392	*	BD 139-10	N	80.	80	1.5	12.5	0.5	0.5		40 160	0.15	2.	50.			TO126	16
30-25-39400	*	BD 139/140	NP	80.	80	1.5	12.5	0.5	0.5		40 160	0.15	2.	50.			TO126	16

ElData code	S	Type	N/P	Uceo V	Ucbo V	Ic A	Ptot W	Uce (sat) V	@ Ic A	D	hFE min. max.	@ Ic A	Uce V	Ft MHz	tON ns	tOFF ns	Case	no.
30-25-01402	*	BD 140-10	P	80.	80	1.5	12.5	0.5	0.5		40 160	0.15	2.	75.			T0126	16
30-25-02300		BD 230	N	80.	100	1.5	12.5	0.8	1.		40 160	0.15	2.	125.			T0126	16
30-25-02310		BD 231	P	80.	100	1.5	12.5	0.8	1.		40 160	0.15	2.	125.			T0126	16
30-25-02330		BD 233	N	45.	45	2.	25.	0.6	1.		25	1.	2.	3.	400	1500	T0126	16
30-25-02380	*	BD 238	P	80.	100	2.	25.	.	.		40 160	0.150	2.	3.	300		T0126	16
30-58-00840		BUW 84	N	400.	800	2.	50.	1.	1.		50	0.1	50.	20.	200	2400	T0126	79
30-25-01772		BD 177-10	N	60.	60	3.	30.	0.8	1.		40 250	0.15	2.	3.			T0126	16
30-25-01782		BD 178-10	P	60.	60	3.	30.	0.8	1.		40 250	0.15	2.	3.			T0126	16
30-25-01790	*	BD 179	N	80.	80	3.	30.	.	.		15	1.	2.	3.			T0126	16
30-25-04330		BD 433	N	22.	22	4.	36.	0.5	2.		85	0.5	1.	3.			T0126	16
30-01-51900		2N 5190	N	40.	40	4.	40.	1.4	4.		25 100	1.5	2.	2.			T0126	16
30-01-51930		2N 5193	P	40.	40	4.	40.	1.4	4.		25 100	1.5	2.	2.			T0126	16
30-01-60340		2N 6034	P	40.	40	4.	40.	3.	4.	D	750 18000	2.	3.	25.			T0126	16
30-25-04370	*	BD 437	N	45.	45	4.	36.	0.6	2.		85	0.5	1.	3.			T0126	16
30-25-04380	*	BD 438	P	45.	45	4.	36.	0.6	2.		85	0.5	1.	3.			T0126	16
30-25-06760	*	BD 676	P	45.	45	4.	40.	2.5	1.5	D	750	1.5	3.	1.	300	1500	T0126	16
30-25-06750	*	BD 675	N	45.	45	4.	40.	2.5	1.5	D	750	1.5	3.	7.	800	4500	T0126	16
30-25-04400	*	BD 440	P	60.	60	4.	36.	0.8	2.		40	0.5	1.	3.			T0126	16
30-01-51910		2N 5191	N	60.	60	4.	40.	1.4	4.		25 100	1.5	2.	2.			T0126	16
30-01-51940		2N 5194	P	60.	60	4.	40.	1.4	4.		25 100	1.5	2.	2.			T0126	16
30-25-06780	*	BD 678	P	60.	60	4.	40.	2.5	1.5	D	750	1.5	3.	1.	300	1500	T0126	16
30-25-06770	*	BD 677	N	60.	60	4.	40.	2.5	1.5	D	750	1.5	3.	7.	800	4500	T0126	16
30-01-60360		2N 6036	P	80.		4.	40.	.	.	D	750 18000	.	.	25.			T0126	16
30-25-04410		BD 441	N	80.	80	4.	36.	0.8	2.		40	0.5	1.	3.			T0126	16
30-25-04420		BD 442	P	80.	80	4.	36.	0.8	2.		40	0.5	1.	3.			T0126	16
30-01-51920		2N 5192	N	80.	80	4.	40.	1.4	4.		20 80	1.5	2.	2.			T0126	16
30-01-51950		2N 5195	P	80.	80	4.	40.	1.4	4.		20 80	1.5	2.	2.			T0126	16
30-25-06800		BD 680	P	80.	80	4.	40.	2.5	1.5	D	750	1.5	3.	1.	300	1500	T0126	16
30-25-06790		BD 679	N	80.	80	4.	40.	2.5	1.5	D	750	1.5	3.	7.	800	4500	T0126	16
30-01-60390		2N 6039	N	80.	80	4.	40.	2.	2.	D	750 18000	2.	.	25.			T0126	16
30-25-02070		BD 207	N	60.	70	10.	90.	.	.		15	1.1	4.	1.5	4	2	T0126	16
30-25-02080		BD 208	P	60.	70	10.	90.	1.1	4.		15	4.	2.	1.5			T0126	16
30-25-02870		BD 287	P	25.	30	12.	36.	.	.		200	0.1	7.	50.	500	2000	T0126	16
30-25-02880		BD 288	P	45.	45	12.	36.	.	.		200	0.1	0.7	50.	500	2000	T0126	16

3.6. TO202/TO220

ElData code	S	Type	N/P	Uceo V	Ucbo V	Ic A	Ptot W	Uce (sat) V	@ Ic A	D	hFE min. max.	@ Ic A	Uce V	Ft MHz	tON ns	tOFF ns	Case	no.
30-31-08710		BF 871	N	300.	300	0.030	1.6	20.	0.025		40	0.025	20.	60.			TO202	84
30-31-08720		BF 872	P	300.	300	0.030	1.6	20.	0.025		40	0.025	20.	60.			TO202	84
30-31-07170		BF 717	N	300.		0.100	6.25	.	.		30	.	.	60.			TO202	84
30-31-07910		BF 791	P	300.		0.100	10.	.	.		50	.	.	.			TO202	84
30-31-08590		BF 859	N	300.	300	0.100	1.8	1.	0.03		25	0.03	10.	90.			TO202	84
30-04-15050		2SC 1505	N	300.	300	0.2	15.	2.	0.05		40 200	0.01	10.	80.			TO220	33
30-04-16270		2SC 1627	N	80.		0.3	0.6	0.5	0.2		80 70	0.05	2.	240.	100		TO220	33
30-31-06170		BF 617	N	300.		0.300	2.	.	.		30	.	.	70.			TO202	84
30-31-04600		BF 460	N	250.	250	0.500	2.	0.6	0.03		40 180	0.03	10.	200.			TO202	88
30-02-08160		2SA 816	P	80.	80	0.750	1.5	0.5	0.5		70 240	0.15	2.	100.			TO220	33
30-05-08590		2SD 859	N	250.		0.75	35.	.	.			.	.	.			TO220	33
30-70-00290		TIP 29	N	40.	80	1.	30.	0.7	1.		15 75	1.	4.	3.	500	2000	TO220	33
30-70-00301		TIP 30 A	P	60.	100	1.	30.	0.7	1.		15 75	1.	4.	3.	300	1000	TO220	33
30-25-09790		BD 979	N	80.	100	1.	3.6	1.8	1.	D	1000	0.15	10.	200.			TO202	84
30-25-09800		BD 980	P	80.	100	1.	3.6	1.8	1.	D	1000	0.15	10.	200.			TO202	84
30-70-00292		TIP 29 B	N	80.	120	1.	30.	0.7	1.		15 75	1.	4.	3.	500	2000	TO220	33
30-70-00302		TIP 30 B	P	80.	120	1.	30.	0.7	1.		15 75	1.	4.	3.	300	1000	TO220	33
30-70-00303		TIP 30 C	P	100.	140	1.	30.	0.7	1.		15 75	1.	4.	3.	300	1000	TO220	33
30-25-04100		BD 410	N	325.	500	1.	1.2	.	.		30 240	0.05	10.	20.			TO220	33
30-70-00500		TIP 50	N	400.	500	1.	40.	1.	1.		30 150	0.3	10.	10.	200	2000	TO220	33
30-58-00402		BUW 40 B	N	400.	650	1.	40.	1.	1.		20 100	0.3	3.	50.	700	400	TO220	33
30-25-08292		BD 829-10	N	80.	100	1.5	8.	0.5	0.5		63 160	0.15	2.	50.			TO202	84
30-25-08302		BD 830-10	P	80.	100	1.5	8.	0.5	0.5		63 160	0.15	2.	50.			TO202	84
30-04-22380		2SC 2238	N	200.	100	1.5	25.	1.5	0.5		70 240	0.1	5.	100.			TO220	33
30-04-21670		2SC 2167	N	150.		2.	30.	.	.		40	0.7	10.	.			TO220	33
30-02-09570		2SA 957	P	150.		2.	30.	.	.		40	0.7	10.	.			TO220	33
30-04-21680		2SC 2168	N	200.		2.	30.	.	.		40	0.7	10.	.			TO220	33
30-02-09580		2SA 958	P	200.		2.	30.	.	.		40	0.7	10.	.			TO220	33
30-59-00850		BUX 85	N	450.	1000	2.	40.	3.	1.		30	0.1	5.	20.	250	400	TO220	33
30-04-11730		2SC 1173	N	30.	30	3.	10.	0.3	2.		70 240	0.5	2.	100.			TO220	33
30-02-04900		2SA 490	P	40.	50	3.	25.	0.45	.		40 240	0.5	2.	10.			TO220	33
30-05-07620		2SD 762 P	N	60.		3.	30.	.	.			.	.	.			TO220	33
30-04-19830		2SC 1983	N	60.		3.	30.	.	.		500	0.5	4.	.			TO220	33
30-05-08800		2SD 880	N	60.	60	3.	30.	0.25	3.		60 300	0.5	5.	3.	800	800	TO220	33
30-70-00311		TIP 31 A	N	60.	100	3.	40.	2.5	3.		10 50	3.	4.	3.	500	2000	TO220	33
30-04-16780		2SC 1678	N	65.	65	3.	10.	0.5	0.5		15	0.5	5.	100.			TO220	33

3.6. TO202/TO220

ElData code	S	Type	N/P	Uceo V	Ucbo V	Ic A	Ptot W	Uce (sat) V	@ Ic A	D	hFE min.	hFE max.	@ Ic A	Uce V	Ft MHz	tON ns	tOFF ns	Case	no.
30-04-19840		2SC 1984	N	80.		3.	30.	.	.		500		0.5	4.	.			T0220	33
30-70-00312		TIP 31 B	N	80.	120	3.	40.	2.5	3.		10	50	3.	4.	3.	500	2000	T0220	33
30-70-00322		TIP 32 B	P	80.	120	3.	40.	2.5	0.750		10	50	3.	4.	3.	300	1000	T0220	33
30-25-02403		BD 240 C	P	100.	100	3.	30.	0.6	1.		15		1.	4.	3.	200	400	T0220	33
30-70-00313		TIP 31 C	N	100.	140	3.	40.	2.5	3.		10	50	3.	4.	3.	500	2000	T0220	33
30-66-04750		MRF 475	N	18.	48	4.	10.	.	.		30	60	0.5	5.	30.			T0220	33
30-30-00810		BDY 81	N	50.		4.	36.	.	.		40	240	.	.	3.			T0220	33
30-30-00830		BDY 83	P	50.		4.	36.	.	.		40	240	.	.	3.			T0220	33
30-04-18260		2SC 1826	N	60.		4.	30.	.	.		40		1.	4.	.			T0220	33
30-02-07680		2SA 768	P	60.		4.	30.	.	.		40		1.	4.	.			T0220	33
30-05-08370		2SD 837	N	60.		4.	40.						.	.				T0220	33
30-25-05350	*	BD 535	N	60.	60	4.	50.	.	.		25		2.	2.	3.			T0220	33
30-70-01150		TIP 115	P	60.	60	4.	50.	2.5	2.	D	500		2.	4.	.	2600	4500	T0220	33
30-67-30550		RCA 3055	N	60.	100	4.	75.	1.1	4.		20	70	4.	4.	0.8			T0220	33
30-01-52940		2N 5294	N	70.	80	4.	36.	2.	3.6		30	120	0.5	.	0.800	5000	15000	T0220	33
30-04-21660		2SC 2166	N	75.		4.	12.5	.	.		70		.		30.			T0220	33
30-04-18270		2SC 1827	N	80.		4.	30.	.	.		40		1.	4.	.			T0220	33
30-05-05260		2SD 526	N	80.	80	4.	30.	0.45	3.		40	240	0.5	5.	8.			T0220	33
30-70-01160		TIP 116	P	80.	80	4.	50.	2.5	2.	D	500		2.	4.	.	2600	4500	T0220	33
30-05-06860		2SD 686	N	80.	100	4.	30.	1.5	3.	D	2000		1.	2.	.	200	600	T0220	33
30-70-01120		TIP 112	N	100.	100	4.	50.	2.5	2.	D	500		2.	4.	.	2600	4500	T0220	33
30-70-01170		TIP 117	P	100.	100	4.	50.	2.5	2.	D	500		2.	4.	.	2600	4500	T0220	33
30-01-64740		2N 6474	N	120.	130	4.	40.	1.2	1.5		15	150	1.5	4.	4.			T0220	33
30-01-64760		2N 6476	P	120.	130	4.	40.	1.2	1.5		15	150	1.5	4.	5.			T0220	33
30-70-07601		TIPL 760 A	N	420.	1000	4.	80.	5.	4.		20	60	0.5	5.	12.	550	500	T0220	33
30-02-10120		2SA 1012	P	50.	60	5.	25.	0.2	3.		70	240	1.	1.	60.	10	100	T0220	33
30-03-10160		2SB 1016	P	100.	100	5.	30.	2.	4.		40	240	1.	5.	5.			T0220	33
30-05-05250		2SD 525	N	100.	100	5.	40.	2.	4.		40	240	1.	5.	12.			T0220	33
30-70-01220		TIP 122	N	100.	100	5.	65.	4.	5.	D	1000		3.	3.	.	1500	8500	T0220	33
30-70-01270		TIP 127	P	100.	100	5.	65.	4.	5.	D	1000		3.	3.	.	1500	8500	T0220	33
30-70-00323		TIP 32 C	P	100.	140	5.	40.	2.5	0.750		10	50	3.	4.	3.	300	1000	T0220	33
30-04-24910		2SC 2491	N	50.		6.	40.	.	.		300		1.	4.	.	500		T0220	33
30-04-19850		2SC 1985	N	60.		6.	40.	.	.		40		1.	4.	.			T0220	33
30-02-07700		2SA 770	P	60.		6.	40.	.	.		40		1.	4.	.			T0220	33
30-04-23150		2SC 2315	N	60.		6.	50.	.	.		500		0.5	4.	.			T0220	33
30-70-00411		TIP 41 A	N	60.	100	6.	65.	1.5	60.		15	75	3.	4.	3.	600	1000	T0220	33

ElData code	S	Type	N/P	Uceo V	Ucbo V	Ic A	Ptot W	Uce (sat) V	@Ic A	D	hFE min. max.	@Ic A	Uce V	Ft MHz	tON ns	tOFF ns	Case	no.
30-70-00421		TIP 42 A	P	60.	100	6.	65.	1.5	6.		15 75	3.	4.	3.	400	700	TO220	33
30-02-07690		2SA 769	P	80.		6.	30.	.	.		40	1.	4.	.			TO220	33
30-04-19860		2SC 1986	N	80.		6.	40.	.	.		40	1.	4.	.			TO220	33
30-02-07710		2SA 771	P	80.		6.	40.	.	.		40	1.	4.	.			TO220	33
30-04-23160		2SC 2316	N	80.		6.	50.	.	.		500	0.5	4.	.			TO220	33
30-05-07210		2SD 721	N	80.		6.	50.	.	.	D	500	7.	4.	.			TO220	33
30-03-07110		2SB 711	P	80.		6.	50.	.	.	D	500	7.	4.	.			TO220	33
30-70-00422		TIP 42 B	P	80.	120	6.	65.	1.5	60.		15 75	3.	4.	3.	400	700	TO220	33
30-05-07220		2SD 722	N	100.		6.	50.	.	.	D	500	7.	4.	.			TO220	33
30-03-07120		2SB 712	P	100.		6.	50.	.	.	D	500	7.	4.	.			TO220	33
30-70-00413		TIP 41 C	N	100.	140	6.	65.	1.5	6.		15 75	3.	4.	3.	600	1000	TO220	33
30-70-00423		TIP 42 C	P	100.	140	6.	65.	1.5	60.		15 75	3.	4.	3.	400	700	TO220	33
30-05-10310		2SD 1031	N	120.		6.	50.	.	.	D	700	4.	2.2	.			TO220	33
30-70-00415		TIP 41 E	N	140.	180	6.	65.	1.5	6.		15 75	3.	4.	3.	600	1000	TO220	33
30-01-61070		2N 6107	P	70.		7.	40.	2.	6.5		30 150	2.	4.	10.			TO220	33
30-01-61060		2N 6106	P	70.		7.	40.	2.	6.5		30 150	2.	4.	10.			TO220	33
30-01-62930		2N 6293	N	70.	80	7.	40.	2.	6.5		30 150	2.	4.	4.			TO220	33
30-01-62920		2N 6292	N	70.	80	7.	40.	2.	6.5		30 150	2.	4.	4.			TO220	33
30-01-54960		2N 5496	N	70.	90	7.	50.	1.	3.5		20 100	3.5	4.	0.800	5000	15000	TO220	33
30-06-51950		45195	P	80.		7.	40.	0.6	1.5		20 80	1.5	.	2.			TO220	33
30-67-02040	*	RCA 204	N	80.		7.	75.	.	.		30	.	.	.			TO220	33
30-67-01040	*	RCA 104	P	80.		7.	75.	.	.		30	.	.	.			TO220	33
30-04-23340		2SC 2334	N	100.	150	7.	40.	5.	.	3	40 200	5.	0.6	.		500	TO220	33
30-54-04070		BU 407	N	150.	330	7.	60.	1.	5.		12	4.	10.	10.		750	TO220	33
30-54-04080		BU 408	N	200.		7.	60.	.	.		10	.	10.	.		400	TO220	33
30-54-04074		BU 407 D	N	330.	330	7.	60.	1.	5.		12	4.	10.	10.		750	TO220	33
30-04-28100		2SC 2810	N	400.		7.	50.	.	.		.	.	.	.	700		TO220	33
30-54-04064		BU 406 D	N	400.	400	7.	60.	1.	5.		16	1.	1.	10.			TO220	33
30-70-01520		TIP 152	N	400.	400	7.	80.	1.5	2.	D	150	5.	5.	.	160	1500	TO220	33
30-04-23350		2SC 2335	N	400.	500	7.	40.	3.	.	1	20 80	5.	1.	.		1000	TO220	33
30-01-63860		2N 6386	N	40.	40	8.	65.	3.	8.	D	1000 20000	3.	3.	1.	1000	3500	TO220	33
30-01-66660		2N 6666	P	40.	40	8.	65.	2.	3.	D	1000 20000	3.	3.	2.	600	2000	TO220	33
30-69-82040	*	TA 8204	P	40.	40	8.	65.	2.	3.	D	1000 20000	3.	3.	50.			TO220	33
30-25-07960		BD 796	P	45.	45	8.	65.	1.	3.		25 40	1.	2.	3.			TO220	33
30-25-02010	*	BD 201	N	45.	60	8.	60.	1.5	6.		30	3.	2.	7.	1000	4000	TO220	33
30-01-60430		2N 6043	N	60.		8.	75.	.	.	D	1000 10000	4.	.	4.			TO220	33

3.6. TO202/TO220

ElData code	S	Type	N/P	Uceo V	Ucbo V	Ic A	Ptot W	Uce (sat) V	@ Ic A	D	hFE min.	max.	@ Ic A	Uce V	Ft MHz	tON ns	tOFF ns	Case	no.
30-01-60400		2N 6040	P	60.	.	8.	75.	.	.	D	1000	10000	4.	.	4.			T0220	33
30-25-02030		BD 203	N	60.	60	8.	60.	1.5	6.		30		3.	2.	7.	1000	4000	T0220	33
30-25-02670		BD 267	N	60.	60	8.	60.	.	.	D	750		3.	3.	0.100			T0220	33
30-25-02660		BD 266	P	60.	60	8.	60.	.	.	D	750		3.	3.	0.100			T0220	33
30-01-60440		2N 6044	N	80.		8.	75.	.	.	D	1000	10000	4.	.	4.			T0220	33
30-01-60410		2N 6041	P	80.		8.	75.	.	.	D	1000	10000	4.	.	4.			T0220	33
30-70-01310		TIP 131	N	80.	80	8.	70.	3.	6.	D	1000	15000	4.	4.	.			T0220	33
30-01-60420		2N 6042	P	100.		8.	75.	.	.	D	1000	10000	3.	.	4.			T0220	33
30-29-00533		BDX 53 C	N	100.	100	8.	60.	2.	3.	D	750		3.	3.	.			T0220	33
30-29-00543		BDX 54 C	P	100.	100	8.	60.	2.	3.	D	750		3.	3.	.			T0220	33
30-25-06490		BD 649	N	100.	100	8.	62.5	2.	3.	D	750		3.	3.	10.			T0220	33
30-25-06500		BD 650	P	100.	100	8.	62.5	2.	3.	D	750		3.	3.	10.			T0220	33
30-25-02433		BD 243 C	N	100.	100	8.	65.	1.5	6.		15		3.	4.	3.	600	2000	T0220	33
30-25-02443		BD 244 C	P	100.	100	8.	65.	1.5	6.		15		3.	4.	3.	400	700	T0220	33
30-25-08020		BD 802	P	100.	100	8.	65.	1.	3.		30		1.	2.	3.			T0220	33
30-70-01320		TIP 132	N	100.	100	8.	70.	3.	6.	D	1000	15000	4.	4.	.			T0220	33
30-70-01370		TIP 137	P	100.	100	8.	70.	3.	6.	D	1000	15000	4.	4.	.			T0220	33
30-25-02444		BD 244 D	P	120.	120	8.	65.	1.5	6.		15		3.	4.	3.	400	700	T0220	33
30-54-08060		BU 806	N	200.	400	8.	60.	.	.	D	100		.	.		350	750	T0220	33
30-58-00412		BUW 41 B	N	400.	650	8.	100.	1.	5.		10	40	5.	3.	60.	500	400	T0220	33
30-62-13007		MJE 13007	N	400.	700	8.	8.	1.5	5.		6	30	5.	5.	4.	500	150	T0220	33
30-01-63870		2N 6387	N	60.	60	10.	65.	3.	10.	D	1000	20000	5.	3.	1.	1000	3500	T0220	33
30-01-66670		2N 6667	P	60.	60	10.	65.	2.	5.	D	1000	20000	5.	3.	50.			T0220	33
30-69-84870	*	TA 8487	P	60.	60	10.	65.	2.	5.	D	1000	20000	5.	3.	50.			T0220	33
30-26-00910		BDT 91	N	60.	60	10.	90.	3.	10.		5		10.	4.	4.	500	2000	T0220	33
30-01-61010		2N 6101	N	70.	80	10.	75.	2.5	10.		20	80	5.	4.	0.800			T0220	33
30-01-61000		2N 6100	N	70.	80	10.	75.	2.5	10.		20	80	5.	4.	0.800			T0220	33
30-01-66680		2N 6668	P	80.	80	10.	65.	2.	5.	D	100	2000	5.	3.	2.	600	2000	T0220	33
30-01-63880		2N 6388	N	80.	80	10.	65.	3.	10.	D	1000	20000	5.	3.	1.	1000	3500	T0220	33
30-26-00631		BDT 63 A	N	80.	80	10.	90.	2.5	8.	D	1000		3.	3.	0.05	1000	5000	T0220	33
30-29-00333		BDX 33 C	N	100.	100	10.	70.	2.5	3.	D	750		3.	3.	1.	1000	3500	T0220	33
30-29-00343		BDX 34 C	P	100.	100	10.	70.	2.5	3.	D	750		3.	3.	1.	1000	3500	T0220	33
30-25-02020	*	BD 202	P	45.	60	12.	60.	1.5	6.		30		3.	2.	7.	1000	2000	T0220	33
30-25-02040		BD 204	P	60.	60	12.	60.	1.5	6.		30		3.	2.	7.	1000	2000	T0220	33
30-25-06510		BD 651	N	120.	140	12.	62.5	2.	3.	D	750		3.	3.	10.			T0220	33
30-25-06520		BD 652	P	120.	140	12.	62.5	2.	3.	D	750		3.	3.	10.			T0220	33

3.6. TO202/TO220

ElData code	S	Type	N/P	Uceo V	Ucbo V	Ic A	Ptot W	Uce (sat) V	@ Ic A	D	hFE min.	hFE max.	@ Ic A	Uce V	Ft MHz	tON ns	tOFF ns	Case	no.
30-62-13009		MJE 13009	N	400.	700	12.	10.	1.5	8.		6	30	8.	5.	4.	450	200	TO220	33
30-01-64890		2N 6489	P	40.	50	15.	75.	3.5	15.		20	150	5.	4.	5.			TO220	33
30-01-64870		2N 6487	N	60.	70	15.	75.	3.5	15.		20	150	5.	4.	5.			TO220	33
30-01-64880		2N 6488	N	80.	90	15.	75.	3.5	15.		20	150	5.	4.	5.	300	1200	TO220	33
30-01-64910		2N 6491	P	80.	90	15.	75.	3.5	15.		20	150	5.	4.	5.	300	1200	TO220	33
30-25-09110		BD 911	N	100.	100	15.	90.	1.	5.		15	150	5.	4.	3.			TO220	33
30-25-09120		BD 912	P	100.	100	15.	90.	1.	5.		15	150	5.	4.	3.			TO220	33
30-01-61030		2N 6103	N	40.	45	16.	75.	2.3	16.		15	60	8.	4.	0.800			TO220	33

EIData code	S	Type	N/P	Uceo V	Ucbo V	Ic A	Ptot W	Uce (sat) V @ Ic A	D	hFE min. max.	@ Ic A	Uce V	Ft MHz	tON ns	tOFF ns	Case	no.
30-25-02150		BD 215	N	300.	500	0.500	21.5	. .		30 270	0.5	10.	10.			TO66	9
30-09-01550	*	AD 155	P	15.		1.	6.	. .		35 115	0.5	.	0.3			TO66	9
30-09-01650	*	AD 165	N	20.	25	1.	6.	. .		60 185	0.5	1.	2.5			TO66	9
30-09-01640	*	AD 164	P	20.	25	1.	6.	. .		60 185	0.5	1.	2.5			TO66	9
30-01-48980		2N 4898	P	40.	40	1.	25.	0.6 1.		20 100	0.5	1.	3.			TO66	9
30-01-48990		2N 4899	P	60.	60	1.	25.	0.6 1.		60 20	0.5	1.	3.			TO66	9
30-01-49120		2N 4912	N	80.	80	1.	25.	0.6 1.		20 100	0.5	1.	3.			TO66	9
30-01-49000		2N 4900	P	80.	80	1.	25.	0.6 1.		20 100	0.5	1.	3.			TO66	9
30-25-02160		BD 216	N	200.	300	1.	21.5	1. 0.3		40 150	0.1	10.	10.			TO66	9
30-01-50500		2N 5050	N	125.	125	2.	40.	5. 2.		25 100	0.75	5.	10.	300	1200	TO66	9
30-01-62110		2N 6211	P	225.	275	2.	35.	1.4 1.		10 100	1.	2.8	20.			TO66	9
30-01-35840		2N 3584	N	250.	330	2.	35.	0.75 1.		25 100	1.	.	10.			TO66	9
30-01-64210	*	2N 6421	P	250.	375	2.	35.	0.75 1.		25 100	1.	10.	10.	3000	3000	TO66	9
30-06-03130	*	40313	N	300.		2.	35.	. .		40 250	0.1	10.	.			TO66	9
30-59-00672		BUX 67 B	N	300.	350	2.	35.	2.5 1.		10 150	0.2	10.	.	3000	7000	TO66	9
30-59-00662		BUX 66 B	P	300.	350	2.	35.	2.5 1.		10 150	0.2	10.	.	600	3100	TO66	9
30-01-35850	*	2N 3585	N	300.	500	2.	35.	0.75 1.		35 100	1.	10.	10.	4000	3000	TO66	9
30-59-00663		BUX 66 C	P	350.	400	2.	35.	2.5 1.		10 150	0.2	10.	.	600	3100	TO66	9
30-01-62140	*	2N 6214	P	400.	450	2.	35.	2.5 1.		10 100	1.	5.	6.5	600	2500	TO66	9
30-09-01610	*	AD 161	N	20.	32	3.	4.	0.6 1.		50 350	0.5	1.	3.			TO66	9
30-09-61620	*	AD 161/162	NP	20.	32	3.	6.	0.6 3.		50 350	0.5	1.	3.			TO66	9
30-09-01620	*	AD 162	P	20.	32	3.	6.	0.6 1.		50 350	0.5	1.	3.			TO66	9
30-25-01090	*	BD 109	N	40.	60	3.	18.5	0.35 2.		40 250	1.	1.	30.	300	1500	TO66	9
30-01-34410		2N 3441	N	140.	160	3.	25.	6. 2.7		25 100	0.5	4.	0.2			TO66	9
30-01-62640	*	2N 6264	N	150.	170	3.	50.	0.5 1.		20 60	1.	2.	0.200			TO66	9
30-01-37380		2N 3738	N	225.	250	3.	20.	2.5 0.25		40 200	0.1	10.	10.			TO66	9
30-01-37390		2N 3739	N	300.	325	3.	20.	2.5 0.25		40 200	0.1	10.	10.			TO66	9
30-09-01480	*	AD 148	P	26.	32	3.5	13.5	0.2 2.		30 100	1.	1.	0.45			TO66	9
30-06-03240	*	40324	N	35.		4.	29.	. .		20 120	1.	2.	0.75			TO66	9
30-06-03100	*	40310	N	35.		4.	29.	. .		20 120	1.	2.	0.75			TO66	9
30-25-01630	*	BD 163	N	40.	60	4.	23.	0.5 1.5		25 180	0.5	2.	0.65			TO66	9
30-30-00710		BDY 71	N	55.	90	4.	29.	1. 0.5		80 200	0.5	4.	0.800			TO66	9
30-01-60490	*	2N 6049	P	55.	90	4.	75.	2. 4.		25 100	0.2	10.	3.			TO66	9
30-06-03120	*	40312	N	60.		4.	29.	. .		20 120	1.	2.	0.75			TO66	9
30-01-37400		2N 3740	P	60.	60	4.	25.	0.6 1.		30 100	0.25	1.	3.			TO66	9
30-01-37660		2N 3766	N	60.	80	4.	20.	2.5 1.		40 160	0.5	5.	15.			TO66	9

3.7. TO66

ElData code	S	Type	N/P	Uceo V	Ucbo V	Ic A	Ptot W	Uce (sat) V	@ Ic A	D	hFE min.	max.	@ Ic A	Uce V	Ft MHz	tON ns	tOFF ns	Case	no.
30-01-52020	*	2N 5202	N	75.	100	4.	35.	1.2	4.		10	100	4.	.	60.	400	400	TO66	9
30-01-62950		2N 6295	N	80.		4.	50.	.	.	D	750	18000	2.	.	4.			TO66	9
30-01-62970		2N 6297	P	80.		4.	50.	.	.	D	750	18000	2.	.	4.			TO66	9
30-01-37410		2N 3741	P	80.	80	4.	25.	0.6	1.		30	100	0.25	1.	3.			TO66	9
30-01-37670		2N 3767	N	80.	100	4.	20.	2.5	1.		40	160	0.5	5.	15.			TO66	9
30-30-00121		BDY 12-6	N	40.	60	5.	26.	1.	3.		40	250	1.	1.	30.	300	1500	TO66	9
30-30-00123		BDY 12 C	N	40.	60	5.	26.	1.	3.		63	160	1.	1.	30.	300	1500	TO66	9
30-28-00252		BDW 25-10	N	125.	130	5.	26.	1.	3.		63	160	1.	1.	30.	300	1500	TO66	9
30-15-01130	*	AL 113	P	40.	100	6.	10.	0.25	1.5		20	200	0.5	2.	3.			TO66	9
30-04-21980		2SC 2198	N	50.		6.	40.	.	.		300		1.	4.	.	500		TO66	9
30-04-14440		2SC 1444	N	60.		6.	40.	.	.		30		1.	4.	.			TO66	9
30-02-07640		2SA 764	P	60.		6.	40.	.	.		30		1.	4.	.			TO66	9
30-04-16640		2SC 1664	N	60.		6.	40.	.	.		500		1.	4.	.			TO66	9
30-15-01120	*	AL 112	P	60.	130	6.	10.	0.25	1.5		20	200	0.5	2.	3.			TO66	9
30-04-14450		2SC 1445	N	80.		6.	40.	.	.		30		1.	4.	.			TO66	9
30-02-07650		2SA 765	P	80.		6.	40.	.	.		30		1.	4.	.			TO66	9
30-04-16641		2SC 1664 A	N	80.		6.	40.	.	.		500		1.	4.	.			TO66	9
30-01-59540	*	2N 5954	P	80.	90	6.	40.	1.2	.		20	100	0.5	4.	5.	200	1200	TO66	9
30-01-63170		2N 6317	P	60.		7.	90.	.	.		20	100	2.5	.	4.			TO66	9
30-01-38790	*	2N 3879	N	75.	120	7.	35.	1.2	.		12	100	4.	2.	40.	400	400	TO66	9
30-05-04190		2SD 419	N	80.		7.	40.	.	.	D	700		7.	4.	.			TO66	9
30-01-63160		2N 6316	N	80.		7.	90.	.	.		20	100	2.5	.	4.			TO66	9
30-01-63180		2N 6318	P	80.		7.	90.	.	.		20	100	2.5	.	4.			TO66	9
30-05-04200		2SD 420	N	100.		7.	40.	.	.	D	700		7.	4.	.			TO66	9
30-01-54300		2N 5430	N	100.	100	7.	40.	1.2	7.		60	240	2.	2.	30.	100	200	TO66	9
30-05-04210		2SD 421	N	120.		7.	40.	.	.	D	700		7.	4.	.			TO66	9
30-01-60780		2N 6078	N	250.	275	7.	45.	0.5	1.2		12	70	1.2	1.	1.			TO66	9
30-01-63010		2N 6301	N	80.		8.	75.	.	.	D	750	18000	4.	.	4.			TO66	9
30-01-62990		2N 6299	P	80.		8.	75.	.	.	D	750	18000	4.	.	4.			TO66	9
30-01-30541		2N 3054 A	N	4.		75.	75.	.	.		25	100	.	.	3.			TO66	9

3.8. TO218

ElData code	S	Type	N/P	Uceo V	Ucbo V	Ic A	Ptot W	Uce (sat) V	@ Ic A	D	hFE min. max.	@ Ic A	Uce V	Ft MHz	tON ns	tOFF ns	Case	no.
30-70-00540		TIP 54	N	400.	500	3.	100.	1.5	3.		30 150	0.3	10.	2.5	250	5Q00	TO218	74
30-04-26650		2SC 2665	N	80.		4.	55.	.	.		40	1.	4.	.			TO218	74
30-02-11350		2SA 1135	P	80.		4.	55.	.	.		40	1.	4.	.			TO218	74
30-70-07610		TIPL 761	N	375.	800	4.	100.	5.	4.		20 60	0.5	5.	12.	550	500	TO218	74
30-70-07611		TIPL 761 A	N	420.	1000	4.	100.	5.	4.		20 60	0.5	5.	12.	550	500	TO218	74
30-02-11020		2SA 1102	P	80.		6.	60.	.	.		30	2.	4.	.			TO218	74
30-04-25770		2SC 2577	N	80.		6.	60.	.	.		30	2.	4.	.			TO218	74
30-03-06860		2SB 686	P	100.	100	6.	60.	2.	4.		55 160	1.	5.	10.			TO218	74
30-05-07160		2SD 716	N	100.	100	6.	60.	2.	4.		55 160	1.	5.	12.			TO218	74
30-54-04261		BU 426 A	N	400.	900	6.	70.	3.	4.		30	0.6	5.	.	300	150	TO218	74
30-70-07621		TIPL 762 A	N	400.	1000	6.	120.	5.	6.		15 60	0.5	5.	7.	1000	450	TO218	74
30-03-07540		2SB 754	P	50.	50	7.	60.	0.2	4.		70 240	1.	5.	10.			TO218	74
30-05-08440		2SD 844	N	50.	50	7.	60.	0.2	4.		70 240	1.	1.	15.			TO218	74
30-04-25780		2SC 2578	N	100.		7.	70.	.	.		30	3.	4.	.			TO218	74
30-70-00581		TIP 58 A	N	400.	500	7.5.	50.	2.5	10.		10 100	1.	3.	.	130	200	TO218	74
30-04-25790		2SC 2579	N	120.		8.	80.	.	.		30	3.	4.	.			TO218	74
30-02-11040		2SA 1104	P	120.		8.	80.	.	.		30	3.	4.	.			TO218	74
30-03-06880		2SB 688	P	120.	120	8.	80.	2.5	5.		55 160	1.	5.	10.			TO218	74
30-05-07180		2SD 718	N	120.	120	8.	80.	2.5	5.		55 160	1.	5.	12.			TO218	74
30-70-07631		TIPL 763 A	N	400.	1000	8.	120.	5.	8.		15 60	0.5	5.	8.	800	450	TO218	74
30-54-05081		BU 508 A	N	700.	1500	8.	125.	1.	4.5			.	.	7.			TO218	74
30-04-25800		2SC 2580	N	120.		9.	90.	.	.		30	3.	4.	.			TO218	74
30-02-11050		2SA 1105	P	120.		9.	90.	.	.		30	3.	4.	.			TO218	74
30-70-00330		TIP 33	N	40.	80	10.	80.	4.	10.		20 100	3.	4.	3.	600	1000	TO218	74
30-70-00340		TIP 34	P	40.	80	10.	80.	4.	10.		20 100	3.	4.	3.	400	700	TO218	74
30-70-01400		TIP 140	N	60.	60	10.	125.	3.	10.	D	500	10.	4.	.	900	1100	TO218	74
30-70-01450		TIP 145	P	60.	60	10.	125.	3.	10.	D	500	10.	4.	.	900	1100	TO218	74
30-70-00331		TIP 33 A	N	60.	100	10.	80.	4.	10.		20 100	3.	4.	3.	600	1000	TO218	74
30-70-00341		TIP 34 A	P	60.	100	10.	80.	4.	10.		20 100	3.	4.	3.	400	700	TO218	74
30-70-00332		TIP 33 B	N	80.	120	10.	80.	4.	10.		20 100	3.	4.	3.	600	1000	TO218	74
30-70-01420		TIP 142	N	100.	100	10.	125.	3.	10.	D	500	10.	4.	.	900	1100	TO218	74
30-70-01470		TIP 147	P	100.	100	10.	125.	3.	10.	D	500	10.	4.	.	900	1100	TO218	74
30-70-00333		TIP 33 C	N	100.	140	10.	80.	4.	10.		20 100	3.	4.	3.	600	1000	TO218	74
30-70-00343		TIP 34 C	P	100.	140	10.	80.	4.	10.		20 100	3.	4.	3.	400	700	TO218	74
30-04-25810		2SC 2581	N	140.		10.	100.	.	.		30	3.	4.	.			TO218	74
30-02-11060		2SA 1106	P	140.		10.	100.	.	.		30	3.	4.	.			TO218	74

3.8. TO218

ElData code	S	Type	N/P	Uceo V	Ucbo V	Ic A	Ptot W	Uce (sat) V	@ Ic A	D	hFE min. max.	@ Ic A	Uce V	Ft MHz	tON ns	tOFF ns	Case	no.
30-70-00335		TIP 33 E	N	140.	180	10.	80.	4.	10.		20 100	3.	4.	3.	600	1000	TO218	74
30-02-11860		2SA 1186	P	150.		10.	100.	.	.		30	3.	4.	.			TO218	74
30-70-07901		TIPL 790 A	N	150.	200	10.	70.	2.	10.	D	60 500	0.5	5.	10.	160	250	TO218	74
30-70-07851		TIPL 785 A	N	150.	200	10.	80.	2.	10.	D	60 500	0.5	5.	10.	160	250	TO218	74
30-70-01620		TIP 162	N	380.	380	10.	50.	2.4	10.	D	200	4.	2.2	.	1500	2600	TO218	74
30-02-11870		2SA 1187	P	150.		12.	120.	.	.		30	3.	4.	.			TO218	74
30-70-30550		TIP 3055	N	70.	100	15.	90.	3.	10.		20 70	4.	4.	3.	600	1000	TO218	74
30-70-29550		TIP 2955	P	70.	100	15.	90.	3.	10.		20 70	4.	4.	3.	400	700	TO218	74
30-02-11690		2SA 1169	P	200.		15.	150.	.	.		30	5.	4.	.			TO218	74
30-02-11700		2SA 1170	P	200.		17.	200.	.	.		20	8.	4.	.			TO218	74
30-70-00360		TIP 36	P	40.	80	25.	125.	4.	25.		10 50	15.	4.	3.	1100	800	TO218	74
30-25-02501		BD 250 A	N	60.	70	25.	125.	4.	25.		25	1.5	4.	3.	200	500	TO218	74
30-70-00351		TIP 35 A	N	60.	100	25.	125.	4.	25.		10 50	15.	4.	3.	1200	900	TO218	74
30-70-00362		TIP 36 B	P	80.	120	25.	125.	4.	25.		10 50	15.	4.	3.	1100	800	TO218	74
30-25-02503		BD 250 C	N	100.	115	25.	125.	4.	25.		25	1.5	4.	3.	200	500	TO218	74
30-25-02493		BD 249 C	N	100.	115	25.	125.	4.	25.		25	1.5	4.	3.	300	900	TO218	74
30-70-00353		TIP 35 C	N	100.	140	25.	125.	4.	25.		10 50	15.	4.	3.	1200	900	TO218	74
30-70-00363		TIP 36 C	P	100.	140	25.	125.	4.	25.		10 50	15.	4.	3.	1100	800	TO218	74

Data code	S	Type	N/P	Uceo V	Ucbo V	Ic A	Ptot W	Uce (sat) V	@ Ic A	D	hFE min. max.	@ Ic A	Uce V	Ft MHz	tON ns	tOFF ns	Case	no.
30-54-02269		BU 226 S	N	800.		2.	32.	.	.		1.5	.	.	.		700	TO3	10
30-60-00710	*	BUY 71	N	2200.		2.	40.	5.	1.5		1.5	.	.	5.	1000	1500	TO3	10
30-54-02050	*	BU 205	N	700.	1500	2.5	10.	5.	2.		2	2.	5.	7.5		750	TO3	10
30-54-01050	*	BU 105	N	750.	1500	2.5	10.	5.	2.5		10	.	.	7.5		750	TO3	10
30-09-01304	*	AD 130 IV	P	30.	32	3.	30.	0.5	3.		30 60	1.	1.	0.35			TO3	10
30-09-01323	*	AD 132 III	P	60.	80	3.	30.	0.5	3.		20 40	1.	1.	0.35			TO3	10
30-19-00203	*	AUY 20 III	P	60.	80	3.	30.	0.5	3.		20 40	3.	1.	0.35	1000	15000	TO3	10
30-19-00204	*	AUY 20 IV	P	60.	80	3.	30.	0.5	3.		30 60	3.	1.	0.35	10000	15000	TO3	10
30-09-01324	*	AD 132 IV	P	60.	80	3.	30.	05.	3.		30 60	1.	1.	0.35			TO3	10
30-09-01325	*	AD 132 V	P	60.	80	3.	30.	0.5	3.		50 100	1.	1.	0.35			TO3	10
30-09-01632	*	AD 163 II	P	80.	100	3.	30.	0.5	3.		12.5 25	1.	1.	0.350			TO3	10
30-19-00343	*	AUY 34 III	P	80.	100	3.	30.	0.5	3.		20 40	3.	1.	0.35	1000	15000	TO3	10
30-09-01634	*	AD 163 IV	P	80.	100	3.	30.	0.5	3.		30 60	1.	1.	0.35			TO3	10
30-54-01260	*	BU 126	N	300.	750	3.	30.	5.	4.		15 60	1.	5.	8.		1000	TO3	10
30-10-00274	*	ADY 27 IV	P	30.	32	3.5	27.5	0.3	3.		30 60	1.	1.	0.450			TO3	10
30-09-01500	*	AD 150	P	30.	32	3.5	27.5	0.3	3.		30 100	1.	1.	0.45			TO3	10
30-10-00275	*	ADY 27 V	P	30.	32	3.5	27.5	0.3	3.		50 100	1.	1.	0.450			TO3	10
30-54-02090		BU 209	N	800.	1700	4.	12.5	5.	3.		2.2	3.	5.	7.		700	TO3	10
30-01-49010		2N 4901	P	40.	40	5.	87.5	0.4	1.		20 80	1.	2.	4.			TO3	10
30-01-58690		2N 5869	N	60.	60	5.	87.5	2.	5.		20 100	0.25	4.	4.	700	800	TO3	10
30-01-49020		2N 4902	P	60.	60	5.	87.5	0.4	1.		20 80	1.	2.	4.			TO3	10
30-01-49050		2N 4905	P	60.	60	5.	87.5	1.	2.5		25 100	2.5	2.	4.			TO3	10
30-01-49030		2N 4903	P	80.	80	5.	87.5	0.4	1.		20 80	1.	2.	4.			TO3	10
30-01-49060		2N 4906	P	80.	80	5.	87.5	1.	2.5		25 100	2.5	2.	4.			TO3	10
30-04-09400	*	2SC 940	N	90.		5.	50.	.	.		15 120	.	.	10.			TO3	10
30-04-17680		2SC 1768	N	150.		5.	50.	.	.		400	1.	4.	.			TO3	10
30-04-18290		2SC 1829	N	150.		5.	100.	.	.		400	1.	4.	.			TO3	10
30-61-00410	*	MJ 410	N	200.	200	5.	100.	0.8	1.		30 90	1.	5.	2.5			TO3	10
30-59-00161		BUX 16 A	N	250.	325	5.	100.	2.5	2.		15 130	0.4	10.	5.			TO3	10
30-01-58050		2N 5805	N	375.		5.	62.	.	.		10 100	.	.	15.			TO3	10
30-05-08700		2SD 870	N	600.	1500	5.	50.	3.	4.		8 12	1.	5.	3.		500	TO3	10
30-54-02080	*	BU 208	N	700.	700	5.	12.5	5.	4.5		2.25	4.5	5.	1.		700	TO3	10
30-54-01080	*	BU 108	N	750.	1500	5.	12.5	5.	4.5		7	.	.	7.		1000	TO3	10
30-05-06070		2SD 607	N	800.		5.	50.	.	.			.	.	.			TO3	10
30-54-02081	*	BU 208 A	N	1500.	700	5.	12.5	1.	4.5		2.25	4.5	5.	7.		700	TO3	10
30-54-02084	*	BU 208 D	N	1500.	700	5.	12.5	1.	4.5		2.5	4.5	5.	7.		700	TO3	10

3.9. TO3

ElData code	S	Type	N/P	Uceo V	Ucbo V	Ic A	Ptot W	Uce (sat) V	@ Ic A	D	hFE min. max.	@ Ic A	Uce V	Ft MHz	tON ns	tOFF ns	Case	no
30-01-14880	*	2N 1488	N	55.	100	6.	75.	3.	1.5		15 45	1.5	4.	.	1000	1200	TO3	10
30-02-08070		2SA 807	P	60.		6.	50.	.	.		20	3.	4.	.			TO3	10
30-02-16180		2SA 1618	P	60.		6.	50.	.	.		20	3.	4.	.			TO3	10
30-04-16290		2SC 1629	N	70.		6.	50.	.	.		500	1.	4.	.			TO3	10
30-02-16190		2SA 1619	P	80.		6.	50.	.	.		20	3.	4.	.			TO3	10
30-02-08081		2SA 808 A	P	100.		6.	50.	.	.		20	3.	4.	.			TO3	10
30-02-16191		2SA 1619 A	P	100.		6.	50.	.	.		20	3.	4.	.			TO3	10
30-15-01020	*	AL 102	P	130.	130	6.	30.	0.5	5.		40 250	1.	2.	4.			TO3	10
30-54-03120		BU 312	N	150.	280	6.	25.	1.5	5.		10	5.	1.5	25.	300	2300	TO3	10
30-30-00270		BDY 27	N	200.	400	6.	85.	.	.		15 180	2.	4.	10.		500	TO3	10
30-54-01110	*	BU 111	N	300.	500	6.	50.	1.5	3.		5	3.	5.	20.		1000	TO3	10
30-70-07521		TIPL 752 A	N	400.		6.	150.	5.	6.		15 60	0.5	5.	7.	1000	450	TO3	10
30-54-03269		BU 326 S	N	400.	800	6.	60.	3.	4.		10	4.	5.	20.		300	TO3	10
30-59-00820		BUX 82	N	400.	800	6.	75.	3.	4.		30	1.2	5.	12.	400	250	TO3	10
30-54-03261		BU 326 A	N	400.	900	6.	60.	3.	4.		40	0.6	5.	6.		200	TO3	10
30-59-00830		BUX 83	N	450.	1000	6.	75.	1.6	4.		30	1.2	5.	12.	400	250	TO3	10
30-54-05000		BU 500	N	1500.	1500	6.	30.	.	.		3	4.5	.	.		9000	TO3	10
30-01-65120		2N 6512	N	300.	350	7.	120.	1.5	7.		10 50	4.	3.	9.	800	3500	TO3	10
30-67-04230		RCA 423	N	325.	400	7.	125.	0.2	1.		10	2.5	5.	4.	350	150	TO3	10
30-67-04310		RCA 431	N	325.	400	7.	125.	0.25	2.5		15 35	2.5	5.	4.	350	400	TO3	10
30-06-08520	*	40852	N	350.	450	7.	100.	3.	4.		12	1.2	1.				TO3	10
30-01-34460		2N 3446	N	80.	100	7.5	115.	0.6	3.		20 60	3.	5.	10.			TO3	10
30-17-00170	*	ASZ 17	P	32.	60	8.	30.	0.4	10.		25 75	1.	1.	0.220			TO3	10
30-17-00160	*	ASZ 16	P	32.	60	8.	30.	0.4	10.		45 130	1.	1.	0.250			TO3	10
30-17-00180	*	ASZ 18	P	32.	100	8.	30.	0.4	10.		30 110	1.	1.	0.220			TO3	10
30-19-00185	*	AUY 18 V	P	45.	64	8.	11.	0.19	8.		50 100	5.	0.5	0.3			TO3	10
30-61-01000		MJ 1000	N	60.	80	8.	90.	2.	3.	D	1000	3.	3.	1.			TO3	10
30-61-00900		MJ 900	P	60.	80	8.	90.	2.	3.	D	1000	3.	3.	1.			TO3	10
30-17-00150	*	ASZ 15	P	60.	100	8.	30.	0.4	10.		20 55	1.	1.	0.200			TO3	10
30-04-18310		2SC 1831	N	70.		8.	100.	.	.		500	1.	4.	.			TO3	10
30-04-21990		2SC 2199	N	80.		8.	60.	.	.		300	1.	4.	.	500		TO3	10
30-04-14020		2SC 1402	N	80.		8.	70.	.	.		30	3.	4.	.			TO3	10
30-02-07440		2SA 744	P	80.		8.	70.	.	.		30	3.	4.	.			TO3	10
30-67-01010		RCA 1001	N	80.	80	8.	90.	2.	3.	D	750	4.	3.	1.			TO3	10
30-04-14030		2SC 1403	N	100.		8.	70.	.	.		30	3.	4.	.			TO3	10
30-04-22600		2SC 2260	N	100.		8.	80.	.	.		30	3.	4.	.			TO3	10

3.9. TO3

EIData code	S	Type	N/P	Uceo V	Ucbo V	Ic A	Ptot W	Uce (sat) V	@ Ic A	D	hFE min.	max.	@ Ic A	Uce V	Ft MHz	tON ns	tOFF ns	Case	no.
30-02-09800		2SA 980	P	100.		8.	80.	.	.		30		3.	4.	.			T03	10
30-04-14031		2SC 1403 A	N	120.		8.	70.	.	.		30		3.	4.	.			T03	10
30-02-07451		2SA 745 A	P	120.		8.	70.	.	.		30		3.	4.	.			T03	10
30-04-22610		2SC 2261	N	120.		8.	80.	.	.		30		3.	4.	.			T03	10
30-02-09810		2SA 981	P	120.		8.	80.	.	.		30		3.	4.	.			T03	10
30-04-22620		2SC 2262	N	140.		8.	80.	.	.		30		3.	4.	.			T03	10
30-02-09820		2SA 982	P	140.		8.	80.	.	.		30		3.	4.	.			T03	10
30-01-63060		2N 6306	N	250.	500	8.	125.	0.8	3.		15	75	3.	5.	5.	600	4000	T03	10
30-01-63070		2N 6307	N	300.	600	8.	125.	1.	3.		15	75	3.	5.	5.	600	400	T03	10
30-59-00182		BUX 18 B	N	325.	600	8.	120.	2.5	4.		15	100	1.	5.	3.		2600	T03	10
30-59-00280	*	BUX 28	N	350.	350	8.	80.	2.	10.	D	10		7.	1.5	1.			T03	10
30-01-63080		2N 6308	N	350.	700	8.	125.	1.5	3.		12	60	3.	5.	5.	600	400	T03	10
30-60-00790	*	BUY 79	N	350.	750	8.	60.	1.5	5.		4		5.	1.5	15.	1000	700	T03	10
30-59-00183		BUX 18 C	N	375.	750	8.	120.	2.5	4.		15	100	1.	5.	3.		2600	T03	10
30-04-15770		2SC 1577	N	400.		8.	80.	.	.				.	.	.	800		T03	10
30-54-05260		BU 526	N	400.		8.	86.	.	.		15		.	.	10.		1000	T03	10
30-01-65450		2N 6545	N	400.		8.	125.	.	.		7	35	5.	.	6.			T03	10
30-01-66730		2N 6673	N	400.	650	8.	150.	1.	5.		10	40	5.	3.	60.	500	400	T03	10
30-70-07531		TIPL 753 A	N	400.	1000	8.	150.	5.	8.		15	60	0.5	5.	8.	800	450	T03	10
30-04-15780		2SC 1578	N	500.		8.	80.	.	.				.	.	.	1000		T03	10
30-04-15780		2SC 1578	N	500.		8.	80.	.	.				.	.	.	800		T03	10
30-59-00312		BUX 31 B	N	500.	1000	8.	150.	1.	4.		8	40	4.	3.	60.	450	400	T03	10
30-59-00322		BUX 32 B	N	500.	1000	8.	150.	1.3	60.		8	40	6.	3.	60.	450	400	T03	10
30-09-01660		AD 166	P	32.		10.	36.	.	.		40		.	.	0.350			T03	10
30-69-83510	*	TA 8351	P	40.	40	10.	70.	2.	5.	D	1000	2000	5.	3.	50.			T03	10
30-01-66480		2N 6648	P	40.	40	10.	70.	2.	5.	D	1000	2000	5.	3.	50.			T03	10
30-01-63830		2N 6383	N	40.	40	10.	100.	2.	5.	D	1000	20000	5.	3.	1.	1000	3500	T03	10
30-01-66490		2N 6649	P	60.	60	10.	70.	2.	5.	D	1000	20000	5.	3.	2.	600	2000	T03	10
30-01-63840		2N 6384	N	60.	60	10.	100.	2.	5.	D	1000	20000	5.	3.	1.	1000	3500	T03	10
30-01-37890		2N 3789	P	60.	60	10.	150.	1.	4.		25	90	1.	2.	4.			T03	10
30-01-37910		2N 3791	P	60.	60	10.	150.	1.	5.		50	150	1.	2.	4.			T03	10
30-01-37150		2N 3715	N	60.	80	10.	150.	0.8	5.		50	150	1.	2.	5.	450	350	T03	10
30-30-00910	*	BDY 91	N	80.		10.	40.	1.	10.		30	100	5.	5.	70.	350	1500	T03	10
30-04-11150		2SC 1115	N	80.		10.	100.	.	.		30		3.	4.	.			T03	10
30-02-07460		2SA 746	P	80.		10.	100.	.	.		30		3.	4.	.			T03	10
30-09-01420	*	AD 142	P	80.	80	10.	30.	0.3	5.		30	200	1.	2.	0.45			T03	10

3.9. TO3

ElData code	S	Type	N/P	Uceo V	Ucbo V	Ic A	Ptot W	Uce (sat) V	@ Ic A	D	hFE min.	hFE max.	@ Ic A	Uce V	Ft MHz	tON ns	tOFF ns	Case	no.
30-01-66500		2N 6650	P	80.	80	10.	70.	2.	5.	D	1000	20000	5.	3.	2.	600	2000	T03	10
30-01-63850		2N 6385	N	80.	80	10.	100.	2.	5.	D	1000	20000	5.	3.	1.	1000	3500	T03	10
30-01-37900		2N 3790	P	80.	80	10.	150.	1.	4.		25	90	1.	2.	4.			T03	10
30-01-37920		2N 3792	P	80.	80	10.	150.	1.	5.		50	180	1.	2.	4.	350	800	T03	10
30-01-37160		2N 3716	N	80.	100	10.	150.	0.8	5.		50	150	1.	2.	5.	450	350	T03	10
30-01-62480		2N 6248	P	100.	110	10.	125.	3.5	10.		20	100	5.	4.	15.	300	1200	T03	10
30-30-00900		BDY 90	N	100.	120	10.	40.	1.	10.		30	120	5.	5.	70.	350	1500	T03	10
30-04-11160		2SC 1116	N	120.		10.	100.	.	.		30		3.	4.	.			T03	10
30-04-11161		2SC 1116 A	N	140.		10.	100.	.	.		30		3.	4.				T03	10
30-02-07471		2SA 747 A	P	140.		10.	100.	.	.		30		3.	4.	.			T03	10
30-18-01100	*	AU 110	P	140.	140	10.	30.	0.5	5.		20	90	.	.	.		2000	T03	10
30-01-34420		2N 3442	N	140.	160	10.	117.	1.	3.		20	70	3.	4.	0.08			T03	10
30-01-62620		2N 6262	N	150.	170	10.	150.	0.5	3.		20	70	3.	2.	0.800			T03	10
30-18-01030	*	AU 103	P	155.	155	10.	10.	.	.		15		10.	1.	0.500			T03	10
30-18-01070	*	AU 107	P	200.	200	10.	30.	.	.		35	120	0.7	2.	2.			T03	10
30-60-00720	*	BUY 72	N	200.	280	10.	60.	1.5	7.		25	160	2.	1.5	1.5	2000	6000	T03	10
30-18-01130	*	AU 113	P	250.	250	10.	5.	0.8	5.		15	40	2.	1.3	.		1500	T03	10
30-01-62500		2N 6250	N	275.	375	10.	175.	1.5	10.		8	50	1.	10.	2.5	800	2300	T03	10
30-18-01060	*	AU 106	P	320.	320	10.	5.	1.	6.		15	40	2.	1.3	2.	750		T03	10
30-18-01120	*	AU 112	P	320.	320	10.	5.	1.	6.		15	40	2.	1.3	2.		750	T03	10
30-70-06600		TIP 660	N	320.	320	10.	80.	2.9	10.	D	200		4.	2.2	.	1500	2600	T03	10
30-70-06610		TIP 661	N	350.	350	10.	80.	2.9	10.	D	200		4.	2.2	.	1500	2600	T03	10
30-59-00173		BUX 17 C	N	350.	450	10.	150.	3.	8.		15		4.	3.	2.5	2000	4500	T03	10
30-01-62510		2N 6251	N	350.	450	10.	175.	1.5	10.		6	50	10.	3.	2.5	800	500	T03	10
30-70-06620		TIP 662	N	380.	380	10.	80.	2.9	10.	D	200		4.	2.2	.	1500	2600	T03	10
30-54-06261		BU 626 A	N	400.	1000	10.	100.	3.3	8.		10		10.	1.5	6.		1000	T03	10
30-59-00800		BUX 80	N	400.	1000	10.	100.	1.5	5.		30		1.2	5.	6.	350	300	T03	10
30-70-07551		TIPL 755 A	N	420.	1000	10.	180.	5.	10.		15	60	0.5	5.	10.	750	500	T03	10
30-59-00270		BUX 27	N	450.		10.	60.	.	.		7		.	.	20.		1000	T03	10
30-67-87664		RCA 8766 D	N	450.	450	10.	150.	1.5	6.	D	100		6.	3.	10.			T03	10
30-59-00810		BUX 81	N	450.	1000	10.	150.	3.	8.		30		1.2	5.	8.	500	800	T03	10
30-01-65690		2N 6569	N	40.	45	12.	100.	4.	12.		15	200	4.	3.	1.5	1500	1500	T03	10
30-01-60570		2N 6057	N	60.	60	12.	150.	2.	6.	D	750	18000	6.	3.	4.			T03	10
30-01-60500		2N 6050	P	60.	60	12.	150.	2.	6.	D	750	18000	6.	3.	4.			T03	10
30-01-58810		2N 5881	N	60.	60	12.	160.	4.	12.		20	100	6.	4.	4.	700	800	T03	10
30-01-60580		2N 6058	N	80.	80	12.	150.	2.	6.	D	750	18000	6.	3.	4.			T03	10

3.9. TO3

ElData code	S	Type	N/P	Uceo V	Ucbo V	Ic A	Ptot W	Uce(sat) V	@ Ic A	D	hFE min. max.	@ Ic A	Uce V	Ft MHz	tON ns	tOFF ns	Case	no.
30-01-60510		2N 6051	P	80.	80	12.	150.	2.	6.	D	750 18000	6.	3.	4.			T03	10
30-29-00873		BDX 87 C	N	100.	100	12.	120.	2.	6.	D	750 18000	6.	3.	0.200	800	2000	T03	10
30-29-00883		BDX 88 C	P	100.	100	12.	120.	2.	6.	D	750 8000	6.	3.	0.200	800	2000	T03	10
30-01-60590		2N 6059	N	100.	100	12.	150.	2.	6.	D	750 18000	6.	3.	4.			T03	10
30-01-60520		2N 6052	P	100.	100	12.	150.	2.	6.	D	750 18000	6.	3.	4.			T03	10
30-54-04120		BU 412	N	175.		12.	50.	.	.		10	.	.	25.		1000	T03	10
30-59-00332		BUX 33 B	N	500.	1000	12.	150.	1.	8.		6 40	8.	3.	60.	450	400	T03	10
30-09-01333	*	AD 133 III	P	32.	50	15.	36.	0.3	15.		20 40	5.	0.5	0.3			T03	10
30-09-01334	*	AD 133 IV	P	32.	50	15.	36.	0.3	15.		20 40	5.	0.5	0.3			T03	10
30-06-03250	*	40325	N	35.	35	15.	117.	1.5	8.		12 60	8.	4.	0.75			T03	10
30-01-62530		2N 6253	N	45.	55	15.	115.	4.	15.		20 70	3.	4.	0.800			T03	10
30-01-62460		2N 6246	P	60.	70	15.	125.	2.5	15.		20 100	7.	4.	15.	300	1200	T03	10
30-01-30560		2N 3055	N	60.	100	15.	115.	1.1	4.		20 70	4.	4.	800.			T03	10
30-61-29550		MJ 2955	P	60.	100	15.	150.	1.1	4.		20 70	4.	4.	4.			T03	10
30-06-03630	*	40363	N	70.		15.	115.	1.1	4.		20 70	4.	4.	0.700			T03	10
30-28-00522		BDW 52 B	P	80.	80	15.	125.	1.	5.		20 150	5.	4.	3.			T03	10
30-25-01830	*	BD 183	N	80.	85	15.	117.	.	.		20 70	3.	4.	0.800			T03	10
30-01-64720		2N 6472	N	80.	90	15.	125.	3.5	15.		20 150	5.	4.	10.	300	2200	T03	33
30-01-62470		2N 6247	P	80.	90	15.	125.	3.5	15.		20 100	6.	4.	15.	300	1200	T03	10
30-01-62540		2N 6254	N	80.	100	15.	115.	4.	15.		20 70	5.	2.	0.800			T03	10
30-04-15840		2SC 1584	N	100.		15.	150.	.	.		30	5.	4.	.			T03	10
30-02-09070		2SA 907	P	100.		15.	150.	.	.		30	5.	4.	.			T03	10
30-01-64960		2N 6496	N	110.	150	15.	140.	8.	2.		12 100	1.	8.	60.	500	500	T03	10
30-60-00570	*	BUY 57	N	125.	150	15.	117.	1.3	10.		12	10.	1.5	.	1600	1600	T03	10
30-04-14400		2SC 1440	N	150.		15.	100.	.	.			.	.	.	500		T03	10
30-04-15850		2SC 1585	N	150.		15.	150.	.	.		30	5.	4.	.			T03	10
30-54-04130		BU 413	N	175.		15.	60.	.	.		5	.	.	25.		1000	T03	10
30-03-05540	*	2SB 554	P	180.		15.	150.	.	.		40 140	.	.	6.			T03	10
30-04-14410		2SC 1441	N	200.		15.	100.	.	.			.	.	.	500		T03	10
30-04-15860		2SC 1586	N	200.		15.	150.	.	.		30	5.	4.	.			T03	10
30-04-26070		2SC 2607	N	200.		15.	150.	.	.		30	5.	4.	.			T03	10
30-02-09090		2SA 909	P	200.		15.	150.	.	.		30	5.	4.	.			T03	10
30-02-11160		2SA 1116	P	200.		15.	150.	.	.		30	5.	4.	.			T03	10
30-60-00730	*	BUY 73	N	200.	280	15.	117.	1.4	10.		10	12.	1.5	.	1700	1000	T03	10
30-04-14360		2SC 1436	N	230.		15.	100.	.	.			.	.	.	500		T03	10
30-04-15790		2SC 1579	N	400.		15.	150.	.	.			.	.	.	400		T03	10

3.9. TO3

ElData code	S	Type	N/P	Uceo V	Ucbo V	Ic A	Ptot W	Uce (sat) V	@ Ic A	D	hFE min. max.	@ Ic A	Uce V	Ft MHz	tON ns	tOFF ns	Case	no.
30-04-23060		2SC 2306	N	400.		15.	150.	.	.			.	.	.	350		T03	10
30-01-66780		2N 6678	N	400.	650	15.	175.	1.	15.		8	15.	3.	50.	600	500	T03	10
30-01-66750		2N 6675	N	400.	650	15.	175.	1.	10.		8 20	10.	2.	50.	600	500	T03	10
30-01-65470		2N 6547 *	N	400.	850	15.	175.	5.	15.		6 30	10.	2.	6.	1000	700	T03	10
30-70-07571		TIPL 757 A	N	420.		15.	200.	.	.		15 60	.	.	12.			T03	10
30-59-00481		BUX 48 A	N	450.		15.	175.	.	.		5	.	.	10.	1000	800	T03	10
30-54-09320		BU 932	N	450.	500	15.	150.	1.8	8.	D	250	5.	2.		800	1700	T03	10
30-04-15800		2SC 1580	N	500.		15.	150.	.	.			.	.	400			T03	10
30-54-04142		BU 414 B	N	900.		15.	60.				3.5	.	.	15.		700	T03	10
30-29-00672		BDX 67 B	N	100.	100	16.	150.	2.	10.	D	1000	10.	3.	0.050	1000	3500	T03	10
30-29-00662		BDX 66 B	N	100.	100	16.	150.	2.	10.	D	1000	10.	3.	0.060	1000	3500	T03	10
30-01-56290		2N 5629	N	100.	100	16.	200.	2.	16.		25 100	8.	2.	1.			T03	10
30-01-56300		2N 5630	N	120.	120	16.	200.	2.	16.		20 80	8.	2.	1.			T03	10
30-01-60300		2N 6030	P	120.	120	16.	200.	2.	16.		20 80	8.	2.	1.			T03	10
30-01-56310		2N 5631	N	140.	140	16.	200.	2.	16.		15 60	8.	2.	1.			T03	10
30-01-60310		2N 6031	P	140.	140	16.	200.	2.	16.		15 60	8.	2.	1.			T03	10
30-30-00370		BDY 37	N	140.	160	16.	150.	1.4	8.		15 60	8.	4.	0.200			T03	10
30-01-66090		2N 6609	P	140.	160	16.	150.	4.	16.		15 60	8.	4.	2.	400	2000	T03	10
30-01-37730		2N 3773	N	140.	160	16.	150.	1.4	8.		15 60	8.	4.	3.	800	3700	T03	10
30-01-62590		2N 6259	N	150.	170	16.	250.	2.5	1.6		15 60	8.	2.	0.200			T03	10
30-61-15022		MJ 15022	N	200.	350	16.	250.	1.4	8.		15 60	8.	4.	20.			T03	10
30-61-15024		MJ 15024	N	250.	400	16.	250.	1.4	8.		15 60	8.	4.	20.			T03	10
30-04-26080		2SC 2608	N	200.		17.	200.	.	.		20	8.	4.	.			T03	10
30-02-11170		2SA 1117	P	200.		17.	200.	.	.		20	8.	4.	.			T03	10
30-01-62820		2N 6282	N	60.	60	20.	160.	2.	10.	D	750 18000	10.	3.	4.			T03	10
30-01-62850		2N 6285	P	60.	60	20.	160.	2.	10.	D	750 18000	10.	3.	4.			T03	10
30-01-37720		2N 3772	N	60.	100	20.	150.	1.4	8.		15 60	10.	4.	3.			T03	10
30-67-02580	*	RCS 258	N	60.	100	20.	250.	1.4	10.		15 60	10.	4.	0.2			T03	10
30-06-10120	*	41012	N	80.		20.	175.	1.4	10.		20 60	10.	4.	60.			T03	10
30-01-62830		2N 6283	N	80.	80	20.	160.	2.	10.	D	750 18000	10.	3.	4.	3000	3000	T03	10
30-01-62860		2N 6286	P	80.	80	20.	160.	2.	10.	D	750 18000	10.	3.	4.	3000	3000	T03	10
30-01-62580		2N 6258	N	80.	100	20.	250.	4.	20.		20 60	10.	4.	0.200			T03	10
30-01-50380		2N 5038	N	90.	150	20.	140.	25.	20.		50 250	12.	.	60.	500	2000	T03	10
30-01-62840		2N 6284	N	100.	100	20.	160.	2.	10.	D	750 18000	10.	3.	4.	3000	3000	T03	10
30-01-62870		2N 6287	P	100.	100	20.	160.	2.	10.	D	750 18000	10.	3.	4.	3000	3000	T03	10
30-67-91164		RCA 9116 D	P	120.	120	20.	200.	1.	5.		25 150	5.	2.	2.	400	2000	T03	10

3.9. TO3

EIData code	S	Type	N/P	Uceo V	Ucbo V	Ic A	Ptot W	Uce (sat) V	@ Ic A	D	hFE min.	max.	@ Ic A	Uce V	Ft MHz	tON ns	tOFF ns	Case	no.
30-61-11015		MJ 11015	P	120.	120	20.	200.	3.	20.	D	1000		20.	5.	4.			T03	10
30-58-00580	*	BUW 58	N	160.	250	20.	120.	1.5	15.		10		.	.	15.			T03	10
30-59-00111		BUX 11 A	N	190.	250	20.	200.	0.6	8.		10	60	8.	2.	45.			T03	10
30-01-66880		2N 6688	N	200.	300	20.	200.	1.5	20.		20	80	10.	2.	100.	350	250	T03	10
30-70-06630		TIP 663	N	300.	400	20.	150.	3.	20.	D	500	10000	5.	5.	.	220	1300	T03	10
30-70-06640		TIP 664	N	350.	450	20.	150.	3.	20.	D	500	10000	5.	5.	.	220	1300	T03	10
30-54-04152		BU 415 B	N	900.		20.	120.	.	.		4		.	15.			700	T03	10
30-01-58860		2N 5886	N	80.	80	25.	200.	4.	20.		20	100	3.	4.	4.	700	800	T03	10
30-01-58840		2N 5884	P	80.	80	25.	200.	4.	20.		20	100	3.	4.	4.	700	800	T03	10
30-01-63380		2N 6338	N	100.		25.	200.	.	.		30	120	10.	.	40.			T03	10
30-01-63390		2N 6339	N	120.	140	25.	200.	.	.		30	120	10.	.	40.	300		T03	10
30-59-00100		BUX 10	N	125.	160	25.	150.	0.3	10.		20	60	10.	2.	8.	500	850	T03	10
30-30-00580		BDY 58	N	125.	160	25.	175.	0.5	10.		20	60	10.	4.	7.	1000	2000	T03	10
30-01-63400		2N 6340	N	140.		25.	200.	.	.		30	120	10.	.	40.			T03	10
30-01-63410		2N 6341	N	150.		25.	200.	.	.		30	120	10.	.	40.			T03	10
30-01-43980		2N 4398	P	40.		30.	200.	1.	15.		15	60	15.	2.	4.	400	600	T03	10
30-01-53010		2N 5301	N	40.	40	30.	200.	3.	30.		50	60	15.	2.	2.	1000	1000	T03	10
30-01-37710		2N 3771	N	40.	50	30.	150.	2.	15.		15	60	15.	4.	3.			T03	10
30-01-43990		2N 4399	P	60.		30.	200.	1.	15.		15	60	15.	2.	4.	400	600	T03	10
30-01-53020		2N 5302	N	60.	60	30.	200.	3.	30.		50	60	15.	2.	2.	1000	1000	T03	10
30-30-00290		BDY 29	N	75.	100	30.	220.	1.2	15.		15	60	15.	2.	0.200			T03	10
30-01-63270		2N 6327	N	80.	80	30.	200.	3.	30.		6	30	30.	2.	3.	450	900	T03	10
30-06-04110		40411	N	90.		30.	150.	0.8	4.		35	100	4.	4.	0.800			T03	10
30-01-56720	*	2N 5672	N	120.	150	30.	140.	0.75	15.		20	100	15.	2.	50.	500	500	T03	10
30-04-27610		2SC 2761	N	400.		30.	200.	.	.				.	.	.	400		T03	10
30-56-00140		BUS 14	N	400.	850	30.	250.	1.5	20.		5		.	.	.	1000	4000	T03	10
30-01-60330		2N 6033	N	120.	150	40.	140.	1.	40.		10	50	40.	2.	50.	1000	2000	T03	10
30-55-00210		BUR 21	N	200.		40.	250.	0.6	12.		20	60	12.	.	6.		1200	T03	10
30-01-56850		2N 5685	N	60.	60	50.	300.	5.	50.		15	60	25.	2.	2.			T03	10
30-01-56830		2N 5683	P	60.	60	50.	300.	5.	50.		15	60	25.	2.	2.			T03	10
30-01-56860		2N 5686	N	80.	80	50.	300.	5.	50.		15	60	25.	2.	2.			T03	10
30-01-56840		2N 5684	P	80.	80	50.	300.	5.	50.		15	60	25.	2.	2.			T03	10
30-01-60320		2N 6032	N	90.	120	50.	140.	1.3	50.		10	50	50.	26.	50.	1000	2000	T03	10
30-01-62740		2N 6274	N	100.	120	50.	250.	.	.		30	120	20.	.	30.			T03	10
30-61-11016		MJ 11016	N	120.	100	50.	200.	3.	20.	D			20.	5.	4.			T03	10
30-61-11032		MJ 11032	N	120.	120	50.	300.	.	.	D	400		50.	5.	30.		250	T03	10

ElData code	S	Type	N/P	Uceo V	Ucbo V	Ic A	Ptot W	Uce (sat) V	@ Ic A	D	hFE min. max.	@ Ic A	Uce V	Ft MHz	tON ns	tOFF ns	Case	no.
30-61-11033		MJ 11033	P	120.	120	50.	300.	.	.	D	400	50.	5.	30.		250	TO3	10
30-01-62750		2N 6275	N	120.	140	50.	250.	.	.		30 120	20.	4.	30.			TO3	10
30-01-62760		2N 6276	N	140.	160	50.	250.	.	.		30 120	20.	4.	30.			TO3	10
30-01-62770		2N 6277	N	150.	180	50.	250.	.	.		30 120	20.	4.	30.			TO3	10
30-04-14370		2SC 1437	N	230.		50.	200.	.	.			.	.	.	1000		TO3	10
30-04-21470		2SC 2147	N	400.		50.	200.	.	.			.	.	.	300		TO3	10
30-55-00500		BUR 50	N	125.	200	70.	350.	1.	35.		20 100	5.	4.	16.	500	1000	TO3	10
30-01-55750		2N 5575	N	50.	70	80.	300.	2.	60.		10 40	60.	40.	0.400			TO3	10

4
SELECTIONS BY
ELECTRICAL SPECIFICATIONS

4.1. Darlington transistors

ElData code	S	Type	N/P	Uceo V	Ucbo V	Ic A	Ptot W	Uce (sat) V	@ Ic A	D	hFE min.	hFE max.	Ic A	Uce V	Ft MHz	tON ns	tOFF ns	Case	no.
30-01-53080	*	2N 5308	N	40.	40	0.200	0.400	1.4	0.2	D	7000	20000	0.002	5.	60.			TO92	19
30-73-00140		SMBTA 14	N	30.	30	0.300	0.330	1.5	0.1	D	20000		0.1	5.	125.			SOT23	25
30-64-00120		MPSA 13	N	30.	30	0.300	0.500	0.8	0.1	D	5000		0.01	5.	200.			TO92	32
30-64-00660		MPSA 66	P	30.	30	0.300	0.500	0.9	0.1	D	75000		0.01	5.	175.			TO92	32
30-20-05170		BC 517	N	30.	40	0.400	0.625	1.	0.1	D	30000		0.02	2.	220.			TO92	15
30-20-05160		BC 516	P	30.	40	0.400	0.625	1.	0.1	D	30000		0.02	2.	220.			TO92	15
30-21-04700		BCV 47	N	60.	80	0.500	0.360	1.	0.1	D	10000		0.1	5.	170.			SOT23	25
30-21-04600		BCV 46	P	60.	80	0.500	0.360	1.	0.1	D	10000		0.1	5.	200.			SOT23	25
30-21-04900		BCV 49	N	60.	80	0.500	1.	1.	0.1	D	20000		0.1	5.	150.			SOT89	80
30-21-04800		BCV 48	P	60.	80	0.500	1.	1.	0.1	D	20000		0.1	5.	200.			SOT89	80
30-20-08750		BC 875	N	45.	60	1.	0.800	1.3	0.5	D	1000		0.15	10.	200.			TO92	19
30-20-08760		BC 876	P	45.	60	1.	0.800	1.3	0.5	D	1000		0.15	10.	200.			TO92	19
30-25-08750	*	BD 875	N	45.	60	1.	9.	1.8	1.	D	1000		0.15	10.	200.			TO126	16
30-25-08760	*	BD 876	P	45.	60	1.	9.	1.8	1.	D	1000		0.15	10.	200.			TO126	16
30-20-06180		BC 618	N	55.	80	1.	0.625	1.1	0.2	D	10000	50000	0.2	5.	150.			TO92	19
30-20-08770		BC 877	N	60.	80	1.	0.800	1.3	0.5	D	1000		0.15	10.	200.			TO92	19
30-20-08780		BC 878	P	60.	80	1.	0.800	1.3	0.5	D	1000		0.15	10.	200.			TO92	19
30-25-08770	*	BD 877	N	60.	80	1.	9.	1.8	1.	D	1000		0.15	10.	200.			TO126	16
30-25-08780	*	BD 878	P	60.	80	1.	9.	1.8	1.	D	1000		0.15	10.	200.			TO126	16
30-20-08790		BC 879	N	80.	100	1.	0.800	1.3	0.5	D	1000		0.15	10.	200.			TO92	19
30-20-08800		BC 880	P	80.	100	1.	0.800	1.3	0.5	D	1000		0.15	10.	200.			TO92	19
30-25-09790		BD 979	N	80.	100	1.	3.6	1.8	1.	D	1000		0.15	10.	200.			TO202	84
30-25-09800		BD 980	P	80.	100	1.	3.6	1.8	1.	D	1000		0.15	10.	200.			TO202	84
30-25-08790		BD 879	N	80.	100	1.	9.	1.8	1.	D	1000		0.15	10.	200.			TO126	16
30-25-08800		BD 880	P	80.	100	1.	9.	1.8	1.	D	1000		0.15	10.	200.			TO126	16
30-65-00950		MPSU 95	P	40.	50	2.	10.	1.2	1.	D	4000	12000	1.	5.	.			B18	82
30-65-00450		MPSU 45	N	40.	50	2.	10.	1.2	1.	D	40000	12000	1.	5.	.			B18	82
30-05-06140		2SD 614	N	80.		3.	0.8	.	.	D	800		3.	4.	.			TO5	12
30-05-06150		2SD 615	N	120.		3.	0.8	.	.	D	800		3.	4.	.			TO5	12
30-01-60340		2N 6034	P	40.	40	4.	40.	3.	4.	D	750	18000	2.	3.	25.			TO126	16
30-25-06760	*	BD 676	P	45.	45	4.	40.	2.5	1.5	D	750		1.5	3.	1.	300	1500	TO126	16
30-25-06750	*	BD 675	N	45.	45	4.	40.	2.5	1.5	D	750		1.5	3.	7.	800	4500	TO126	16
30-25-06780	*	BD 678	P	60.	60	4.	40.	2.5	1.5	D	750		1.5	3.	1.	300	1500	TO126	16
30-25-06770	*	BD 677	N	60.	60	4.	40.	2.5	1.5	D	750		1.5	3.	7.	800	4500	TO126	16
30-70-01150		TIP 115	P	60.	60	4.	50.	2.5	2.	D	500		2.	4.	.	2600	4500	TO220	33
30-01-60360		2N 6036	P	80.		4.	40.	.	.	D	750	18000	.	.	25.			TO126	16

4.1. Darlington transistors

ElData code	S	Type	N/P	Uceo V	Ucbo V	Ic A	Ptot W	Uce(sat) V	@ Ic A	D	hFE min.	hFE max.	Ic A	Uce V	Ft MHz	tON ns	tOFF ns	Case	no.
30-01-62950		2N 6295	N	80.		4.	50.	.	.	D	750	18000	2.	.	4.			T066	9
30-01-62970		2N 6297	P	80.		4.	50.	.	.	D	750	18000	2.	.	4.			T066	9
30-25-06800		BD 680	P	80.	80	4.	40.	2.5	1.5	D	750		1.5	3.	1.	300	1500	T0126	16
30-25-06790		BD 679	N	80.	80	4.	40.	2.5	1.5	D	750		1.5	3.	7.	800	4500	T0126	16
30-01-60390		2N 6039	N	80.	80	4.	40.	2.	2.	D	750	18000	2.	.	25.			T0126	16
30-70-01160		TIP 116	P	80.	80	4.	50.	2.5	2.	D	500		2.	4.	.	2600	4500	T0220	33
30-05-12230		2SD 1223	N	80.	100	4.0	1.0	.	.	D	1000	2000	.	.	.	200	600	PM1	106
30-03-09080		2SB 908	P	80.	100	4.0	1.0	.	.	D	1000	2000	.	.	.	150	400	PM1	106
30-05-06860		2SD 686	N	80.	100	4.	30.	1.5	3.	D	2000		1.	2.	.	200	600	T0220	33
30-70-01120		TIP 112	N	100.	100	4.	50.	2.5	2.	D	500		2.	4.	.	2600	4500	T0220	33
30-70-01170		TIP 117	P	100.	100	4.	50.	2.5	2.	D	500		2.	4.	.	2600	4500	T0220	33
30-70-01220		TIP 122	N	100.	100	5.	65.	4.	5.	D	1000		3.	3.	.	1500	8500	T0220	33
30-70-01270		TIP 127	P	100.	100	5.	65.	4.	5.	D	1000		3.	3.	.	1500	8500	T0220	33
30-05-07210		2SD 721	N	80.		6.	50.	.	.	D	500		7.	4.	.			T0220	33
30-03-07110		2SB 711	P	80.		6.	50.	.	.	D	500		7.	4.	.			T0220	33
30-05-07220		2SD 722	N	100.		6.	50.	.	.	D	500		7.	4.	.			T0220	33
30-03-07120		2SB 712	P	100.		6.	50.	.	.	D	500		7.	4.	.			T0220	33
30-05-10310		2SD 1031	N	120.		6.	50.	.	.	D	700		4.	2.2	.			T0220	33
30-05-04190		2SD 419	N	80.		7.	40.	.	.	D	700		7.	4.	.			T066	9
30-05-04200		2SD 420	N	100.		7.	40.	.	.	D	700		7.	4.	.			T066	9
30-05-04210		2SD 421	N	120.		7.	40.	.	.	D	700		7.	4.	.			T066	9
30-70-01520		TIP 152	N	400.	400	7.	80.	1.5	2.	D	150		5.	5.	.	160	1500	T0220	33
30-01-63860		2N 6386	N	40.	40	8.	65.	3.	8.	D	1000	20000	3.	3.	1.	1000	3500	T0220	33
30-01-66660		2N 6666	P	40.	40	8.	65.	2.	3.	D	1000	20000	3.	3.	2.	600	2000	T0220	33
30-69-82040	*	TA 8204	P	40.	40	8.	65.	2.	3.	D	1000	20000	3.	3.	50.			T0220	33
30-01-60430		2N 6043	N	60.		8.	75.	.	.	D	1000	10000	4.	.	4.			T0220	33
30-01-60400		2N 6040	P	60.		8.	75.	.	.	D	1000	10000	4.	.	4.			T0220	33
30-25-02670		BD 267	N	60.	60	8.	60.	.	.	D	750		3.	3.	0.100			T0220	33
30-25-02660		BD 266	P	60.	60	8.	60.	.	.	D	750		3.	3.	0.100			T0220	33
30-61-01000		MJ 1000	N	60.	80	8.	90.	2.	3.	D	1000		3.	3.	1.			T03	10
30-61-00900		MJ 900	P	60.	80	8.	90.	2.	3.	D	1000		3.	3.	1.			T03	10
30-01-63010		2N 6301	N	80.		8.	75.	.	.	D	750	18000	4.	.	4.			T066	9
30-01-62990		2N 6299	P	80.		8.	75.	.	.	D	750	18000	4.	.	4.			T066	9
30-01-60440		2N 6044	N	80.		8.	75.	.	.	D	1000	10000	4.	.	4.			T0220	33
30-01-60410		2N 6041	P	80.		8.	75.	.	.	D	1000	10000	4.	.	4.			T0220	33
30-70-01310		TIP 131	N	80.	80	8.	70.	3.	6.	D	1000	15000	4.	4.	.			T0220	33

4.1. Darlington transistors

EIData code	S	Type	N/P	Uceo V	Ucbo V	Ic A	Ptot W	Uce (sat) V	@ Ic A	D	hFE min.	hFE max.	@ Ic A	Uce V	Ft MHz	tON ns	tOFF ns	Case	no.
30-67-10010		RCA 1001	N	80.	80	8.	90.	2.	3.	D	750		4.	3.	1.			T03	10
30-01-60420		2N 6042	P	100.		8.	75.	.	.	D	1000	10000	3.	.	4.			T0220	33
30-29-00533		BDX 53 C	N	100.	100	8.	60.	2.	3.	D	750		3.	3.	.			T0220	33
30-29-00543		BDX 54 C	P	100.	100	8.	60.	2.	3.	D	750		3.	3.	.			T0220	33
30-25-06490		BD 649	N	100.	100	8.	62.5	2.	3.	D	750		3.	3.	10.			T0220	33
30-25-06500		BD 650	P	100.	100	8.	62.5	2.	3.	D	750		3.	3.	10.			T0220	33
30-70-01320		TIP 132	N	100.	100	8.	70.	3.	6.	D	1000	15000	4.	4.	.			T0220	33
30-70-01370		TIP 137	P	100.	100	8.	70.	3.	6.	D	1000	15000	4.	4.	.			T0220	33
30-54-08060		BU 806	N	200.	400	8.	60.	.	.	D	100			.		350	750	T0220	33
30-59-00280	*	BUX 28	N	350.	350	8.	80.	2.	10.	D	100		7.	1.5	1.			T03	10
30-05-06050		2SD 605	N	500.		8.	80.	.	.	D	200		4.	2.				T05	12
30-69-83510	*	TA 8351	P	40.	40	10.	70.	2.	5.	D	1000	2000	5.	3.	50.			T03	10
30-01-66480		2N 6648	P	40.	40	10.	70.	2.	5.	D	1000	2000	5.	3.	50.			T03	10
30-01-63830		2N 6383	N	40.	40	10.	100.	2.	5.	D	1000	20000	5.	3.	1.	1000	3500	T03	10
30-01-63870		2N 6387	N	60.	60	10.	65.	3.	10.	D	1000	20000	5.	3.	1.	1000	3500	T0220	33
30-01-66670		2N 6667	P	60.	60	10.	65.	2.	5.	D	1000	20000	5.	3.	50.			T0220	33
30-69-84870	*	TA 8487	P	60.	60	10.	65.	2.	5.	D	1000	20000	5.	3.	50.			T0220	33
30-01-66490		2N 6649	P	60.	60	10.	70.	2.	5.	D	1000	20000	5.	3.	2.	600	2000	T03	10
30-01-63840		2N 6384	N	60.	60	10.	100.	2.	5.	D	1000	20000	5.	3.	1.	1000	3500	T03	10
30-70-01400		TIP 140	N	60.	60	10.	125.	3.	10.	D	500		10.	4.	.	900	1100	T0218	74
30-70-01450		TIP 145	P	60.	60	10.	125.	3.	10.	D	500		10.	4.	.	900	1100	T0218	74
30-01-66680		2N 6668	P	80.	80	10.	65.	2.	5.	D	100	2000	5.	3.	2.	600	2000	T0220	33
30-01-63880		2N 6388	N	80.	80	10.	65.	3.	10.	D	1000	20000	5.	3.	1.	1000	3500	T0220	33
30-01-66500		2N 6650	P	80.	80	10.	70.	2.	5.	D	1000	20000	5.	3.	2.	600	2000	T03	10
30-26-00631		BDT 63 A	N	80.	80	10.	90.	2.5	8.	D	1000		3.	3.	0.05	1000	5000	T0220	33
30-01-63850		2N 6385	N	80.	80	10.	100.	2.	5.	D	1000	20000	5.	3.	1.	1000	3500	T03	10
30-29-00333		BDX 33 C	N	100.	100	10.	70.	2.5	3.	D	750		3.	3.	1.	1000	3500	T0220	33
30-29-00343		BDX 34 C	P	100.	100	10.	70.	2.5	3.	D	750		3.	3.	1.	1000	3500	T0220	33
30-70-01420		TIP 142	N	100.	100	10.	125.	3.	10.	D	500		10.	4.	.	900	1100	T0218	74
30-70-01470		TIP 147	P	100.	100	10.	125.	3.	10.	D	500		10.	4.	.	900	1100	T0218	74
30-70-07901		TIPL 790 A	N	150.	200	10.	70.	2.	10.	D	60	500	0.5	5.	10.	160	250	T0218	74
30-70-07851		TIPL 785 A	N	150.	200	10.	80.	2.	10.	D	60	500	0.5	5.	10.	160	250	T0218	74
30-70-06600		TIP 660	N	320.	320	10.	80.	2.9	10.	D	200		4.	2.2	.	1500	2600	T03	10
30-70-06610		TIP 661	N	350.	350	10.	80.	2.9	10.	D	200		4.	2.2	.	1500	2600	T03	10
30-70-01620		TIP 162	N	380.	380	10.	50.	2.4	10.	D	200		4.	2.2	.	1500	2600	T0218	74
30-70-06620		TIP 662	N	380.	380	10.	80.	2.9	10.	D	200		4.	2.2	.	1500	2600	T03	10

4.1. Darlington transistors

ElData code	S	Type	N/P	Uceo V	Ucbo V	Ic A	Ptot W	Uce (sat) V	@ Ic A	D	hFE min.	max.	@ Ic A	Uce V	Ft MHz	tON ns	tOFF ns	Case	no.
30-67-87664		RCA 8766 D	N	450.	450	10.	150.	1.5	6.	D	100		6.	3.	10.			TO3	10
30-27-00640		BDV 64	P	60.	60	12.	125.	2.	5.	D	1000		5.	4.	0.100	500	2000	SOT93	74
30-01-60570		2N 6057	N	60.	60	12.	150.	2.	6.	D	750	18000	6.	3.	4.			TO3	10
30-01-60500		2N 6050	P	60.	60	12.	150.	2.	6.	D	750	18000	6.	3.	4.			TO3	10
30-01-60580		2N 6058	N	80.	80	12.	150.	2.	6.	D	750	18000	6.	3.	4.			TO3	10
30-01-60510		2N 6051	P	80.	80	12.	150.	2.	6.	D	750	18000	6.	3.	4.			TO3	10
30-29-00873		BDX 87 C	N	100.	100	12.	120.	2.	6.	D	750	18000	6.	3.	0.200	800	2000	TO3	10
30-29-00883		BDX 88 C	P	100.	100	12.	120.	2.	6.	D	750	8000	6.	3.	0.200	800	2000	TO3	10
30-27-00652		BDV 65 B	N	100.	100	12.	125.	2.	5.	D	1000		5.	4.	0.070	1000	6000	SOT93	74
30-27-00642		BDV 64 B	P	100.	100	12.	125.	2.	5.	D	1000		5.	4.	0.100	500	2000	SOT93	74
30-01-60590		2N 6059	N	100.	100	12.	150.	2.	6.	D	750	18000	6.	3.	4.			TO3	10
30-01-60520		2N 6052	P	100.	100	12.	150.	2.	6.	D	750	18000	6.	3.	4.			TO3	10
30-25-06510		BD 651	N	120.	140	12.	62.5	2.	3.	D	750		3.	3.	10.			TO220	33
30-25-06520		BD 652	P	120.	140	12.	62.5	2.	3.	D	750		3.	3.	10.			TO220	33
30-28-00842		BDW 84 B	P	80.	80	15.	150.	4.	15.	D	750	20000	6.	3.	.	900	7000	SOT93	74
30-04-18300		2SC 1830	N	140.		15.	150.	.	.	D	500		8.	2.	.			TO5	12
30-04-18320		2SC 1832	N	400.		15.	150.	.	.	D	100		10.	2.	.			TO5	12
30-54-09320		BU 932	N	450.	500	15.	150.	1.8	8.	D	250		5.	2.	.	800	1700	TO3	10
30-29-00672		BDX 67 B	N	100.	100	16.	150.	2.	10.	D	1000		10.	3.	0.050	1000	3500	TO3	10
30-29-00662		BDX 66 B	P	100.	100	16.	150.	2.	10.	D	1000		10.	3.	0.060	1000	3500	TO3	10
30-01-62820		2N 6282	N	60.	60	20.	160.	2.	10.	D	750	18000	10.	3.	4.			TO3	10
30-01-62850		2N 6285	P	60.	60	20.	160.	2.	10.	D	750	18000	10.	3.	4.			TO3	10
30-01-62830		2N 6283	N	80.	80	20.	160.	2.	10.	D	750	18000	10.	3.	4.	3000	3000	TO3	10
30-01-62860		2N 6286	P	80.	80	20.	160.	2.	10.	D	750	18000	10.	3.	4.	3000	3000	TO3	10
30-01-62840		2N 6284	N	100.	100	20.	160.	2.	10.	D	750	18000	10.	3.	4.	3000	3000	TO3	10
30-01-62870		2N 6287	P	100.	100	20.	160.	2.	10.	D	750	18000	10.	3.	4.	3000	3000	TO3	10
30-61-11015		MJ 11015	P	120.	120	20.	200.	3.	20.	D	1000		20.	5.	4.			TO3	10
30-70-06630		TIP 663	N	300.	400	20.	150.	3.	20.	D	500	10000	5.	5.	.	220	1300	TO3	10
30-70-06640		TIP 664	N	350.	450	20.	150.	3.	20.	D	500	10000	5.	5.	.	220	1300	TO3	10
30-61-11016		MJ 11016	N	120.	100	50.	200.	3.	20.	D			20.	5.	4.			TO3	10
30-61-11032		MJ 11032	N	120.	120	50.	300.	.	.	D	400		50.	5.	30.		250	TO3	10
30-61-11033		MJ 11033	P	120.	120	50.	300.	.	.	D	400		50.	5.	30.		250	TO3	10

4.2. Voltage (from 300 V upwards)

ElData code	S	Type	N/P	Uceo V	Ucbo V	Ic A	Ptot W	Uce (sat) V	@ Ic A	D	hFE @ min. max.	Ic A	Uce V	Ft MHz	tON ns	tOFF ns	Case	no.
30-54-04070		BU 407	N	150.	330	7.	60.	1.	5.		12	4.	10.	10.		750	TO220	33
30-25-02160		BD 216	N	200.	300	1.	21.5	1.	0.3		40 150	0.1	10.	10.			TO66	9
30-01-66880		2N 6688	N	200.	300	20.	200.	1.5	20.		20 80	10.	2.	100.	350	250	TO3	10
30-61-15022		MJ 15022	N	200.	350	16.	250.	1.4	8.		15 60	8.	4.	20.			TO3	10
30-54-08060		BU 806	N	200.	400	8.	60.	.	.	D	100	.	.	.	350	750	TO220	33
30-30-00270		BDY 27	N	200.	400	6.	85.	.	.		15 180	2.	4.	10.		500	TO3	10
30-37-00283	*	BFT 28 C	P	250.	300	1.	5.	5.	0.01		20	0.01	10.	25.			TO5	12
30-01-34400		2N 3440	N	250.	300	1.	10.	0.5	0.05		40 160	0.02	10.	15.	650	600	TO5	12
30-59-00161		BUX 16 A	N	250.	325	5.	100.	2.5	2.		15 130	0.4	10.	5.			TO3	10
30-01-35840		2N 3584	N	250.	330	2.	35.	0.75	1.		25 100	1.	.	10.			TO66	9
30-01-64210	*	2N 6421	P	250.	375	2.	35.	0.75	1.		25 100	1.	10.	10.	3000	3000	TO66	9
30-61-15024		MJ 15024	N	250.	400	16.	250.	1.4	8.		15 60	8.	4.	20.			TO3	10
30-01-63060		2N 6306	N	250.	500	8.	125.	0.8	3.		15 75	3.	5.	5.	600	4000	TO3	10
30-01-62500		2N 6250	N	275.	375	10.	175.	1.5	10.		8 50	1.	10.	2.5	800	2300	TO3	10
30-01-65190		2N 6519	P	300.		0.5	.	0.3	.		45	0.03	.	40.			TO92	32
30-31-06170		BF 617	N	300.		0.300	2.	.	.		30	.	.	70.			TO202	84
30-31-07170		BF 717	N	300.		0.100	6.25	.	.		30	.	.	60.			TO202	84
30-31-07910		BF 791	P	300.		0.100	10.	.	.		50	.	.	.			TO202	84
30-62-00340		MJE 340	N	300.		0.500	20.	.	.		30 240	0.05	10.	10.			TO126	16
30-62-00350		MJE 350	P	300.		0.500	20.	.	.		30 240	0.05	10.	10.			TO126	16
30-06-03130	*	40313	N	300.		2.	35.	.	.		40 250	0.1	10.	.			TO66	9
30-32-00260		BFN 26	N	300.	300	0.200	0.360	0.5	0.020		30	0.03	30.	70.			SOT23	25
30-32-00270		BFN 27	P	300.	300	0.200	0.360	0.5	0.020		30	0.03	30.	100.			SOT23	25
30-73-00420		SMBTA 42	N	300.	300	0.500	0.360	0.5	0.02		40	0.03	10.	50.			SOT23	25
30-73-00920		SMBTA 92	P	300.	300	0.500	0.360	0.5	0.02		40	0.03	10.	50.			SOT23	25
30-31-02990	*	BF 299	N	300.	300	0.100	0.625	.	.		30 150	0.03	.	95.			TO92	15
30-31-04210	*	BF 421	P	300.	300	0.025	0.830	20.	0.025		40	0.025	20.	60.			TO92	14
30-32-00190		BFN 19	P	300.	300	0.2	1.	.	.		40	.	.	100.			SOT89	80
30-64-00920		MPSA 92	P	300.	300	0.500	1.5	0.5	0.02		25	0.03	10.	50.			TO92	32
30-64-00420		MPSA 42	N	300.	300	0.500	1.5	0.5	0.02		40	0.03	10.	50.			TO92	32
30-31-08710		BF 871	N	300.	300	0.030	1.6	20.	0.025		40	0.025	20.	60.			TO202	84
30-31-08720		BF 872	P	300.	300	0.030	1.6	20.	0.025		40	0.025	20.	60.			TO202	84
30-31-08590		BF 859	N	300.	300	0.100	1.8	1.	0.03		25	0.03	10.	90.			TO202	84
30-31-04710		BF 471	N	300.	300	0.030	2.	20.	0.025		40	0.025	20.	60.			TO126	16
30-31-04720		BF 472	P	300.	300	0.030	2.	20.	0.025		40	0.025	20.	60.			TO126	16
30-32-00200		BFN 20	N	300.	300	0.200	2.	0.5	0.010		40	0.25	20.	60.			SOT89	80

4.2. Voltage (from 300 V upwards)

ElData code	S	Type	N/P	Uceo V	Ucbo V	Ic A	Ptot W	Uce (sat) V	@ Ic A	D	hFE min.	hFE max.	@ Ic A	Uce V	Ft MHz	tON ns	tOFF ns	Case	no.
30-32-00180		BFN 18	N	300.	300	0.200	2.	0.5	0.020		40		0.01	10.	60.			SOT89	80
30-32-00210		BFN 21	P	300.	300	0.20	2.	0.5	0.010		40		0.025	20.	60.			SOT89	10
30-31-02590		BF 259	N	300.	300	0.100	5.	1.	0.03		25		0.03	10.	110.			TO5	14
30-31-04590		BF 459	N	300.	300	0.100	10.	1.	0.03		25		0.03	10.	90.			TO126	16
30-65-00600		MPSU 60	P	300.	300	0.500	10.	0.70	0.02		25		0.01	110.	60.			B18	82
30-65-00100		MPSU 10	N	300.	300	1.	10.	1.5	0.02		40		0.01	15.	60.			B18	82
30-04-15050		2SC 1505	N	300.	300	0.2	15.	2.	0.05		40 200		0.01	10.	80.			TO220	33
30-01-37390		2N 3739	N	300.	325	3.	20.	2.5	0.25		40 200		0.1	10.	10.			TO66	9
30-49-01600		BST 16	P	300.	350	1.	1.	2.	0.05		30 120		0.05	10.	15.			SOT89	80
30-01-54160		2N 5416	P	300.	350	1.	10.	2.	0.05		30 120		0.05	10.	50.			TO5	12
30-59-00672		BUX 67 B	N	300.	350	2.	35.	2.5	1.		10 150		0.2	10.	.	3000	7000	TO66	9
30-59-00662		BUX 66 B	P	300.	350	2.	35.	2.5	1.		10 150		0.2	10.	.	600	3100	TO66	9
30-01-65120		2N 6512	N	300.	350	7.	120.	1.5	7.		10 50		4.	3.	9.	800	3500	TO3	10
30-70-06630		TIP 663	N	300.	400	20.	150.	3.	20.	D	500 10000		5.	5.	.	220	1300	TO3	10
30-06-08540	*	40854	N	300.	450	15.	175.	3.	10.		8	10.	4.		.			103	10
30-25-02320		BD 232	N	300.	500	0.25	15.	1.	0.15		20		0.15	5.	20.			TO126	16
30-25-02150		BD 215	N	300.	500	0.500	21.5	.	.		30 270		0.5	10.	10.			TO66	9
30-01-35850	*	2N 3585	N	300.	500	2.	35.	0.75	1.		35 100		1.	10.	10.	4000	3000	TO66	9
30-54-01110	*	BU 111	N	300.	500	6.	50.	1.5	3.		5		3.	5.	20.		1000	TO3	10
30-01-63070		2N 6307	N	300.	600	8.	125.	1.	3.		15 75		3.	5.	5.	600	400	TO3	10
30-54-01260	*	BU 126	N	300.	750	3.	30.	5.	4.		15 60		1.	5.	8.		1000	TO3	10
30-18-01060		AU 106	P	320.	320	10.	5.	1.	6.		15 40		2.	1.3	2.	750		TO3	10
30-18-01120		AU 112	P	320.	320	10.	5.	1.	6.		15 40		2.	1.3	2.		750	TO3	10
30-70-06600		TIP 660	N	320.	320	10.	80.	2.9	10.	D	200		4.	2.2	.	1500	2600	TO3	10
30-67-04230		RCA 423	N	325.	400	7.	125.	0.2	1.		10		2.5	5.	4.	350	150	TO3	10
30-67-04310		RCA 431	N	325.	400	7.	125.	0.25	2.5		15 35		2.5	5.	4.	350	400	TO3	10
30-25-04100		BD 410	N	325.	500	1.	1.2	.	.		30 240		0.05	10.	20.			TO220	33
30-59-00182		BUX 18 B	N	325.	600	8.	120.	2.5	4.		15 100		1.	5.	3.		2600	TO3	10
30-54-04074		BU 407 D	N	330.	330	7.	60.	1.	5.		12		4.	10.	10.		750	TO220	33
30-01-65200		2N 6520	P	350.		0.5	.	0.3	0.01		30 40		0.03	.	.			TO92	32
30-01-65170		2N 6517	N	350.		0.5	.	0.01	.		30		.	0.3	40.			TO92	32
30-59-00280	*	BUX 28	N	350.	350	8.	80.	2.	10.	D	10		7.	1.5	1.			TO3	10
30-70-06610		TIP 661	N	350.	350	10.	80.	2.9	10.	D	200		4.	2.2	.	1500	2600	TO3	10
30-59-00663		BUX 66 C	P	350.	400	2.	35.	2.5	1.		10 150		0.2	10.	.	600	3100	TO66	9
30-01-34390		2N 3439	N	350.	450	1.	10.	0.5	0.05		40 160		0.02	10.	15.	650	600	TO5	12
30-62-34390		MJE 3439	N	350.	450	0.300	15.	.	.		30		0.020	10.	15.			TO126	16

4.2. Voltage (from 300 V upwards)

ElData code	S	Type	N/P	Uceo V	Ucbo V	Ic A	Ptot W	Uce (sat) V	@ Ic A	D	hFE min.	hFE max.	Ic A	Uce V	Ft MHz	tON ns	tOFF ns	Case	no.
30-01-61770	*	2N 6177	N	350.	450	1.	20.	0.5	0.05		30	150	0.05	10.	21.			B24	34
30-06-08520	*	40852	N	350.	450	7.	100.	3.	4.		12		1.2	1.	.			T03	10
30-59-00173		BUX 17 C	N	350.	450	10.	150.	3.	8.		15		4.	3.	2.5	2000	4500	T03	10
30-70-06640		TIP 664	N	350.	450	20.	150.	3.	20.	D	500	10000	5.	5.	.	220	1300	T03	10
30-01-62510		2N 6251	N	350.	450	10.	175.	1.5	10.		6	50	10.	3.	2.5	800	500	T03	10
30-01-63080		2N 6308	N	350.	700	8.	125.	1.5	3.		12	60	3.	5.	5.	600	400	T03	10
30-60-00790	*	BUY 79	N	350.	750	8.	60.	1.5	5.		4		5.	1.5	15.	1000	700	T03	10
30-01-58050		2N 5805	N	375.		5.	62.	.	.		10	100	.	.	15.			T03	10
30-59-00183		BUX 18 C	N	375.	750	8.	120.	2.5	4.		15	100	1.	5.	3.		2600	T03	10
30-70-07610		TIPL 761	N	375.	800	4.	100.	5.	4.		20	60	0.5	5.	12.	550	500	T0218	74
30-70-01620		TIP 162	N	380.	380	10.	50.	2.4	10.	D	200		4.	2.2	.	1500	2600	T0218	74
30-70-06620		TIP 662	N	380.	380	10.	80.	2.9	10.	D	200		4.	2.2	.	1500	2600	T03	10
30-05-05930		2SD 593	N	400.		0.3	0.8	.	.		30		0.05	4.	.			T05	12
30-03-06220		2SB 622	P	400.		0.3	0.8	.	.		30		0.05	4.	.			T05	12
30-04-28100		2SC 2810	N	400.		7.	50.	.	.				.	.	700			T0220	33
30-04-15770		2SC 1577	N	400.		8.	80.	.	.				.	.	800			T03	10
30-54-05260		BU 526	N	400.		8.	86.	.	.		15		.	.	10.		1000	T03	10
30-01-65450		2N 6545	N	400.		8.	125.	.	.		7	35	5.		6.			T03	10
30-70-07521		TIPL 752 A	N	400.		6.	150.	5.	6.		15	60	0.5	5.	7.	1000	450	T03	10
30-04-15790		2SC 1579	N	400.		15.	150.	.	.				.	.	400			T03	10
30-04-23060		2SC 2306	N	400.		15.	150.	.	.				.	.	350			T03	10
30-04-18320		2SC 1832	N	400.		15.	150.	.	.	D	100		10.	2.	.			T05	12
30-04-27610		2SC 2761	N	400.		30.	200.	.	.				.	.	400			T03	10
30-04-21470		2SC 2147	N	400.		50.	200.	.	.				.	.	300			T03	10
30-54-04064		BU 406 D	N	400.	400	7.	60.	1.	5.		16		1.	1.	10.			T0220	33
30-70-01520		TIP 152	N	400.	400	7.	80.	1.5	2.	D	150		5.	5.	.	160	1500	T0220	33
30-01-62140	*	2N 6214	P	400.	450	2.	35.	2.5	1.		10	100	1.	5.	6.5	600	2500	T066	9
30-04-30750		2SC 3075	N	400.	500	0.8	1.0	.	.		20	100	.	.	.	1000	1500	PM1	106
30-70-00500		TIP 50	N	400.	500	1.	40.	1.	1.		30	150	0.3	10.	10.	200	2000	T0220	33
30-04-23350		2SC 2335	N	400.	500	7.	40.	3.	.	1	20	80	5.	1.	.		1000	T0220	33
30-70-00581		TIP 58 A	N	400.	500	7.5	50.	2.5	10.		10	100	1.	3.	.	130	200	T0218	74
30-70-00540		TIP 54	N	400.	500	3.	100.	1.5	3.		30	150	0.3	10.	2.5	250	5000	T0218	74
30-58-00402		BUW 40 B	N	400.	650	1.	40.	1.	1.		20	100	0.3	3.	50.	700	400	T0220	33
30-58-00412		BUW 41 B	N	400.	650	8.	100.	1.	5.		10	40	5.	3.	60.	500	400	T0220	33
30-01-66730		2N 6673	N	400.	650	8.	150.	1.	5.		10	40	5.	3.	60.	500	400	T03	10
30-01-66780		2N 6678	N	400.	650	15.	175.	1.	15.		8		15.	3.	50.	600	500	T03	10

4.2. Voltage (from 300 V upwards)

ElData code	S	Type	N/P	Uceo V	Ucbo V	Ic A	Ptot W	Uce (sat) V	@ Ic A	D	hFE min.	hFE max.	Ic A	Uce V	Ft MHz	tON ns	tOFF ns	Case	no.
30-01-66750		2N 6675	N	400.	650	15.	175.	1.	10.		8	20	10.		2.	50.	600	500	T03	10
30-62-13007		MJE 13007	N	400.	700	8.	8.	1.5	5.		6	30	5.		5.	4.	500	150	T0220	33
30-62-13009		MJE 13009	N	400.	700	12.	10.	1.5	8.		6	30	8.		5.	4.	450	200	T0220	33
30-59-00860		BUX 86	N	400.	800	0.500	20.	3.	0.2		50		0.05	5.2	20.	250	400	T0126	16
30-58-00840		BUW 84	N	400.	800	2.	50.	1.	1.		50		0.1	50.	20.	200	2400	T0126	79
30-54-03269		BU 326 S	N	400.	800	6.	60.	3.	4.		10		4.	5.	20.		300	T03	10
30-59-00820		BUX 82	N	400.	800	6.	75.	3.	4.		30		1.2	5.	12.	400	250	T03	10
30-01-65470		2N 6547	N	400.	850	15.	175.	5.	15.		6	30	10.		2.	6.	1000	700	T03	10
30-56-00140		BUS 14	N	400.	850	30.	250.	1.5	20.		5		.		.	.	1000	4000	T03	10
30-54-03261		BU 326 A	N	400.	900	6.	60.	3.	4.		40		0.6	5.	6.		200	T03	10
30-54-04261		BU 426 A	N	400.	900	6.	70.	3.	4.		30		0.6	5.	.	300	150	T0218	74
30-54-06261		BU 626 A	N	400.	1000	10.	100.	3.3	8.		10		10.	1.5	6.		1000	T03	10
30-59-00800		BUX 80	N	400.	1000	10.	100.	1.5	5.		30		1.2	5.	6.	350	300	T03	10
30-70-07621		TIPL 762 A	N	400.	1000	6.	120.	5.	6.		15	60	0.5	5.	7.	1000	450	T0218	74
30-70-07631		TIPL 763 A	N	400.	1000	8.	120.	5.	8.		15	60	0.5	5.	8.	800	450	T0218	74
30-70-07531		TIPL 753 A	N	400.	1000	8.	150.	5.	8.		15	60	0.5	5.	8.	800	450	T03	10
30-70-07571		TIPL 757 A	N	420.		15.	200.	.	.		15	60	.		.	12.			T03	10
30-70-07601		TIPL 760 A	N	420.	1000	4.	80.	5.	4.		20	60	0.5	5.	12.	550	500	T0220	33
30-70-07611		TIPL 761 A	N	420.	1000	4.	100.	5.	4.		20	60	0.5	5.	12.	550	500	T0218	74
30-70-07551		TIPL 755 A	N	420.	1000	10.	180.	5.	10.		15	60	0.5	5.	10.	750	500	T03	10
30-59-00270		BUX 27	N	450.		10.	60.	.	.		7		.		.	20.		1000	T03	10
30-59-00481		BUX 48 A	N	450.		15.	175.	.	.		5		.		.	10.	1000	800	T03	10
30-67-87664		RCA 8766 D		450.	450	10.	150.	1.5	6.	D	100		6.	3.	10.			T03	10
30-54-09320		BU 932	N	450.	500	15.	150.	1.8	8.	D	250		5.	2.	.	800	1700	T03	10
30-59-00850		BUX 85	N	450.	1000	2.	40.	3.	1.		30		0.1	5.	20.	250	400	T0220	33
30-59-00830		BUX 83	N	450.	1000	6.	75.	1.6	4.		30		1.2	5.	12.	400	250	T03	10
30-59-00810		BUX 81	N	450.	1000	10.	150.	3.	8.		30		1.2	5.	8.	500	800	T03	10
30-58-00131		BUW 13 A	N	450.	1000	15.	175.	1.5	10.		3	30	.		.	.	1000	800	SOT93	74
30-04-15780		2SC 1578	N	500.		8.	80.	.	.				.		.	.	1000		T03	10
30-04-15780		2SC 1578	N	500.		8.	80.	.	.				.		.	.	800		T03	10
30-05-06050		2SD 605	N	500.		8.	80.	.	.	D	200		4.	2.	.			T05	12
30-04-15800		2SC 1580	N	500.		15.	150.	.	.				.		.	.	400		T03	10
30-59-00312		BUX 31 B	N	500.	1000	8.	150.	1.	4.		8	40	4.	3.	60.	450	400	T03	10
30-59-00322		BUX 32 B	N	500.	1000	8.	150.	1.3	60.		8	40	6.	3.	60.	450	400	T03	10
30-59-00332		BUX 33 B	N	500.	1000	12.	150.	1.	8.		6	40	8.	3.	60.	450	400	T03	10
30-05-08700		2SD 870	N	600.	1500	5.	50.	3.	4.		8	12	1.	5.	3.		500	T03	10

119

4.2. Voltage (from 300 V upwards)

ElData code	S	Type	N/P	Uceo V	Ucbo V	Ic A	Ptot W	Uce (sat) V	@ Ic A	D	hFE @ min.	max.	Ic A	Uce V	Ft MHz	tON ns	tOFF ns	Case	no.
30-54-02080	*	BU 208	N	700.	700	5.	12.5	5.	4.5		2.25		4.5	5.	1.		700	T03	10
30-54-02050	*	BU 205	N	700.	1500	2.5	10.	5.	2.		2		2.	5.	7.5		750	T03	10
30-54-05081		BU 508 A	N	700.	1500	8.	125.	1.	4.5				.	.	7.			T0218	74
30-54-01050	*	BU 105	N	750.	1500	2.5	10.	5.	2.5		10		.	.	7.5		750	T03	10
30-54-01080	*	BU 108	N	750.	1500	5.	12.5	5.	4.5		7		.	.	7.		1000	T03	10
30-54-02269		BU 226 S	N	800.		2.	32.	.	.		1.5		.	.	.		700	T03	10
30-05-06070		2SD 607	N	800.		5.	50.	.	.				.	.	.			T03	10
30-54-02090		BU 209	N	800.	1700	4.	12.5	5.	3.		2.2		3.	5.	7.		700	T03	10
30-54-04142		BU 414 B	N	900.		15.	60.	.	.		3.5		.	.	15.		700	T03	10
30-54-04152		BU 415 B	N	900.		20.	120.	.	.		4		.	.	15.		700	T03	10
30-54-02081	*	BU 208 A	N	1500.	700	5.	12.5	1.	4.5		2.25		4.5	5.	7.		700	T03	10
30-54-02084	*	BU 208 D	N	1500.	700	5.	12.5	1.	4.5		2.5		4.5	5.	7.		700	T03	10
30-54-05000		BU 500	N	1500.	1500	6.	30.	.	.		3		4.5	.	.		9000	T03	10
30-60-00710	*	BUY 71	N	2200.		2.	40.	5.	1.5		1.5		.	.	5.	1000	1500	T03	10

4.3. Current (from 5A upwards)

ElData code	S	Type	N/P	Uceo V	Ucbo V	Ic A	Ptot W	Uce (sat) V	@ Ic A	D	hFE min.	max.	@ Ic A	Uce V	Ft MHz	tON ns	tOFF ns	Case	no.
30-02-12440		2SA 1244	P	50.	60	5.0	1.0	.	.		70	240	.		.	60.	100	100	PM1	106
30-04-30740		2SC 3074	N	50.	60	5.0	1.0	.	.		70	240	.		.	120.	100	100	PM1	106
30-01-53380	*	2N 5338	N	100.	80	5.	6.	1.2	5.		30	120	2.		2.	30.	100	200	T05	12
30-20-03230	*	BC 323	N	60.	100	5.	7.	0.07	0.5		45	225	0.05		1.	100.			T05	12
30-54-02080	*	BU 208	N	700.	700	5.	12.5	5.	4.5		2.25		4.5		5.	1.		700	T03	10
30-54-01080	*	BU 108	N	750.	1500	5.	12.5	5.	4.5		7		.		.	7.		1000	T03	10
30-54-02081	*	BU 208 A	N	1500.	700	5.	12.5	1.	4.5		2.25		4.5		5.	7.		700	T03	10
30-54-02084	*	BU 208 D	N	1500.	700	5.	12.5	1.	4.5		2.5		4.5		5.	7.		700	T03	10
30-02-10120		2SA 1012	P	50.	60	5.	25.	0.2	3.		70	240	1.		1.	60.	10	100	T0220	33
30-30-00121		BDY 12-6	N	40.	60	5.	26.	1.	3.		40	250	1.		1.	30.	300	1500	T066	9
30-30-00123		BDY 12 C	N	40.	60	5.	26.	1.	3.		63	160	1.		1.	30.	300	1500	T066	9
30-28-00252	N	BDW 25-10		125.	130	5.	26.	1.	3.		63	160	1.		1.	30.	300	1500	T066	9
30-03-10160		2SB 1016	P	100.	100	5.	30.	2.	4.		40	240	1.		5.	5.			T0220	33
30-05-05250		2SD 525	N	100.	100	5.	40.	2.	4.		40	240	1.		5.	12.			T0220	33
30-70-00323		TIP 32 C	P	100.	140	5.	40.	2.5	0.750		10	50	3.		4.	3.	300	1000	T0220	33
30-01-51620		2N 5162	P	40.	60	5.	50.	.	.		10		2.		5.	500.			T060	31
30-04-09400	*	2SC 940	N	90.		5.	50.	.	.		15	120	.		.	10.			T03	10
30-04-17680		2SC 1768	N	150.		5.	50.	.	.		400		1.		4.	.			T03	10
30-05-08700		2SD 870	N	600.	1500	5.	50.	3.	4.		8	12	1.		5.	3.		500	T03	10
30-05-06070		2SD 607	N	800.		5.	50.	.	.		.		.		.	.			T03	10
30-01-56430		2N 5643	N	35.	65	5.	60.	.	.		5		.		.	175.			T113	86
30-01-58050	N	2N 5805		375.		5.	62.	.	.		10	100	.		.	15.			T03	10
30-70-01220		TIP 122	N	100.	100	5.	65.	4.	5.	D	1000		3.		3.	.	1500	8500	T0220	33
30-70-01270		TIP 127	P	100.	100	5.	65.	4.	5.	D	1000		3.		3.	.	1500	8500	T0220	33
30-45-00891		BLY 89 A	N	18.	36	5.	70.	.	.		10	120	1.		5.	650.			S0T56	39
30-01-49010		2N 4901	P	40.	40	5.	87.5	0.4	1.		20	80	1.		2.	4.			T03	10
30-01-58690		2N 5869	N	60.	60	5.	87.5	2.	5.		20	100	0.25		4.	4.	700	800	T03	10
30-01-49020		2N 4902	P	60.	60	5.	87.5	0.4	1.		20	80	1.		2.	4.			T03	10
30-01-49050		2N 4905	P	60.	60	5.	87.5	1.	2.5		25	100	2.5		2.	4.			T03	10
30-01-49030		2N 4903	P	80.	80	5.	87.5	0.4	1.		20	80	1.		2.	4.			T03	10
30-01-49060		2N 4906	P	80.	80	5.	87.5	1.	2.5		25	100	2.5		2.	4.			T03	10
30-04-18290		2SC 1829	N	150.		5.	100.	.	.		400		1.		4.	.			T03	10
30-61-00410	*	MJ 410	N	200.	200	5.	100.	0.8	1.		30	90	1.		5.	2.5			T03	10
30-59-00161		BUX 16 A	N	250.	325	5.	100.	2.5	2.		15	130	0.4		10.	5.			T03	10
30-15-01130	*	AL 113	P	40.	100	6.	10.	0.25	1.5		20	200	0.5		2.	3.			T066	9
30-15-01120	*	AL 112	P	60.	130	6.	10.	0.25	1.5		20	200	0.5		2.	3.			T066	9

4.3. Current (from 5A upwards)

ElData code	S	Type	N/P	Uceo V	Ucbo V	Ic A	Ptot W	Uce (sat) V	@ Ic A	D	hFE min.	hFE max.	@ Ic A	Uce V	Ft MHz	tON ns	tOFF ns	Case	no.
30-54-03120		BU 312	N	150.	280	6.	25.	1.5	5.		10		5.	1.5	25.	300	2300	T03	10
30-02-07690		2SA 769	P	80.		6.	30.	.	.		40		1.	4.	.			T0220	33
30-15-01020	*	AL 102	P	130.	130	6.	30.	0.5	5.		40	250	1.	2.	4.			T03	10
30-54-05000		BU 500	N	1500.	1500	6.	30.	.	.		3		4.5	.	.		9000	T03	10
30-04-24910		2SC 2491	N	50.		6.	40.	.	.		300		1.	4.	.	500		T0220	33
30-04-21980		2SC 2198	N	50.		6.	40.	.	.		300		1.	4.	.	500		T066	9
30-04-14440		2SC 1444	N	60.		6.	40.	.	.		30		1.	4.	.			T066	9
30-02-07640		2SA 764	P	60.		6.	40.	.	.		30		1.	4.	.			T066	9
30-04-19850		2SC 1985	N	60.		6.	40.	.	.		40		1.	4.	.			T0220	33
30-02-07700		2SA 770	P	60.		6.	40.	.	.		40		1.	4.	.			T0220	33
30-04-16640		2SC 1664	N	60.		6.	40.	.	.		500		1.	4.	.			T066	9
30-04-14450		2SC 1445	N	80.		6.	40.	.	.		30		1.	4.	.			T066	9
30-02-07650		2SA 765	P	80.		6.	40.	.	.		30		1.	4.	.			T066	9
30-04-19860		2SC 1986	N	80.		6.	40.	.	.		40		1.	4.	.			T0220	33
30-02-07710		2SA 771	P	80.		6.	40.	.	.		40		1.	4.	.			T0220	33
30-04-16641		2SC 1664 A	N	80.		6.	40.	.	.		500		1.	4.	. .			T066	9
30-01-59540	*	2N 5954	P	80.	90	6.	40.	1.2	.		20	100	0.5	4.	5.	200	1200	T066	9
30-02-08070		2SA 807	P	60.		6.	50.	.	.		20		3.	4.	.			T03	10
30-02-16180		2SA 1618	P	60.		6.	50.	.	.		20		3.	4.	.			T03	10
30-04-23150		2SC 2315	N	60.		6.	50.	.	.		500		0.5	4.	.			T0220	33
30-04-16290		2SC 1629	N	70.		6.	50.	.	.		500		1.	4.	.			T03	10
30-02-16190		2SA 1619	P	80.		6.	50.	.	.		20		3.	4.	.			T03	10
30-04-23160		2SC 2316	N	80.		6.	50.	.	.		500		0.5	4.	.			T0220	33
30-05-07210		2SD 721	N	80.		6.	50.	.	.	D	500		7.	4.	.			T0220	33
30-03-07110		2SB 711	P	80.		6.	50.	.	.	D	500		7.	4.	.			T0220	33
30-02-08081		2SA 808 A	P	100.		6.	50.	.	.		20		3.	4.	.			T03	10
30-02-16191		2SA 1619 A	P	100.		6.	50.	.	.		20		3.	4.	.			T03	10
30-05-07220		2SD 722	N	100.		6.	50.	.	.	D	500		7.	4.	.			T0220	33
30-03-07120		2SB 712	P	100.		6.	50.	.	.	D	500		7.	4.	.			T0220	33
30-05-10310		2SD 1031	N	120.		6.	50.	.	.	D	700		4.	2.2	.			T0220	33
30-54-01110	*	BU 111	N	300.	500	6.	50.	1.5	3.		5		3.	5.	20.		1000	T03	10
30-02-11020		2SA 1102	P	80.		6.	60.	.	.		30		2.	4.	.			T0218	74
30-04-25770		2SC 2577	P	80.		6.	60.	.	.		30		2.	4.	.			T0218	74
30-03-06860		2SB 686	P	100.	100	6.	60.	2.	4.		55	160	1.	5.	10.			T0218	74
30-05-07160		2SD 716	N	100.	100	6.	60.	2.	4.		55	160	1.	5.	12.			T0218	74
30-54-03269		BU 326 S	N	400.	800	6.	60.	3.	4.		10		4.	5.	20.		300	T03	10

4.3. Current (from 5A upwards)

EIData code	S	Type	N/P	Uceo V	Ucbo V	Ic A	Ptot W	Uce (sat) V	@ Ic A	D	hFE min.	hFE max.	Ic A	Uce V	Ft MHz	tON ns	tOFF ns	Case	no.
30-54-03261		BU 326 A	N	400.	900	6.	60.	3.	4.		40		0.6	5.	6.		200	T03	10
30-70-00411		TIP 41 A	N	60.	100	6.	65.	1.5	60.		15	75	3.	4.	3.	600	1000	T0220	33
30-70-00421		TIP 42 A	P	60.	100	6.	65.	1.5	6.		15	75	3.	4.	3.	400	700	T0220	33
30-70-00422		TIP 42 B	P	80.	120	6.	65.	1.5	60.		15	75	3.	4.	3.	400	700	T0220	33
30-70-00413		TIP 41 C	N	100.	140	6.	65.	1.5	6.		15	75	3.	4.	3.	600	1000	T0220	33
30-70-00423		TIP 42 C	P	100.	140	6.	65.	1.5	60.		15	75	3.	4.	3.	400	700	T0220	33
30-70-00415		TIP 41 E	N	140.	180	6.	65.	1.5	6.		15	75	3.	4.	3.	600	1000	T0220	33
30-04-28250		2SC 2825	N	60.		6.	70.	.	.		500		1.	4.	.				
30-54-04261		BU 426 A	N	400.	900	6.	70.	3.	4.		30		0.6	5.		300	150	T0218	74
30-01-14880	*	2N 1488	N	55.	100	6.	75.	3.	1.5		15	45	1.5	4.	.	1000	1200	T03	10
30-59-00820		BUX 82	N	400.	800	6.	75.	3.	4.		30		1.2	5.	12.	400	250	T03	10
30-59-00830		BUX 83	N	450.	1000	6.	75.	1.6	4.		30		1.2	5.	12.	400	250	T03	10
30-30-00270		BDY 27	N	200.	400	6.	85.	.	.		15	180	2.	4.	10.		500	T03	10
30-70-07621		TIPL 762 A	N	400.	1000	6.	120.	5.	6.		15	60	0.5	5.	7.	1000	450	T0218	74
30-45-00940		BLY 94	N	36.	65	6.	130.	.	.		10	120	1.	5.	500.			SOT55	40
30-70-07521		TIPL 752 A	N	400.		6.	150.	5.	6.		15	60	0.5	5.	7.	1000	450	T03	10
30-01-38790	*	2N 3879	N	75.	120	7.	35.	1.2	.		12	100	4.	2.	40.	400	400	T066	9
30-01-61070		2N 6107	P	70.		7.	40.	2.	6.5		30	150	2.	4.	10.			T0220	33
30-01-61060		2N 6106	P	70.		7.	40.	2.	6.5		30	150	2.	4.	10.			T0220	33
30-01-62930		2N 6293	N	70.	80	7.	40.	2.	6.5		30	150	2.	4.	4.			T0220	33
30-01-62920		2N 6292	N	70.	80	7.	40.	2.	6.5		30	150	2.	4.	4.			T0220	33
30-06-51950		45195	P	80.		7.	40.	0.6	1.5		20	80	1.5	.	2.			T0220	33
30-05-04190		2SD 419	N	80.		7.	40.	.	.	D	700		7.	4.	.			T066	9
30-05-04200		2SD 420	N	100.		7.	40.	.	.	D	700		7.	4.	.			T066	9
30-01-54300		2N 5430	N	100.	100	7.	40.	1.2	7.		60	240	2.	2.	30.	100	200	T066	9
30-04-23340		2SC 2334	N	100.	150	7.	40.	5.	.	3	40	200	5.	0.6	.		500	T0220	33
30-05-04210		2SD 421	N	120.		7.	40.	.	.	D	700		7.	4.	.			T066	9
30-04-23350		2SC 2335	N	400.	500	7.	40.	3.	.	1	20	80	5.	1.	.		1000	T0220	33
30-01-60780		2N 6078	N	250.	275	7.	45.	0.5	1.2		12	70	1.2	1.	1.			T066	9
30-01-54960		2N 5496	N	70.	90	7.	50.	1.	3.5		20	100	3.5	4.	0.800	5000	15000	T0220	33
30-04-28100		2SC 2810	N	400.		7.	50.	.	.				.	.	.	700		T0220	33
30-03-07540		2SB 754	P	50.	50	7.	60.	0.2	4.		70	240	1.	5.	10.			T0218	74
30-05-08440		2SD 844	N	50.	50	7.	60.	0.2	4.		70	240	1.	1.	15.			T0218	74
30-54-04070		BU 407	N	150.	330	7.	60.	1.	5.		12		4.	10.	10.		750	T0220	33
30-54-04080		BU 408	N	200.		7.	60.	.	.		10		.		10.		400	T0220	33
30-54-04074		BU 407 D	N	330.	330	7.	60.	1.	5.		12		4.	10.	10.		750	T0220	33

4.3. Current (from 5A upwards)

ElData code	S	Type	N/P	Uceo V	Ucbo V	Ic A	Ptot W	Uce (sat) V	@ Ic A	D	hFE min.	hFE max.	Ic A	Uce V	Ft MHz	tON ns	tOFF ns	Case	no.
30-54-04064		BU 406 D	N	400.	400	7.	60.	1.	5.		16		1.	1.	10.			T0220	33
30-04-25780		2SC 2578	N	100.		7.	70.	.	.		30		3.	4.	.			T0218	74
30-02-11030		2SA 1103	P	100.		7.	70.	.	.		30		3.	4.	.				74
30-67-02040	*	RCA 204	N	80.		7.	75.	.	.		30		.	.	.			T0220	33
30-67-01040	*	RCA 104	P	80.		7.	75.	.	.		30		.	.	.			T0220	33
30-70-01520		TIP 152	N	400.	400	7.	80.	1.5	2.	D	150		5.	5.	.	160	1500	T0220	33
30-01-63170		2N 6317	P	60.		7.	90.	.	.		20	100	2.5	.	4.			T066	9
30-01-63160		2N 6316	N	80.		7.	90.	.	.		20	100	2.5	.	4.			T066	9
30-01-63180		2N 6318	P	80.		7.	90.	.	.		20	100	2.5	.	4.			T066	9
30-06-08520	*	40852	N	350.	450	7.	100.	3.	4.		12		1.2	1.	.			T03	10
30-01-65120		2N 6512	N	300.	350	7.	120.	1.5	7.		10	50	4.	3.	9.	800	3500	T03	10
30-67-04230		RCA 423	N	325.	400	7.	125.	0.2	1.		10		2.5	5.	4.	350	150	T03	10
30-67-04310		RCA 431	N	325.	400	7.	125.	0.25	2.5		15	35	2.5	5.	4.	350	400	T03	10
30-70-00581		TIP 58 A	N	400.	500	7.5.	50.	2.5	10.		10	100	1.	3.	.	130	200	T0218	74
30-66-04501		MRF 450 A	N	20.	40	7.5	115.	.	.		10		1.	5.	30.			T113	86
30-01-34460		2N 3446	N	80.	100	7.5	115.	0.6	3.		20	60	3.	5.	10.			T03	10
30-62-13007		MJE 13007	N	400.	700	8.	8.	1.5	5.		6	30	5.	5.	4.	500	150	T0220	33
30-19-00184	*	AUY 18 IV	P	45.	64	8.	11.	0.19	8.		30	60	5.	0.5	0.3			T08	8
30-19-00185	*	AUY 18 V	P	45.	64	8.	11.	0.19	8.		50	100	5.	0.5	0.3			T03	10
30-17-00170	*	ASZ 17	P	32.	60	8.	30.	0.4	10.		25	75	1.	1.	0.220			T03	10
30-17-00160	*	ASZ 16	P	32.	60	8.	30.	0.4	10.		45	130	1.	1.	0.250			T03	10
30-17-00180	*	ASZ 18	P	32.	100	8.	30.	0.4	10.		30	110	1.	1.	0.220			T03	10
30-17-00150	*	ASZ 15	P	60.	100	8.	30.	0.4	10.		20	55	1.	1.	0.200			T03	10
30-25-02010	*	BD 201	N	45.	60	8.	60.	1.5	6.		30		3.	2.	7.	1000	4000	T0220	33
30-25-02030		BD 203	N	60.	60	8.	60.	1.5	6.		30		3.	2.	7.	1000	4000	T0220	33
30-25-02670		BD 267	N	60.	60	8.	60.	.	.	D	750		3.	3.	0.100			T0220	33
30-25-02660		BD 266	P	60.	60	8.	60.	.	.	D	750		3.	3.	0.100			T0220	33
30-04-21990		2SC 2199	N	80.		8.	60.	.	.		300		1.	4.	.	500		T03	10
30-29-00533		BDX 53 C	N	100.	100	8.	60.	2.	3.	D	750		3.	3.	.			T0220	33
30-29-00543		BDX 54 C	P	100.	100	8.	60.	2.	3.	D	750		3.	3.	.			T0220	33
30-54-08060		BU 806	N	200.	400	8.	60.	.	.	D	100		.	.	.	350	750	T0220	33
30-60-00790	*	BUY 79	N	350.	750	8.	60.	1.5	5.		4		5.	1.5	15.	1000	700	T03	10
30-25-06490		BD 649	N	100.	100	8.	62.5	2.	3.	D	750		3.	3.	10.			T0220	33
30-25-06500		BD 650	P	100.	100	8.	62.5	2.	3.	D	750		3.	3.	10.			T0220	33
30-01-63860		2N 6386	N	40.	40	8.	65.	3.	8.	D	1000	20000	3.	3.	1.	1000	3500	T0220	33
30-01-66660		2N 6666	P	40.	40	8.	65.	2.	3.	D	1000	20000	3.	3.	2.	600	2000	T0220	33

4.3. Current (from 5A upwards)

ElData code	S	Type	N/P	Uceo V	Ucbo V	Ic A	Ptot W	Uce (sat) V	@ Ic A	D	hFE @ min.	max.	Ic A	Uce V	Ft MHz	tON ns	tOFF ns	Case	no.
30-69-82040	*	TA 8204	P	40.	40	8.	65.	2.	3.	D	1000	20000	3.	3.	50.			TO220	33
30-25-07960		BD 796	P	45.	45	8.	65.	1.	3.		25	40	1.	2.	3.			TO220	33
30-25-02433		BD 243 C	N	100.	100	8.	65.	1.5	6.		15		3.	4.	3.	600	2000	TO220	33
30-25-02443		BD 244 C	P	100.	100	8.	65.	1.5	6.		15		3.	4.	3.	400	700	TO220	33
30-25-08020		BD 802	P	100.	100	8.	65.	1.	3.		30		1.	2.	3.			TO220	33
30-25-02444		BD 244 D	P	120.	120	8.	65.	1.5	6.		15		3.	4.	3.	400	700	TO220	33
30-04-14020		2SC 1402	N	80.		8.	70.	.	.		30		3.	4.	.			TO3	10
30-02-07440		2SA 744	P	80.		8.	70.	.	.		30		3.	4.	.			TO3	10
30-70-01310		TIP 131	N	80.	80	8.	70.	3.	6.	D	1000	15000	4.	4.	.			TO220	33
30-04-14030		2SC 1403	N	100.		8.	70.	.	.		30		3.	4.	.			TO3	10
30-70-01320		TIP 132	N	100.	100	8.	70.	3.	6.	D	1000	15000	4.	4.	.			TO220	33
30-70-01370		TIP 137	P	100.	100	8.	70.	3.	6.	D	1000	15000	4.	4.	.			TO220	33
30-04-14031		2SC 1403 A	N	120.		8.	70.	.	.		30		3.	4.	.			TO3	10
30-02-07451		2SA 745 A	P	120.		8.	70.	.	.		30		3.	4.	.			TO3	10
30-01-60430		2N 6043	N	60.		8.	75.	.	.	D	1000	10000	4.	.	4.			TO220	33
30-01-60400		2N 6040	P	60.		8.	75.	.	.	D	1000	10000	4.	.	4.			TO220	33
30-01-63010		2N 6301	N	80.		8.	75.	.	.	D	750	18000	4.	.	4.			TO66	9
30-01-62990		2N 6299	P	80.		8.	75.	.	.	D	750	18000	4.	.	4.			TO66	9
30-01-60440		2N 6044	N	80.		8.	75.	.	.	D	1000	10000	4.	.	4.			TO220	33
30-01-60410		2N 6041	P	80.		8.	75.	.	.	D	1000	10000	4.	.	4.			TO220	33
30-01-60420		2N 6042	P	100.		8.	75.	.	.	D	1000	10000	3.	.	4.			TO220	33
30-04-22600		2SC 2260	N	100.		8.	80.	.	.		30		3.	4.	.			TO3	10
30-02-09800		2SA 980	P	100.		8.	80.	.	.		30		3.	4.	.			TO3	10
30-04-25790		2SC 2579	N	120.		8.	80.	.	.		30		3.	4.	.			TO218	74
30-04-22610		2SC 2261	N	120.		8.	80.	.	.		30		3.	4.	.			TO3	10
30-02-11040		2SA 1104	P	120.		8.	80.	.	.		30		3.	4.	.			TO218	74
30-02-09810		2SA 981	P	120.		8.	80.	.	.		30		3.	4.	.			TO3	10
30-03-06880		2SB 688	P	120.	120	8.	80.	2.5	5.		55	160	1.	5.	10.			TO218	74
30-05-07180		2SD 718	N	120.	120	8.	80.	2.5	5.		55	160	1.	5.	12.			TO218	74
30-04-22620		2SC 2262	N	140.		8.	80.	.	.		30		3.	4.	.			TO3	10
30-02-09820		2SA 982	P	140.		8.	80.	.	.		30		3.	4.	.			TO3	10
30-59-00280	*	BUX 28	N	350.	350	8.	80.	2.	10.	D	10		7.	1.5	1.			TO3	10
30-04-15770		2SC 1577	N	400.		8.	80.	.	.				.	.	.	800		TO3	10
30-04-15780		2SC 1578	N	500.		8.	80.	.	.				.	.	.	800		TO3	10
30-04-15780		2SC 1578	N	500.		8.	80.	.	.				.	.	.	1000		TO3	10
30-05-06050		2SD 605	N	500.		8.	80.	.	.	D	200		4.	2.	.			TO5	12

4.3. Current (from 5A upwards)

EIData code	S	Type	N/P	Uceo V	Ucbo V	Ic A	Ptot W	Uce (sat) V	@ Ic A	D	hFE min.	max.	@ Ic A	Uce V	Ft MHz	tON ns	tOFF ns	Case	no.
30-54-05260		BU 526	N	400.		8.	86.	.	.		15		.	.	10.		1000	T03	10
30-61-01000		MJ 1000	N	60.	80	8.	90.	2.	3.	D	1000		3.	3.	1.			T03	10
30-61-00900		MJ 900	P	60.	80	8.	90.	2.	3.	D	1000		3.	3.	1.			T03	10
30-67-10010		RCA 1001	N	80.	80	8.	90.	2.	3.	D	750		4.	3.	1.			T03	10
30-04-18310		2SC 1831	N	70.		8.	100.	.	.		500		1.	4.	.			T03	10
30-58-00412		BUM 41 B	N	400.	650	8.	100.	1.	5.		10	40	5.	3.	60.	500	400	T0220	33
30-59-00182		BUX 18 B	N	325.	600	8.	120.	2.5	4.		15	100	1.	5.	3.		2600	T03	10
30-59-00183		BUX 18 C	N	375.	750	8.	120.	2.5	4.		15	100	1.	5.	3.		2600	T03	10
30-70-07631		TIPL 763 A	N	400.	1000	8.	120.	5.	8.		15	60	0.5	5.	8.	800	450	T0218	74
30-01-63060		2N 6306	N	250.	500	8.	125.	0.8	3.		15	75	3.	5.	5.	600	4000	T03	10
30-01-63070		2N 6307	N	300.	600	8.	125.	1.	3.		15	75	3.	5.	5.	600	400	T03	10
30-01-63080		2N 6308	N	350.	700	8.	125.	1.5	3.		12	60	3.	5.	5.	600	400	T03	10
30-01-65450		2N 6545	N	400.		8.	125.	.	.		7	35	5.	.	6.			T03	10
30-54-05081		BU 508 A	N	700.	1500	8.	125.	1.	4.5				.	.	7.			T0218	74
30-45-00900		BLY 90	N	18.	36	8.	130.	.	.		10	50	1.	5.	550.			SOT55	40
30-01-66730		2N 6673	N	400.	650	8.	150.	1.	5.		10	40	5.	3.	60.	500	400	T03	10
30-70-07531		TIPL 753 A	N	400.	1000	8.	150.	5.	8.		15	60	0.5	5.	8.	800	450	T03	10
30-59-00312		BUX 31 B	N	500.	1000	8.	150.	1.	4.		8	40	4.	3.	60.	450	400	T03	10
30-59-00322		BUX 32 B	N	500.	1000	8.	150.	1.3	60.		8	40	6.	3.	60.	450	400	T03	10
30-04-25800		2SC 2580	N	120.		9.	90.	.	.		30		3.	4.	.			T0218	74
30-02-11050		2SA 1105	P	120.		9.	90.	.	.		30		3.	4.	.			T0218	74
30-18-01130	*	AU 113	P	250.	250	10.	5.	0.8	5.		15	40	2.	1.3	.		1500	T03	10
30-18-01060	*	AU 106	P	320.	320	10.	5.	1.	6.		15	40	2.	1.3	2.	750		T03	10
30-18-01120	*	AU 112	P	320.	320	10.	5.	1.	6.		15	40	2.	1.3	2.		750	T03	10
30-18-01030	*	AU 103	P	155.	155	10.	10.	.	.		15		10.	1.	0.500			T03	10
30-09-01364	*	AD 136 IV	P	22.	40	10.	11.	0.22	10.		30	70	5.	0.5	0.3			T08	8
30-09-01365	*	AD 136 V	P	22.	40	10.	11.	0.22	10.		50	100	5.	0.5	0.3			T08	8
30-09-01367	*	AD 136 VII	P	22.	40	10.	11.	0.22	10.		125	250	5.	0.5	0.3			T08	8
30-19-00350	*	AUY 35	P	70.		10.	11.	.	.		35	260	.	.	2.5			T08	8
30-09-01420	*	AD 142	P	80.	80	10.	30.	0.3	5.		30	200	1.	2.	0.45			T03	10
30-18-01100	*	AU 110	P	140.	140	10.	30.	0.5	5.		20	90	.	.	.		2000	T03	10
30-18-01070	*	AU 107	P	200.	200	10.	30.	.	.		35	120	0.7	2.	2.			T03	10
30-09-01660	*	AD 166	P	32.		10.	36.	.	.		40		.	.	0.350			T03	10
30-30-00910	*	BDY 91	N	80.		10.	40.	1.	10.		30	100	5.	5.	70.	350	1500	T03	10
30-30-00900		BDY 90	N	100.	120	10.	40.	1.	10.		30	120	5.	5.	70.	350	1500	T03	10
30-70-01620		TIP 162	N	380.	380	10.	50.	2.4	10.	D	200		4.	2.2	.	1500	2600	T0218	74

ElData code	S	Type	N/P	Uceo V	Ucbo V	Ic A	Ptot W	Uce (sat) V	@ Ic A	D	hFE min.	hFE max.	Ic A	Uce V	Ft MHz	tON ns	tOFF ns	Case	no.
30-60-00720	*	BUY 72	N	200.	280	10.	60.	1.5	7.		25	160	2.		1.5	1.5	2000	6000	TO3	10
30-59-00270		BUX 27	N	450.		10.	60.	.	.		7		.		20.		1000	TO3	10
30-01-63870		2N 6387	N	60.	60	10.	65.	3.	10.	D	1000	20000	5.	3.	1.	1000	3500	TO220	33
30-69-84870	*	TA 8487	P	60.	60	10.	65.	2.	5.	D	1000	20000	5.	3.	50.			TO220	33
30-01-66670		2N 6667	P	60.	60	10.	65.	2.	5.	D	1000	20000	5.	3.	50.			TO220	33
30-01-66680		2N 6668	P	80.	80	10.	65.	2.	5.	D	100	2000	5.	3.	2.	600	2000	TO220	33
30-01-63880	*	2N 6388	N	80.	80	10.	65.	3.	10.	D	1000	20000	5.	3.	1.	1000	3500	TO220	33
30-69-83510	*	TA 8351	P	40.	40	10.	70.	2.	5.	D	1000	20000	5.	3.	50.			TO3	10
30-01-66480		2N 6648	P	40.	40	10.	70.	2.	5.	D	1000	20000	5.	3.	50.			TO3	10
30-01-66490		2N 6649	P	60.	60	10.	70.	2.	5.	D	1000	20000	5.	3.	2.	600	2000	TO3	10
30-01-66500		2N 6650	P	80.	80	10.	70.	2.	5.	D	1000	20000	5.	3.	2.	600	2000	TO3	10
30-29-00330		BDX 33 C	N	100.	100	10.	70.	2.5	3.	D	750		3.	3.	1.	1000	3500	TO220	33
30-29-00343		BDX 34 C	P	100.	100	10.	70.	2.5	3.	D	750		3.	3.	1.	1000	3500	TO220	33
30-70-07901		TIPL 790 A	N	150.	200	10.	70.	2.	10.	D	60	500	0.5	5.	10.	160	250	TO218	74
30-01-61010		2N 6101	N	70.	80	10.	75.	2.5	10.		20	80	5.	4.	0.800			TO220	33
30-01-61000		2N 6100	N	70.	80	10.	75.	2.5	10.		20	80	5.	4.	0.800			TO220	33
30-70-00330		TIP 33	N	40.	80	10.	80.	4.	10.		20	100	3.	4.	3.	600	1000	TO218	74
30-70-00340		TIP 34	P	40.	80	10.	80.	4.	10.		20	100	3.	4.	3.	400	700	TO218	74
30-70-00331		TIP 33 A	N	60.	100	10.	80.	4.	10.		20	100	3.	4.	3.	600	1000	TO218	74
30-70-00341		TIP 34 A	P	60.	100	10.	80.	4.	10.		20	100	3.	4.	3.	400	700	TO218	74
30-70-00332		TIP 33 B	N	80.	120	10.	80.	4.	10.		20	100	3.	4.	3.	600	1000	TO218	74
30-70-00333		TIP 33 C	N	100.	140	10.	80.	4.	10.		20	100	3.	4.	3.	600	1000	TO218	74
30-70-00343		TIP 34 C	P	100.	140	10.	80.	4.	10.		20	100	3.	4.	3.	400	700	TO218	74
30-70-00335		TIP 33 E	N	140.	180	10.	80.	4.	10.		20	100	3.	4.	3.	600	1000	TO218	74
30-70-07851		TIPL 785 A	N	150.	200	10.	80.	2.	10.	D	60	500	0.5	5.	10.	160	250	TO218	74
30-70-06600		TIP 660	N	320.	320	10.	80.	2.9	10.	D	200		4.	2.2	.	1500	2600	TO3	10
30-70-06610		TIP 661	N	350.	350	10.	80.	2.9	10.	D	200		4.	2.2	.	1500	2600	TO3	10
30-70-06620		TIP 662	N	380.	380	10.	80.	2.9	10.	D	200		4.	2.2	.	1500	2600	TO3	10
30-26-00910		BDT 91	N	60.	60	10.	90.	3.	10.	D	5		10.	4.	4.	500	2000	TO220	33
30-25-06070		BD 607	N	60.	70	10.	90.	1.1	4.		15	30	4.	2.	1.5			B16H	83
30-25-02070		BD 207	N	60.	70	10.	90.	.	.		15		1.1	4.	1.5	4	2	TO126	16
30-25-06080		BD 608	P	60.	70	10.	90.	1.1	4.		15	30	4.	2.	1.5			B16H	83
30-25-02080		BD 208	P	60.	70	10.	90.	1.1	4.		15		4.	2.	1.5			TO126	16
30-26-00631		BDT 63 A	N	80.	80	10.	90.	2.5	8.	D	1000		3.	3.	0.05	1000	5000	TO220	33
30-01-63830		2N 6383	N	40.	40	10.	100.	2.	5.	D	1000	20000	5.	3.	1.	1000	3500	TO3	10
30-01-63840		2N 6384	N	60.	60	10.	100.	2.	5.	D	1000	20000	5.	3.	1.	1000	3500	TO3	10

4.3. Current (from 5A upwards)

ElData code	S	Type	N/P	Uceo V	Ucbo V	Ic A	Ptot W	Uce (sat) V	@ Ic A	D	hFE @ min.	max.	Ic A	Uce V	Ft MHz	tON ns	tOFF ns	Case	no.
30-04-11150		2SC 1115	N	80.		10.	100.	.	.		30		3.	4.	.			T03	10
30-02-07460		2SA 746	P	80.		10.	100.	.	.		30		3.	4.	.			T03	10
30-01-63850		2N 6385	N	80.	80	10.	100.	2.	5.	D	1000	20000	5.	3.	1.	1000	3500	T03	10
30-04-11160		2SC 1116	N	120.		10.	100.	.	.		30		3.	4.	.			T03	10
30-04-11161		2SC 1116 A	N	140.		10.	100.	.	.		30		3.	4.	.			T03	10
30-04-25810		2SC 2581	N	140.		10.	100.	.	.		30		3.	4.	.			T0218	74
30-02-11060		2SA 1106	P	140.		10.	100.	.	.		30		3.	4.	.			T0218	74
30-02-07471		2SA 747 A	P	140.		10.	100.	.	.		30		3.	4.	.			T03	10
30-04-28370		2SC 2837	N	150.		10.	100.	.	.		30		3.	4.	.			T03	10
30-02-11860		2SA 1186	P	150.		10.	100.	.	.		30		3.	4.	.			T0218	74
30-54-06261		BU 626 A	N	400.	1000	10.	100.	3.3	8.		10		10.	1.5	6.		1000	T03	10
30-59-00800		BUX 80	N	400.	1000	10.	100.	1.5	5.		30		1.2	5.	6.	350	300	T03	10
30-01-34420		2N 3442	N	140.	160	10.	117.	1.	3.		20	70	3.	4.	0.08			T03	10
30-70-01400		TIP 140	N	60.	60	10.	125.	3.	10.	D	500		10.	4.	.	900	1100	T0218	74
30-70-01450		TIP 145	P	60.	60	10.	125.	3.	10.	D	500		10.	4.	.	900	1100	T0218	74
30-70-01420		TIP 142	N	100.	100	10.	125.	3.	10.	D	500		10.	4.	.	900	1100	T0218	74
30-70-01470		TIP 147	P	100.	100	10.	125.	3.	10.	D	500		10.	4.	.	900	1100	T0218	74
30-01-62480		2N 6248	P	100.	110	10.	125.	3.5	10.		20	100	5.	4.	15.	300	1200	T03	10
30-01-37890		2N 3789	P	60.	60	10.	150.	1.	4.		25	90	1.	2.	4.			T03	10
30-01-37910		2N 3791	P	60.	60	10.	150.	1.	5.		50	150	1.	2.	4.			T03	10
30-01-37150		2N 3715	N	60.	80	10.	150.	0.8	5.		50	150	1.	2.	5.	450	350	T03	10
30-01-37900		2N 3790	P	80.	80	10.	150.	1.	4.		25	90	1.	2.	4.			T03	10
30-01-37920		2N 3792	P	80.	80	10.	150.	1.	5.		50	180	1.	2.	4.	350	800	T03	10
30-01-37160		2N 3716	N	80.	100	10.	150.	0.8	5.		50	150	1.	2.	5.	450	350	T03	10
30-01-62620		2N 6262	N	150.	170	10.	150.	0.5	3.		20	70	3.	2.	0.800			T03	10
30-59-00173		BUX 17 C	N	350.	450	10.	150.	3.	8.		15		4.	3.	2.5	2000	4500	T03	10
30-67-87664		RCA 8766 D	N	450.	450	10.	150.	1.5	6.	D	100		6.	3.	10.			T03	10
30-59-00810		BUX 81	N	450.	1000	10.	150.	3.	8.		30		1.2	5.	8.	500	800	T03	10
30-01-62500		2N 6250	N	275.	375	10.	175.	1.5	10.		8	50	1.	10.	2.5	800	2300	T03	10
30-01-62510		2N 6251	N	350.	450	10.	175.	1.5	10.		6	50	10.	3.	2.5	800	500	T03	10
30-70-07551		TIPL 755 A	N	420.	1000	10.	180.	5.	10.		15	60	0.5	5.	10.	750	500	T03	10
30-62-13009		MJE 13009	N	400.	700	12.	36.	1.5	8.		6	30	8.	5.	4.	450	200	T0220	33
30-25-02870		BD 287	P	25.	30	12.	36.	.	.		200		0.1	7.	50.	500	2000	T0126	16
30-25-02880		BD 288	P	45.	45	12.	36.	.	.		200		0.1	0.7	50.	500	2000	T0126	16
30-54-04120		BU 412	N	175.		12.	50.	.	.		10		.	.	25.		1000	T03	10
30-25-02020	*	BD 202	P	45.	60	12.	60.	1.5	6.		30		3.	2.	7.	1000	2000	T0220	33

4.3. Current (from 5A upwards)

ElData code	S	Type	N/P	Uceo V	Ucbo V	Ic A	Ptot W	Uce (sat) V	@ Ic A	D	hFE @ min.	max.	Ic A	Uce V	Ft MHz	tON ns	tOFF ns	Case	no.
30-25-02040		BD 204	P	60.	60	12.	60.	1.5	6.		30		3.	2.	7.	1000	2000	TO220	33
30-25-06510		BD 651	N	120.	140	12.	62.5	2.	3.	D	750		3.	3.	10.			TO220	33
30-25-06520		BD 652	P	120.	140	12.	62.5	2.	3.	D	750		3.	3.	10.			TO220	33
30-01-65690		2N 6569	N	40.	45	12.	100.	4.	12.		15	200	4.	3.	1.5	1500	1500	TO3	10
30-01-59910	*	2N 5991	N	80.	100	12.	100.	1.7	12.		20	120	6.	2.	2.			B16H	83
30-01-59880	*	2N 5988	P	80.	100	12.	100.	1.7	12.		20	120	6.	2.	2.			B16H	83
30-29-00873		BDX 87 C	N	100.	100	12.	120.	2.	6.	D	750	18000	6.	3.	0.200	800	2000	TO3	10
30-29-00883		BDX 88 C	P	100.	100	12.	120.	2.	6.	D	750	8000	6.	3.	0.200	800	2000	TO3	10
30-02-10940		2SA 1094	P	140.	140	12.	120.	2.	5.		55	240	1.	5.	70.			B60	140
30-04-25640		2SC 2564	N	140.	140	12.	120.	2.	5.		55	240	1.	5.	90.			B60	140
30-04-28380		2SC 2838	N	150.		12.	120.	.	.		30		3.	4.	.				
30-02-11870		2SA 1187	P	150.		12.	120.	.	.		30		3.	4.	.			TO218	74
30-27-00640		BDV 64	P	60.	60	12.	125.	2.	5.	D	1000		5.	4.	0.100	500	2000	SOT93	74
30-27-00652		BDV 65 B	N	100.	100	12.	125.	2.	5.	D	1000		5.	4.	0.070	1000	6000	SOT93	74
30-27-00642		BDV 64 B	P	100.	100	12.	125.	2.	5.	D	1000		5.	4.	0.100	500	2000	SOT93	74
30-01-60570		2N 6057	N	60.	60	12.	150.	2.	6.	D	750	18000	6.	3.	4.			TO3	10
30-01-60500		2N 6050	P	60.	60	12.	150.	2.	6.	D	750	18000	6.	3.	4.			TO3	10
30-01-60580		2N 6058	N	80.	80	12.	150.	2.	6.	D	750	18000	6.	3.	4.			TO3	10
30-01-60510		2N 6051	P	80.	80	12.	150.	2.	6.	D	750	18000	6.	3.	4.			TO3	10
30-01-60590		2N 6059	N	100.	100	12.	150.	2.	6.	D	750	18000	6.	3.	4.			TO3	10
30-01-60520		2N 6052	P	100.	100	12.	150.	2.	6.	D	750	18000	6.	3.	4.			TO3	10
30-59-00332		BUX 33 B	N	500.	1000	12.	150.	1.	8.		6	40	8.	3.	60.	450	400	TO3	10
30-01-58810		2N 5881	N	60.	60	12.	160.	4.	12.		20	100	6.	4.	4.	700	800	TO3	10
30-03-05360		2SB 536	P	120.	130	15.	20.	1.	1.		40	450	0.3	5.	40.			NECJ	
30-09-01333	*	AD 133 III	P	32.	50	15.	36.	0.3	15.		20	40	5.	0.5	0.3			TO3	10
30-09-01334	*	AD 133 IV	P	32.	50	15.	36.	0.3	15.		20	40	5.	0.5	0.3			TO3	10
30-54-04130		BU 413	N	175.		15.	60.	.	.		5		.	.	25.		1000	TO3	10
30-54-04142		BU 414 B	N	900.		15.	60.	.	.		3.5		.	.	15.		700	TO3	10
30-01-64890		2N 6489	P	40.	50	15.	75.	3.5	15.		20	150	5.	4.	5.			TO220	33
30-01-64870		2N 6487	N	60.	70	15.	75.	3.5	15.		20	150	5.	4.	5.			TO220	33
30-01-64880		2N 6488	N	80.	90	15.	75.	3.5	15.		20	150	5.	4.	5.	300	1200	TO220	33
30-01-64910		2N 6491	P	80.	90	15.	75.	3.5	15.		20	150	5.	4.	5.	300	1200	TO220	33
30-70-30550		TIP 3055	N	70.	100	15.	90.	3.	10.		20	70	4.	4.	3.	600	1000	TO218	74
30-70-29550		TIP 2955	P	70.	100	15.	90.	3.	10.		20	70	4.	4.	3.	400	700	TO218	74
30-25-09110		BD 911	N	100.	100	15.	90.	1.	5.		15	150	5.	4.	3.			TO220	33
30-25-09120		BD 912	P	100.	100	15.	90.	1.	5.		15	150	5.	4.	3.			TO220	33

4.3. Current (from 5A upwards)

ElData code	S	Type	N/P	Uceo V	Ucbo V	Ic A	Ptot W	Uce (sat) V	@ Ic A	D	hFE @ min.	max.	Ic A	Uce V	Ft MHz	tON ns	tOFF ns	Case	no.
30-04-14400		2SC 1440	N	150.		15.	100.	.	.				.	.	.	500		T03	10
30-04-14410		2SC 1441	N	200.		15.	100.	.	.				.	.	.	500		T03	10
30-04-14360		2SC 1436	N	230.		15.	100.	.	.				.	.	.	500		T03	10
30-01-62530		2N 6253	N	45.	55	15.	115.	4.	15.		20	70	3.	4.	0.800			T03	10
30-01-30560		2N 3055	N	60.	100	15.	115.	1.1	4.		20	70	4.	4.	800.			T03	10
30-06-03630	*	40363	N	70.		15.	115.	1.1	4.		20	70	4.	4.	0.700			T03	10
30-01-62540		2N 6254	N	80.	100	15.	115.	4.	15.		20	70	5.	2.	0.800			T03	10
30-06-03250	*	40325	N	35.	35	15.	117.	1.5	8.		12	60	8.	4.	0.75			T03	10
30-25-01830	*	BD 183	N	80.	85	15.	117.	.	.		20	70	3.	4.	0.800			T03	10
30-60-00570	*	BUY 57	N	125.	150	15.	117.	1.3	10.		12		10.	1.5	.	1600	1600	T03	10
30-60-00730	*	BUY 73	N	200.	280	15.	117.	1.4	10.		10		12.	1.5	.	1700	1000	T03	10
30-01-62460		2N 6246	P	60.	70	15.	125.	2.5	15.		20	100	7.	4.	15.	300	1200	T03	10
30-28-00522		BDW 52 B	P	80.	80	15.	125.	1.	5.		20	150	5.	4.	3.			T03	10
30-01-64720		2N 6472	N	80.	90	15.	125.	3.5	15.		20	150	5.	4.	10.	300	2200	T03	33
30-01-62470		2N 6247	P	80.	90	15.	125.	3.5	15.		20	100	6.	4.	15.	300	1200	T03	10
30-01-64960		2N 6496	N	110.	150	15.	140.	8.	2.		12	100	1.	8.	60.	500	500	T03	10
30-61-29550		MJ 2955	P	60.	100	15.	150.	1.1	4.		20	70	4.	4.	4.			T03	10
30-28-00842		BDW 84 B	P	80.	80	15.	150.	4.	15.	D	750	20000	6.	3.	.	900	7000	SOT93	74
30-04-15840		2SC 1584	N	100.		15.	150.	.	.		30		5.	4.	.			T03	10
30-02-09070		2SA 907	P	100.		15.	150.	.	.		30		5.	4.	.			T03	10
30-04-18300		2SC 1830	N	140.		15.	150.	.	.	D	500		8.	2.	.			T05	12
30-04-15850		2SC 1585	N	150.		15.	150.	.	.		30		5.	4.	.			T03	10
30-04-29210		2SC 2921	N	160.		15.	150.	.	.		30		5.	4.	.				
30-02-12150		2SA 1215	P	160.		15.	150.	.	.		30		5.	4.	.			B60	140
30-02-10950		2SA 1095	P	160.	160	15.	150.	2.	5.		55	240	1.	5.	60.			B60	140
30-04-25650		2SC 2565	N	160.	160	15.	150.	2.	5.		55	240	1.	5.	80.			B60	140
30-03-05540	*	2SB 554	P	180.		15.	150.	.	.		40	140	.	.	6.			T03	10
30-04-27730		2SC 2773	N	200.		15.	150.	.	.		30		5.	4.	.				
30-04-26070		2SC 2607	N	200.		15.	150.	.	.		30		5.	4.	.			T03	10
30-04-15860		2SC 1586	N	200.		15.	150.	.	.		30		5.	4.	.			T03	10
30-02-11160		2SA 1116	P	200.		15.	150.	.	.		30		5.	4.	.			T03	10
30-02-09090		2SA 909	P	200.		15.	150.	.	.		30		5.	4.	.			T03	10
30-02-11690		2SA 1169	P	200.		15.	150.	.	.		30		5.	4.	.			T0218	74
30-04-23060		2SC 2306	N	400.		15.	150.	.	.				.	.	.	350		T03	10
30-04-15790		2SC 1579	N	400.		15.	150.	.	.				.	.	.	400		T03	10
30-04-18320		2SC 1832	N	400.		15.	150.	.	.	D	100		10.	2.	.			T05	12

4.3. Current (from 5A upwards)

ElData code	S	Type	N/P	Uceo V	Ucbo V	Ic A	Ptot W	Uce (sat) V	@ Ic	A	D	hFE @ min. max.	Ic A	Uce V	Ft MHz	tON ns	tOFF ns	Case	no.
30-54-09320		BU 932	N	450.	500	15.	150.	1.8	8.		D	250	5.	2.	.	800	1700	T03	10
30-04-15800		2SC 1580	N	500.		15.	150.	.	.				.	.	.	400		T03	10
30-01-20760	*	2N 2076	P	55.	70	15.	170.	0.7	12.			20 40	5.	2.	0.005	9000		T85	75
30-06-08540	*	40854	N	300.	450	15.	175.	3.	10.			8	10.	4.	.			103	10
30-01-66750		2N 6675	N	400.	650	15.	175.	1.	10.			8 20	10.	2.	50.	600	500	T03	10
30-01-66780		2N 6678	N	400.	650	15.	175.	1.	15.			8	15.	3.	50.	600	500	T03	10
30-01-65470		2N 6547	N	400.	850	15.	175.	5.	15.			6 30	10.	2.	6.	1000	700	T03	10
30-59-00481		BUX 48 A	N	450.		15.	175.	.	.			5	.	.	10.	1000	800	T03	10
30-58-00131		BUW 13 A	N	450.	1000	15.	175.	1.5	10.			3 30	.	.	.	1000	800	SOT93	74
30-70-07571		TIPL 757 A	N	420.		15.	200.	.	.			15 60	.	.	12.			T03	10
30-01-61030		2N 6103	N	40.	45	16.	75.	2.3	16.			15 60	8.	4.	0.800			T0220	33
30-29-00672		BDX 67 B	N	100.	100	16.	150.	2.	10.		D	1000	10.	3.	0.050	1000	3500	T03	10
30-29-00662		BDX 66 B	P	100.	100	16.	150.	2.	10.		D	1000	10.	3.	0.060	1000	3500	T03	10
30-30-00370		BDY 37	N	140.	160	16.	150.	1.4	8.			15 60	8.	4.	0.200			T03	10
30-01-66090		2N 6609	P	140.	160	16.	150.	4.	16.			15 60	8.	4.	2.	400	2000	T03	10
30-01-37730		2N 3773	N	140.	160	16.	150.	1.4	8.			15 60	8.	4.	3.	800	3700	T03	10
30-01-56290		2N 5629	N	100.	100	16.	200.	2.	16.			25 100	8.	2.	1.			T03	10
30-01-56300		2N 5630	N	120.	120	16.	200.	2.	16.			20 80	8.	2.	1.			T03	10
30-01-60300		2N 6030	P	120.	120	16.	200.	2.	16.			20 80	8.	2.	1.			T03	10
30-01-56310		2N 5631	N	140.	140	16.	200.	2.	16.			15 60	8.	2.	1.			T03	10
30-01-60310		2N 6031	P	140.	140	16.	200.	2.	16.			15 60	8.	2.	1.			T03	10
30-01-62590		2N 6259	N	150.	170	16.	250.	2.5	1.6			15 60	8.	2.	0.200			T03	10
30-61-15022		MJ 15022	N	200.	350	16.	250.	1.4	8.			15 60	8.	4.	20.			T03	10
30-61-15024		MJ 15024	N	250.	400	16.	250.	1.4	8.			15 60	8.	4.	20.			T03	10
30-04-29220		2SC 2922	N	180.		17.	200.	.	.			20	8.	4.	.				
30-02-12160		2SA 1216	P	180.		17.	200.	.	.			20	8.	4.	.			B60	140
30-04-27740		2SC 2774	N	200.		17.	200.	.	.			20	8.	4.	.				
30-04-26080		2SC 2608	N	200.		17.	200.	.	.			20	8.	4.	.			T03	10
30-02-11700		2SA 1170	P	200.		17.	200.	.	.			20	8.	4.	.			T0218	74
30-02-11170		2SA 1117	P	200.		17.	200.	.	.			20	8.	4.	.			T03	10
30-11-00110	*	ADZ 11	P	40.	50	20.	45.	.	.			40 120	1.2	2.	.			T63	75
30-58-00580	*	BUW 58	N	160.	250	20.	120.	1.5	15.			10	.	.	15.			T03	10
30-54-04152		BU 415 B	N	900.		20.	120.	.	.			4	.	.	15.		700	T03	10
30-01-50380		2N 5038	N	90.	150	20.	140.	25.	20.			50 250	12.	.	60.	500	2000	T03	10
30-01-37720		2N 3772	N	60.	100	20.	150.	1.4	10.			15 60	10.	4.	3.			T03	10
30-70-06630		TIP 663	N	300.	400	20.	150.	3.	20.		D	500 10000	5.	5.	.	220	1300	T03	10

4.3. Current (from 5A upwards)

ElData code	S	Type	N/P	Uceo V	Ucbo V	Ic A	Ptot W	Uce (sat) V	@ Ic A	D	hFE min.	hFE max.	Ic A	Uce V	Ft MHz	tON ns	tOFF ns	Case	no.
30-70-06640		TIP 664	N	350.	450	20.	150.	3.	20.	D	500	10000	5.	5.	.	220	1300	TO3	10
30-01-62820		2N 6282	N	60.	60	20.	160.	2.	10.	D	750	18000	10.	3.	4.			TO3	10
30-01-62850		2N 6285	P	60.	60	20.	160.	2.	10.	D	750	18000	10.	3.	4.			TO3	10
30-01-62830		2N 6283	N	80.	80	20.	160.	2.	10.	D	750	18000	10.	3.	4.	3000	3000	TO3	10
30-01-62860		2N 6286	P	80.	80	20.	160.	2.	10.	D	750	18000	10.	3.	4.	3000	3000	TO3	10
30-01-62840		2N 6284	N	100.	100	20.	160.	2.	10.	D	750	18000	10.	3.	4.	3000	3000	TO3	10
30-01-62870		2N 6287	P	100.	100	20.	160.	2.	10.	D	750	18000	10.	3.	4.	3000	3000	TO3	10
30-06-10120	*	41012	N	80.		20.	175.	1.4	10.		20	60	10.	4.	60.			TO3	10
30-67-91164		RCA 9116 D	P	120.	120	20.	200.	1.	5.		25	150	5.	2.	2.	400	2000	TO3	10
30-61-11015		MJ 11015	P	120.	120	20.	200.	3.	20.	D	1000		20.	5.	4.			TO3	10
30-59-00111		BUX 11 A	N	190.	250	20.	200.	0.6	8.		10	60	8.	2.	45.			TO3	10
30-01-66880		2N 6688	N	200.	300	20.	200.	1.5	20.		20	80	10.	2.	100.	350	250	TO3	10
30-66-04540		MRF 454	N	25.	45	20.	250.	.	.		10	150	5.	5.	30.			X92	87
30-67-02580	*	RCS 258	N	60.	100	20.	250.	1.4	10.		15	60	10.	4.	0.2			TO3	10
30-01-62580		2N 6258	N	80.	100	20.	250.	4.	20.		20	60	10.	4.	0.200			TO3	10
30-70-00360		TIP 36	P	40.	80	25.	125.	4.	25.		10	50	15.	4.	3.	1100	800	TO218	74
30-25-02501		BD 250 A	N	60.	70	25.	125.	4.	25.		25		1.5	4.	3.	200	500	TO218	74
30-70-00351		TIP 35 A	N	60.	100	25.	125.	4.	25.		10	50	15.	4.	3.	1200	900	TO218	74
30-70-00362		TIP 36 B	P	80.	120	25.	125.	4.	25.		10	50	15.	4.	3.	1100	800	TO218	74
30-25-02503		BD 250 C	N	100.	115	25.	125.	4.	25.		25		1.5	4.	3.	200	500	TO218	74
30-25-02493		BD 249 C	N	100.	115	25.	125.	4.	25.		25		1.5	4.	3.	300	900	TO218	74
30-70-00353		TIP 35 C	N	100.	140	25.	125.	4.	25.		10	50	15.	4.	3.	1200	900	TO218	74
30-70-00363		TIP 36 C	P	100.	140	25.	125.	4.	25.		10	50	15.	4.	3.	1100	800	TO218	74
30-59-00100		BUX 10	N	125.	160	25.	150.	0.3	10.		20	60	10.	2.	8.	500	850	TO3	10
30-30-00580		BDY 58	N	125.	160	25.	175.	0.5	10.		20	60	10.	4.	7.	1000	2000	TO3	10
30-01-58860		2N 5886	N	80.	80	25.	200.	4.	20.		20	100	3.	4.	4.	700	800	TO3	10
30-01-58840		2N 5884	P	80.	80	25.	200.	4.	20.		20	100	3.	4.	4.	700	800	TO3	10
30-01-63380		2N 6338	N	100.		25.	200.	.	.		30	120	10.	.	40.			TO3	10
30-01-63390		2N 6339	N	120.	140	25.	200.	.	.		30	120	10.	2.	40.	300		TO3	10
30-01-63400		2N 6340	N	140.		25.	200.	.	.		30	120	10.	.	40.			TO3	10
30-01-63410		2N 6341	N	150.		25.	200.	.	.		30	120	10.	.	40.			TO3	10
30-01-56720	*	2N 5672	N	120.	150	30.	140.	0.75	15.		20	100	15.	2.	50.	500	500	TO3	10
30-01-37710		2N 3771	N	40.	50	30.	150.	2.	15.		15	60	15.	4.	3.			TO3	10
30-06-04110		40411	N	90.		30.	150.	0.8	4.		35	100	4.	4.	0.800			TO3	10
30-01-43980		2N 4398	P	40.		30.	200.	1.	15.		15	60	15.	2.	4.	400	600	TO3	10
30-01-53010		2N 5301	N	40.	40	30.	200.	3.	30.		50	60	15.	2.	2.	1000	1000	TO3	10

4.3. Current (from 5A upwards)

ElData code	S	Type	N/P	Uceo V	Ucbo V	Ic A	Ptot W	Uce (sat) V	@ Ic A	D	hFE @ min. max.	Ic A	Uce V	Ft MHz	tON ns	tOFF ns	Case	no.
30-01-43990		2N 4399	P	60.		30.	200.	1.	15.		15 60	15.	2.	4.	400	600	T03	10
30-01-53020		2N 5302	N	60.	60	30.	200.	3.	30.		50 60	15.	2.	2.	1000	1000	T03	10
30-01-63270		2N 6327	N	80.	80	30.	200.	3.	30.		6 30	30.	4.	3.	450	900	T03	10
30-04-27610		2SC 2761	N	400.		30.	200.	.	.			.		.	400		T03	10
30-30-00290		BDY 29	N	75.	100	30.	220.	1.2	15.		15 60	15.	2.	0.200			T03	10
30-56-00140		BUS 14	N	400.	850	30.	250.	1.5	20.		5	.		.	1000	4000	T03	10
30-01-60330		2N 6033	N	120.	150	40.	140.	1.	40.		10 50	40.	2.	50.	1000	2000	T03	10
30-55-00210		BUR 21	N	200.		40.	250.	0.6	12.		20 60	12.	.	6.		1200	T03	10
30-01-60320		2N 6032	N	90.	120	50.	140.	1.3	50.		10 50	50.	26.	50.	1000	2000	T03	10
30-61-11016		MJ 11016	N	120.	100	50.	200.	3.	20.	D		20.	5.	4.			T03	10
30-04-14420		2SC 1442	N	150.		50.	200.	.	.			.		.	1000			
30-04-14430		2SC 1443	N	200.		50.	200.	.	.			.		.	1000			
30-04-14370		2SC 1437	N	230.		50.	200.	.	.			.		.	1000		T03	10
30-04-21470		2SC 2147	N	400.		50.	200.	.	.			.		.	300		T03	10
30-01-62740		2N 6274	N	100.	120	50.	250.	.	.		30 120	20.	.	30.			T03	10
30-01-62750		2N 6275	N	120.	140	50.	250.	.	.		30 120	20.	4.	30.			T03	10
30-01-62760		2N 6276	N	140.	160	50.	250.	.	.		30 120	20.	4.	30.			T03	10
30-01-62770		2N 6277	N	150.	180	50.	250.	.	.		30 120	20.	4.	30.			T03	10
30-01-56850		2N 5685	N	60.	60	50.	300.	5.	50.		15 60	25.	2.	2.			T03	10
30-01-56830		2N 5683	P	60.	60	50.	300.	5.	50.		15 60	25.	2.	2.			T03	10
30-01-56860		2N 5686	N	80.	80	50.	300.	5.	50.		15 60	25.	2.	2.			T03	10
30-01-56840		2N 5684	P	80.	80	50.	300.	5.	50.		15 60	25.	2.	2.			T03	10
30-61-11032		MJ 11032	N	120.	120	50.	300.	.	.	D	400	50.	5.	30.		250	T03	10
30-61-11033		MJ 11033	P	120.	120	50.	300.	.	.	D	400	50.	5.	30.		250	T03	10
30-55-00500		BUR 50	N	125.	200	70.	350.	1.	35.		20 100	5.	4.	16.	500	1000	T03	10
30-01-55750		2N 5575	N	50.	70	80.	300.	2.	60.		10 40	60.	40.	0.400			T03	10

4.4. Power (from 5 W upwards)

ElData code	S	Type	N/P	Uceo V	Ucbo V	Ic A	Ptot W	Uce (sat) V	@ Ic A	D	hFE min.	max.	Ic A	Uce V	Ft MHz	tON ns	tOFF ns	Case	no.
30-01-49260		2N 4926	N	200.	200	0.05	5.	2.	0.03		20	200	0.03	10.	30.			T05	12
30-01-49270		2N 4927	N	250.	250	0.05	5.	2.	0.03		20	200	0.03	10.	30.			T05	12
30-31-02570		BF 257	N	160.	160	0.100	5.	1.	0.03		25		0.03	10.	110.			T05	12
30-31-02590		BF 259	N	300.	300	0.100	5.	1.	0.03		25		0.03	10.	110.			T05	14
30-01-35000		2N 3500	N	150.	150	0.3	5.	0.4	0.15		40	120	0.15	10.	150.	35	80	T05	12
30-01-59440		2N 5944	N	16.	36	0.4	5.	.	.		20		.	.	960.			T90	38
30-01-38660		2N 3866	N	30.	55	0.400	5.	1.	0.1		10	200	0.05	5.	700.			T05	12
30-01-51600		2N 5160	P	40.	60	0.4	5.	.	.		10		0.05	.	900.			T05	12
30-04-10010		2SC 1001	N	20.	40	0.5	5.	.	.		20		0.1	5.	470.			T05	12
30-01-55830		2N 5583	P	30.	30	0.5	5.	.	.		25	100	0.1	2.	1300.	2.1	1.8	T05	12
30-01-48900		2N 4890	P	40.	60	0.5	5.	0.12	0.15		25	250	0.15	10.	280.	20	20	T05	12
30-01-34980		2N 3498	N	100.	100	0.5	5.	0.6	0.3		40	120	0.15	10.	150.	35	80	T05	12
30-06-03190		40319	P	40.		0.700	5.	1.4	0.15		35	200	0.05	10.	100.			T05	12
30-01-30530		2N 3053	N	40.	60	0.700	5.	1.4	0.15		50	250	0.15	10.	100.			T05	12
30-06-03620	*	40362	P	70.		0.700	5.	1.4	0.05		35	200	0.05	4.	100.			T05	12
30-06-03610	*	40361	N	70.		0.700	5.	1.4	0.05		70	350	0.05	4.	100.			T05	12
30-25-05240		BD 524	N	100.	160	0.800	5.	1.	0.3		40		0.1	1.	100.			T0126	16
30-01-34670		2N 3467	P	40.	40	1.	5.	1.	1.		40	120	0.5	1.	175.	30	30	T05	12
30-52-00453	*	BSX 45-16	N	40.	80	1.	5.	0.7	1.		100	250	0.1	1.	50.	200	850	T05	12
30-01-39450		2N 3945	N	50.	70	1.	5.	0.5	0.15		40	250	0.15	10.	60.			T05	12
30-50-00162		BSV 16-10	P	60.	60	1.	5.	1.	0.5		63	160	0.1	1.	50.	500	650	T05	12
30-50-00163		BSV 16-16	P	60.	60	1.	5.	1.	0.5		100	250	0.1	1.	50.	500	650	T05	12
30-52-00462	*	BSX 46-10	N	60.	100	1.	5.	0.7	1.		63	100	0.1	1.	50.	200	850	T05	12
30-52-00463	*	BSX 46-16	N	60.	100	1.	5.	0.7	1.		100	250	0.1	1.	50.	200	850	T05	12
30-01-21020		2N 2102	N	65.	120	1.	5.	0.5	0.15		40	120	0.15	10.	60.			T05	12
30-06-06340	*	40634	P	75.	75	1.	5.	0.8	0.15		50	250	0.15	4.	60.			T05	12
30-67-10050		RCA 1A05	P	75.	75	1.	5.	0.8	0.150		50	250	0.15	4.	60.			T05	12
30-06-06350	*	40635	N	75.	75	1.	5.	0.8	0.15		50	250	0.15	4.	120.			T05	12
30-67-10060		RCA 1A06	N	75.	75	1.	5.	0.8	0.15		50	250	0.15	4.	120.			T05	12
30-52-00509	*	BSX 50-S20	N	80.		1.	5.	.	.		63	160	.	.	50.			T05	12
30-50-00172		BSV 17-10	P	80.	80	1.	5.	1.	0.5		63	160	0.1	1.	50.	500	650	T05	12
30-52-00472	*	BSX 47-10	N	80.	120	1.	5.	0.7	1.		63	160	0.1	1.	50.	200	850	T05	12
30-01-30200		2N 3020	N	80.	140	1.	5.	0.2	0.15		40	120	0.15	10.	80.			T05	12
30-01-30190		2N 3019	N	80.	140	1.	5.	0.2	0.15		100	300	0.15	10.	100.			T05	12
30-01-24050	*	2N 2405	N	90.	120	1.	5.	0.5	0.15		60	200	0.15	10.				T05	12
30-01-36350		2N 3635	P	140.	140	1.	5.	0.3	0.01		100	300	0.05	10.	200.	400	600	T05	12

4.4. Power (from 5 W upwards)

ElData code	S	Type	N/P	Uceo V	Ucbo V	Ic A	Ptot W	Uce (sat) V	@ Ic A	D	hFE @ min.	max.	Ic A	Uce V	Ft MHz	tON ns	tOFF ns	Case	no.
30-37-00283	*	BFT 28 C	P	250.	300	1.	5.	5.	0.01		20		0.01	10.	25.			T05	12
30-50-00640		BSV 64	N	60.	100	2.	5.	1.	5.		40		2.	2.	100.	600	1200	T05	17
30-52-00622	*	BSX 62-10	N	40.	60	3.	5.	0.4	2.		63	100	1.	1.	70.	300	1500	T05	12
30-52-00631	*	BSX 63-6	N	60.	80	3.	5.	0.4	2.		40	100	1.	1.	70.	300	1500	T05	12
30-18-01130	*	AU 113	P	250.	250	10.	5.	0.8	5.		15	40	2.	1.3	.		1500	T03	10
30-18-01120	*	AU 112	P	320.	320	10.	5.	1.	6.		15	40	2.	1.3	2.		750	T03	10
30-18-01060	*	AU 106	P	320.	320	10.	5.	1.	6.		15	40	2.	1.3	2.	750		T03	10
30-25-01150		BD 115	N	180.	245	0.150	5.	6.5	0.1		22	60	0.05	100.	145.			T05	12
30-09-01550	*	AD 155	P	15.		1.	6.	.	.		35	115	0.5	.	0.3			T066	9
30-09-01650	*	AD 165	N	20.	25	1.	6.	.	.		60	185	0.5	1.	2.5			T066	9
30-09-01640	*	AD 164	P	20.	25	1.	6.	.	.		60	185	0.5	1.	2.5			T066	9
30-01-42380		2N 4238	N	60.	80	1.	6.	0.6	1.		30	150	0.25	1.	2.			T05	12
30-09-61620	*	AD 161/162	NP	20.	32	3.	6.	0.6	3.		50	350	0.5	1.	3.			T066	9
30-09-01620	*	AD 162	P	20.	32	3.	6.	0.6	1.		50	350	0.5	1.	3.			T066	9
30-01-42340		2N 4234	P	40.	40	3.	6.	0.6	1.		30	150	0.1	1.	3.			T05	12
30-01-42360		2N 4236	P	80.	80	3.	6.	0.6	1.		30	150	0.1	1.	3.			T05	12
30-01-53380		2N 5338	N	100.	80	5.	6.	1.2	5.		30	120	2.	2.	30.	100	200	T05	12
30-31-07170		BF 717	N	300.		0.100	6.25	.	.		30		.	.	60.			TO202	84
30-01-35530		2N 3553	N	40.	65	0.33	7.	1.	0.25		10	100	0.25	5.	500.			T05	12
30-01-40360		2N 4036	P	65.	90	1.	7.	0.6	0.15		40	140	0.15	10.	60.	110	700	T05	12
30-01-44040		2N 4404	P	80.	80	1.	7.	0.5	0.5		40	120	0.15	1.	200.	25	35	T05	12
30-01-44050		2N 4405	P	80.	80	1.	7.	0.5	0.5		100	300	0.15	1.	200.	25	35	T05	12
30-20-03230	*	BC 323	N	60.	100	5.	7.	0.07	0.5		45	225	0.05	1.	100.			T05	12
30-66-02370		MRF 237	N	18.	36	0.640	8.	.	.		5		0.250	5.	225.			T05	22
30-25-01350	*	BD 135	N	45.	45	1.5	8.	0.5	0.5		40	250	0.15	2.	50.			TO126	16
30-25-08292		BD 829-10	N	80.	100	1.5	8.	0.5	0.5		63	160	0.15	2.	50.			TO202	84
30-25-08302		BD 830-10	P	80.	100	1.5	8.	0.5	0.5		63	160	0.15	2.	50.			TO202	84
30-04-05100		2SC 510	N	100.	140	1.5	8.	0.2	0.2		30	150	0.2	2.	60.	130	200	T05	12
30-62-13007		MJE 13007	N	400.	700	8.	8.	1.5	5.		6	30	5.	5.	4.	500	150	TO220	33
30-06-03470		40347	N	40.	60	1.5	8.750	1.	0.45		25	100	0.45	4.	.			T05	12
30-06-03490	*	40349	N	140.	160	1.5	8.75	0.5	0.15		30	125	0.15	4.	1.5			T05	12
30-01-44070		2N 4407	P	80.	80	2.	8.75	0.2	0.5		75	225	0.15	1.	150.	60	50	T05	12
30-25-08750	*	BD 875	N	45.	60	1.	9.	1.8	1.	D	1000		0.15	10.	200.			TO126	16
30-25-08760	*	BD 876	P	45.	60	1.	9.	1.8	1.	D	1000		0.15	10.	200.			TO126	16
30-25-08770	*	BD 877	N	60.	80	1.	9.	1.8	1.	D	1000		0.15	10.	200.			TO126	16
30-25-08780	*	BD 878	P	60.	80	1.	9.	1.8	1.	D	1000		0.15	10.	200.			TO126	16

4.4. Power (from 5 W upwards)

ElData code	S	Type	N/P	Uceo V	Ucbo V	Ic A	Ptot W	Uce (sat) V	@ Ic A	D	hFE @ min.	max.	Ic A	Uce V	Ft MHz	tON ns	tOFF ns	Case	no.
30-25-08790		BD 879	N	80.	100	1.	9.	1.8	1.	D	1000		0.15	10.	200.			TO126	16
30-25-08800		BD 880	P	80.	100	1.	9.	1.8	1.	D	1000		0.15	10.	200.			TO126	16
30-43-00890		BLW 89	N	30.	60	0.32	9.6	0.9	0.5		10	100	0.15	5.	1200.			SOT122	38
30-31-04570		BF 457	N	160.	160	0.100	10.	1.	0.03		25		0.03	10.	90.			TO126	16
30-31-04580		BF 458	N	250.	270	0.100	10.	1.	0.03		25		0.03	10.	90.			TO126	16
30-31-07910		BF 791	P	300.		0.100	10.	.	.		50		.	.	.			TO202	84
30-31-04590		BF 459	N	300.	300	0.100	10.	1.	0.03		25		0.03	10.	90.			TO126	16
30-65-00600		MPSU 60	P	300.	300	0.500	10.	0.70	0.02		25		0.01	110.	60.			B18	82
30-01-56810		2N 5681	N	100.	100	1.	10.	2.	1.		40	150	0.25	2.	30.			TO5	12
30-01-56790		2N 5679	P	100.	100	1.	10.	2.	1.		40	150	0.25	2.	30.			TO5	12
30-01-56820		2N 5682	N	120.	120	1.	10.	2.	1.		40	150	0.25	2.	30.			TO5	12
30-01-56800		2N 5680	P	120.	120	1.	10.	2.	1.		40	150	0.25	2.	30.			TO5	12
30-01-54150		2N 5415	P	200.	200	1.	10.	2.5	0.05		30	120	0.05	10.	15.			TO5	12
30-01-34400		2N 3440	N	250.	300	1.	10.	0.5	0.05		40	160	0.02	10.	15.	650	600	TO5	12
30-65-00100		MPSU 10	N	300.	300	1.	10.	1.5	0.02		40		0.01	15.	60.			B18	82
30-01-54160		2N 5416	P	300.	350	1.	10.	2.	0.05		30	120	0.05	10.	50.			TO5	12
30-01-34390		2N 3439	N	350.	450	1.	10.	0.5	0.05		40	160	0.02	10.	15.	650	600	TO5	12
30-65-00950		MPSU 95	P	40.	50	2.	10.	1.2*	1.	D	4000	12000	1.	5.	.			B18	82
30-65-00450		MPSU 45	P	40.	50	2.	10.	1.2	1.	D	40000	12000	1.	5.	.			B18	82
30-01-53200		2N 5320	N	75.	100	2.	10.	0.5	0.5		30	130	0.5	.	50.	80	800	TO5	12
30-01-53220		2N 5322	P	75.	100	2.	10.	0.7	0.5		30	130	0.5	.	50.	80	800	TO5	12
30-25-05200		BD 520	P	80.	80	2.	10.	0.24	0.5		60	350	0.150	2.	125.			B18	82
30-25-05199		BD 519 S	N	80.	80	2.	10.	0.24	0.5		60	350	0.15	2.	160.			B18	82
30-67-10030		RCA 1A03	N	95.		2.	10.	0.8	0.3		70	350	0.3	.	50.			TO5	12
30-06-05940	*	40594	N	95.		2.	10.	0.8	0.3		70	350	0.3	.	50.			TO5	12
30-06-05950	*	40595	P	95.		2.	10.	0.8	0.3		70	350	0.3	.	50.			TO5	12
30-67-10040		RCA 1A04	P	95.	95	2.	10.	0.8	0.3		70	300	0.3	4.	50.			TO5	12
30-65-00570		MPSU 57	P	100.	100	2.	10.	0.24	0.25		60	140	0.05	1.	100.			B18	82
30-65-00070		MPSU 07	N	100.	100	2.	10.	0.18	0.25		60	110	0.05	1.	150.			B18	82
30-54-02050	*	BU 205	N	700.	1500	2.5	10.	5.	2.		2		2.	5.	7.5		750	TO3	10
30-54-01050	*	BU 105	N	750.	1500	2.5	10.	5.	2.5		10		.	.	7.5		750	TO3	10
30-04-11730		2SC 1173	N	30.	30	3.	10.	0.3	2.		70	240	0.5	2.	100.			TO220	33
30-04-16780		2SC 1678	N	65.	65	3.	10.	0.5	0.5		15		0.5	5.	100.			TO220	33
30-01-57830	*	2N 5783	P	40.	45	3.5	10.	1.	1.6		20	100	0.1	2.	8.	500	2500	TO5	12
30-01-57850		2N 5785	N	50.	65	3.5	10.	0.75	1.2		20	100	0.1	2.	1.	500	2500	TO5	12
30-01-57820		2N 5782	P	50.	65	3.5	10.	0.25	1.2		20	100	0.1	2.	8.	500	2500	TO5	12

4.4. Power (from 5 W upwards)

ElData code	S	Type	N/P	Uceo V	Ucbo V	Ic A	Ptot W	Uce (sat) V	@ Ic A	D	hFE @ min.	max.	Ic A	Uce V	Ft MHz	tON ns	tOFF ns	Case	no.
30-66-04750		MRF 475	N	18.	48	4.	10.	.	.		30	60	0.5	5.	30.			T0220	33
30-15-01130	*	AL 113	P	40.	100	6.	10.	0.25	1.5		20	200	0.5	2.	3.			T066	9
30-15-01120	*	AL 112	P	60.	130	6.	10.	0.25	1.5		20	200	0.5	2.	3.			T066	9
30-18-01030	*	AU 103	P	155.	155	10.	10.	.	.		15		10.	1.	0.500			T03	10
30-62-13009		MJE 13009	N	400.	700	12.	10.	1.5	8.		6	30	8.	5.	4.	450	200	T0220	33
30-19-00184	*	AUY 18 IV	P	45.	64	8.	11.	0.19	8.		30	60	5.	0.5	0.3			T08	8
30-19-00185	*	AUY 18 V	P	45.	64	8.	11.	0.19	8.		50	100	5.	0.5	0.3			T03	10
30-09-01364	*	AD 136 IV	P	22.	40	10.	11.	0.22	10.		30	70	5.	0.5	0.3			T08	8
30-09-01365	*	AD 136 V	P	22.	40	10.	11.	0.22	10.		50	100	5.	0.5	0.3			T08	8
30-09-01367	*	AD 136 VII	P	22.	40	10.	11.	0.22	10.		125	250	5.	0.5	0.3			T08	8
30-19-00350	*	AUY 35	P	70.		10.	11.	.	.		35	260	.	.	2.5			T08	8
30-01-33750		2N 3375	N	40.	65	0.5	11.6	1.	0.5		10	150	0.25	5.	500.			T060	31
30-01-60800		2N 6080	N	18.	36	1.	12.	.	.		5		.	.	300.			T113	86
30-25-02270	*	BD 227	P	45.	45	1.5	12.5	0.8	1.		40	250	0.15	2.	50.			T0126	16
30-25-02260	*	BD 226	N	45.	45	1.5	12.5	0.8	1.		40	250	0.15	2.	125.			T0126	16
30-25-01370	*	BD 137	N	60.	60	1.5	12.5	0.5	0.5		40	160	0.15	2.	50.			T0126	16
30-25-02290		BD 229	P	60.	60	1.5	12.5	0.8	1.		40	160	0.15	2.	50.			T0126	16
30-25-01380	*	BD 138	P	60.	60	1.5	12.5	0.5	0.5		40	160	0.15	2.	75.			T0126	16
30-25-02280		BD 228	N	60.	60	1.5	12.5	0.8	1.		40	160	0.15	2.	125.			T0126	16
30-25-01392	*	BD 139-10	N	80.	80	1.5	12.5	0.5	0.5		40	160	0.15	2.	50.			T0126	16
30-25-39400	*	BD 139/140	NP	80.	80	1.5	12.5	0.5	0.5		40	160	0.15	2.	50.			T0126	16
30-25-01402	*	BD 140-10	P	80.	80	1.5	12.5	0.5	0.5		40	160	0.15	2.	75.			T0126	16
30-25-02300		BD 230	N	80.	100	1.5	12.5	0.8	1.		40	160	0.15	2.	125.			T0126	16
30-25-02310		BD 231	P	80.	100	1.5	12.5	0.8	1.		40	160	0.15	2.	125.			T0126	16
30-04-21660		2SC 2166	N	75.		4.	12.5	.	.		70		.	.	30.			T0220	33
30-54-02090		BU 209	N	800.	1700	4.	12.5	5.	3.		2.2		3.	5.	7.		700	T03	10
30-54-02080	*	BU 208	N	700.	700	5.	12.5	5.	4.5		2.25		4.5	5.	1.		700	T03	10
30-54-01080	*	BU 108	N	750.	1500	5.	12.5	5.	4.5		7		.	.	7.		1000	T03	10
30-54-02081	*	BU 208 A	N	1500.	700	5.	12.5	1.	4.5		2.25		4.5	5.	7.		700	T03	10
30-54-02084	*	BU 208 D	N	1500.	700	5.	12.5	1.	4.5		2.5		4.5	5.	7.		700	T03	10
30-09-01480	*	AD 148	P	26.	32	3.5	13.5	0.2	2.		30	100	1.	1.	0.45			T066	9
30-04-15050		2SC 1505	N	300.	300	0.2	15.	2.	0.05		40	200	0.01	10.	80.			T0220	33
30-25-02320		BD 232	N	300.	500	0.25	15.	1.	0.15		20		0.15	5.	20.			T0126	16
30-62-34390		MJE 3439	N	350.	450	0.300	15.	.	.		30		0.020	10.	15.			T0126	16
30-01-55890		2N 5589	N	18.	36	0.6	15.	.	.		5		.	.	240.			T71	136
30-01-59450		2N 5945	N	16.	36	0.8	15.	.	.		20		.	.	960.			T90	38

4.4. Power (from 5 W upwards)

ElData code	S	Type	N/P	Uceo V	Ucbo V	Ic A	Ptot W	Uce (sat) V	@ Ic A	D	hFE @ min	max	Ic A	Uce V	Ft MHz	tON ns	tOFF ns	Case	no.
30-01-56410		2N 5641	N	35.	65	1.	15.	.	.	.	5	.		.	175.			T71	136
30-45-00911		BLY 91 A	N	36.	65	0.75	17.5	.	.		5		0.5	5.	500.			SOT48	37
30-45-00871		BLY 87 A	N	18.	36	1.25	17.5	.	.		5		0.5	5.	700.			SOT48	37
30-25-01090	*	BD 109	N	40.	60	3.	18.5	0.35	2.		40	250	1.	1.	30.	300	1500	TO66	9
30-43-00900		BLW 90	N	30.	60	0.62	18.6	0.9	1.		10	100	0.3	5.	1200.			SOT122	38
30-62-00340		MJE 340	N	300.		0.500	20.	.	.		30	240	0.05	10.	10.			TO126	16
30-62-00350		MJE 350	P	300.		0.500	20.	.	.		30	240	0.05	10.	10.			TO126	16
30-59-00860		BUX 86	N	400.	800	0.500	20.	3.	0.2		50		0.05	5.2	20.	250	400	TO126	16
30-01-61770	*	2N 6177	N	350.	450	1.	20.	0.5	0.05		30	150	0.05	10.	21.			B24	34
30-01-37380		2N 3738	N	225.	250	3.	20.	2.5	0.25		40	200	0.1	10.	10.			TO66	9
30-01-37390		2N 3739	N	300.	325	3.	20.	2.5	0.25		40	200	0.1	10.	10.			TO66	9
30-01-37660		2N 3766	N	60.	80	4.	20.	2.5	1.		40	160	0.5	5.	15.			TO66	9
30-01-37670		2N 3767	N	80.	100	4.	20.	2.5	1.		40	160	0.5	5.	15.			TO66	9
30-03-05360		2SB 536	P	120.	130	15.	20.	1.	1.		40	450	0.3	5.	40.			NECJ	
30-25-02150		BD 215	N	300.	500	0.500	21.5	.	.		30	270	0.5	10.	10.			TO66	9
30-25-02160		BD 216	N	200.	300	1.	21.5	1.	0.3		40	150	0.1	10.	10.			TO66	9
30-01-36320		2N 3632	N	40.	65	1.	23.	1.	0.5		10	150	0.25	5.	400.			TO60	31
30-25-01630	*	BD 163	N	40.	60	4.	23.	0.5	1.5		25	180	0.5	2.	0.65			TO66	9
30-06-02920	*	40292	N	50.	90	1.25	23.2	.	.				.	.	300.			TO60	31
30-01-48980		2N 4898	P	40.	40	1.	25.	0.6	1.		20	100	0.5	1.	3.			TO66	9
30-01-48990		2N 4899	P	60.	60	1.	25.	0.6	1.		60	20	0.5	1.	3.			TO66	9
30-01-49120		2N 4912	N	80.	80	1.	25.	0.6	1.		20	100	0.5	1.	3.			TO66	9
30-01-49000		2N 4900	P	80.	80	1.	25.	0.6	1.		20	100	0.5	1.	3.			TO66	9
30-04-22380		2SC 2238	N	200.	100	1.5	25.	1.5	0.5		70	240	0.1	5.	100.			TO220	33
30-25-02330		BD 233	N	45.	45	2.	25.	0.6	1.		25		1.	2.	3.	400	1500	TO126	16
30-01-61780	*	2N 6178	N	75.	100	2.	25.	0.5	0.5		30	130	0.5	4.	50.	80		B24	34
30-01-61800	*	2N 6180	P	75.	100	2.	25.	0.7	0.5		30	130	0.5	4.	50.	100		B24	34
30-25-02380	*	BD 238	P	80.	100	2.	25.	.	.		40	160	0.150	2.	3.	300		TO126	16
30-02-04900		2SA 490	P	40.	50	3.	25.	0.45	.		40	240	0.5	2.	10.			TO220	33
30-01-34410		2N 3441	N	140.	160	3.	25.	6.	2.7		25	100	0.5	4.	0.2			TO66	9
30-01-37400		2N 3740	P	60.	60	4.	25.	0.6	1.		30	100	0.25	1.	3.			TO66	9
30-01-37410		2N 3741	P	80.	80	4.	25.	0.6	1.		30	100	0.25	1.	3.			TO66	9
30-02-10120		2SA 1012	P	50.	60	5.	25.	0.2	3.		70	240	1.	1.	60.	10	100	TO220	33
30-54-03120		BU 312	N	150.	280	6.	25.	1.5	5.		10		5.	1.5	25.	300	2300	TO3	10
30-30-00121		BDY 12-6	N	40.	60	5.	26.	1.	3.		40	250	1.	1.	30.	300	1500	TO66	9
30-30-00123		BDY 12 C	N	40.	60	5.	26.	1.	3.		63	160	1.	1.	30.	300	1500	TO66	9

4.4. Power (from 5 W upwards)

ElData code	S	Type	N/P	Uceo V	Ucbo V	Ic A	Ptot W	Uce (sat) V	@ Ic A	D	hFE @ min.	max.	Ic A	Uce V	Ft MHz	tON ns	tOFF ns	Case	no.
30-28-00252		BDW 25-10	N	125.	130	5.	26.	1.	3.		63	160	1.	1.	30.	300	1500	T066	9
30-10-00274	*	ADY 27 IV	P	30.	32	3.5	27.5	0.3	3.		30	60	1.	1.	0.450			T03	10
30-09-01500	*	AD 150	P	30.	32	3.5	27.5	0.3	3.		30	100	1.	1.	0.45			T03	10
30-10-00275	*	ADY 27 V	P	30.	32	3.5	27.5	0.3	3.		50	100	1.	1.	0.450			T03	10
30-06-03240	*	40324	N	35.		4.	29.	.	.		20	120	1.	2.	0.75			T066	9
30-06-03100	*	40310	N	35.		4.	29.	.	.		20	120	1.	2.	0.75			T066	9
30-30-00710		BDY 71	N	55.	90	4.	29.	1.	0.5		80	200	0.5	4.	0.800			T066	9
30-06-03120	*	40312	N	60.		4.	29.	.	.		20	120	1.	2.	0.75			T066	9
30-01-49210	*	2N 4921	N	40.	40	1.	30.	0.6	1.		20	100	0.5	1.	3.			T0126	16
30-01-49180	*	2N 4918	P	40.	40	1.	30.	0.6	1.		20	100	0.5	1.	3.			T0126	16
30-70-00290		TIP 29	N	40.	80	1.	30.	0.7	1.		15	75	1.	4.	3.	500	2000	T0220	33
30-01-49220	*	2N 4922	N	60.	60	1.	30.	0.6	1.		20	100	0.5	1.	3.			T0126	16
30-01-49190	*	2N 4919	P	60.	60	1.	30.	0.6	1.		20	100	0.5	1.	3.			T0126	16
30-70-00301		TIP 30 A	P	60.	100	1.	30.	0.7	1.		15	75	1.	4.	3.	300	1000	T0220	33
30-01-49230	*	2N 4923	N	80.	80	1.	30.	0.6	1.		20	100	0.5	1.	3.			T0126	16
30-01-49200	*	2N 4920	P	80.	80	1.	30.	0.6	1.		20	100	0.5	1.	3.			T0126	16
30-70-00292		TIP 29 B	N	80.	120	1.	30.	0.7	1.		15	75	1.	4.	3.	500	2000	T0220	33
30-70-00302		TIP 30 B	P	80.	120	1.	30.	0.7	1.		15	75	1.	4.	3.	300	1000	T0220	33
30-70-00303		TIP 30 C	P	100.	140	1.	30.	0.7	1.		15	75	1.	4.	3.	300	1000	T0220	33
30-43-00910		BLW 91	N	30.	60	1.5	30.	1.	2.		10	100	0.6	5.	1200.			S0T122	38
30-01-56460		2N 5646	N	18.	36	2.	30.	.	.		15	.	.		400.			T113	86
30-04-21670		2SC 2167	N	150.		2.	30.	.	.		40		0.7	10.	.			T0220	33
30-02-09570		2SA 957	P	150.		2.	30.	.	.		40		0.7	10.	.			T0220	33
30-04-21680		2SC 2168	N	200.		2.	30.	.	.		40		0.7	10.	.			T0220	33
30-02-09580		2SA 958	P	200.		2.	30.	.	.		40		0.7	10.	.			T0220	33
30-09-01304	*	AD 130 IV	P	30.	32	3.	30.	0.5	3.		30	60	1.	1.	0.35			T03	10
30-01-56420		2N 5642	N	35.	65	3.	30.	.	.		5	.	.		175.			T113	86
30-05-07620		2SD 762 P	N	60.		3.	30.	.	.			.	.		.			T0220	33
30-04-19830		2SC 1983	N	60.		3.	30.	.	.		500		0.5	4.	.			T0220	33
30-25-01772		BD 177-10	N	60.	60	3.	30.	0.8	1.		40	250	0.15	2.	3.			T0126	16
30-25-01782		BD 178-10	P	60.	60	3.	30.	0.8	1.		40	250	0.15	2.	3.			T0126	16
30-05-08800		2SD 880	N	60.	60	3.	30.	0.25	3.		60	300	0.5	5.	3.	800	800	T0220	33
30-19-00203	*	AUY 20 III	P	60.	80	3.	30.	0.5	3.		20	40	3.	1.	0.35	1000	15000	T03	10
30-09-01323	*	AD 132 III	P	60.	80	3.	30.	0.5	3.		20	40	1.	1.	0.35			T03	10
30-09-01324	*	AD 132 IV	P	60.	80	3.	30.	05.	3.		30	60	1.	1.	0.35			T03	10
30-19-00204	*	AUY 20 IV	P	60.	80	3.	30.	0.5	3.		30	60	3.	1.	0.35	10000	15000	T03	10

4.4. Power (from 5 W upwards)

ElData code	S	Type	N/P	Uceo V	Ucbo V	Ic A	Ptot W	Uce (sat) V	@ Ic A	D	hFE @ min. max.	Ic A	Uce V	Ft MHz	tON ns	tOFF ns	Case	no.
30-09-01325	*	AD 132 V	P	60.	80	3.	30.	0.5	3.		50 100	1.	1.	0.35			T03	10
30-04-19840		2SC 1984	N	80.		3.	30.	.	.		500	0.5	4.	.			T0220	33
30-25-01790	*	BD 179	N	80.	80	3.	30.	.	.		15	1.	2.	3.			T0126	16
30-09-01632	*	AD 163 II	P	80.	100	3.	30.	0.5	3.		12.5 25	1.	1.	0.350			T03	10
30-19-00343	*	AUY 34 III	P	80.	100	3.	30.	0.5	3.		20 40	3.	1.	0.35	1000	15000	T03	10
30-09-01634	*	AD 163 IV	P	80.	100	3.	30.	0.5	3.		30 60	1.	1.	0.35			T03	10
30-25-02403		BD 240 C	P	100.	100	3.	30.	0.6	1.		15	1.	4.	3.	200	400	T0220	33
30-54-01260	*	BU 126	N	300.	750	3.	30.	5.	4.		15 60	1.	5.	8.		1000	T03	10
30-04-18260		2SC 1826	N	60.		4.	30.				40	1.	4.	.			T0220	33
30-02-07680		2SA 768	P	60.		4.	30.				40	1.	4.	.			T0220	33
30-04-18270		2SC 1827	N	80.		4.	30.				40	1.	4.	.			T0220	33
30-05-05260		2SD 526	N	80.	80	4.	30.	0.45	3.		40 240	0.5	5.	8.			T0220	33
30-05-06860		2SD 686	N	80.	100	4.	30.	1.5	3.	D	2000	1.	2.	.	200	600	T0220	33
30-01-50160		2N 5016	N	30.	65	4.5	30.	.	.		10 200	.	.	600.			T060	31
30-03-10160		2SB 1016	P	100.	100	5.	30.	2.	4.		40 240	1.	5.	5.			T0220	33
30-02-07690		2SA 769	P	80.		6.	30.	.	.		40	1.	4.	.			T0220	33
30-15-01020	*	AL 102	P	130.	130	6.	30.	0.5	5.		40 250	1.	2.	4.			T03	10
30-54-05000		BU 500	N	1500.	1500	6.	30.	.	.		3	4.5	.	.		9000	T03	10
30-17-00170	*	ASZ 17	P	32.	60	8.	30.	0.4	10.		25 75	1.	1.	0.220			T03	10
30-17-00160	*	ASZ 16	P	32.	60	8.	30.	0.4	10.		45 130	1.	1.	0.250			T03	10
30-17-00180	*	ASZ 18	P	32.	100	8.	30.	0.4	10.		30 110	1.	1.	0.220			T03	10
30-17-00150	*	ASZ 15	P	60.	100	8.	30.	0.4	10.		20 55	1.	1.	0.200			T03	10
30-09-01420	*	AD 142	P	80.	80	10.	30.	0.3	5.		30 200	1.	2.	0.45			T03	10
30-18-01100	*	AU 110	P	140.	140	10.	30.	0.5	5.		20 90	.	.	.		2000	T03	10
30-18-01070	*	AU 107	P	200.	200	10.	30.	.	.		35 120	0.7	2.	2.			T03	10
30-45-00921		BLY 92 A	N	36.	65	1.5	32.	.	.		5	0.5	5.	500.			SOT48	37
30-54-02269		BU 226 S	N	800.		2.	32.	.	.		1.5	.	.	.		700	T03	10
30-05-08590		2SD 859	N	250.		0.75	35.	.	.			.	.	.			T0220	33
30-01-62110		2N 6211	P	225.	275	2.	35.	1.4	1.		10 100	1.	2.8	20.			T066	9
30-01-35840		2N 3584	N	250.	330	2.	35.	0.75	1.		25 100	1.	.	10.			T066	9
30-01-64210	*	2N 6421	P	250.	375	2.	35.	0.75	1.		25 100	1.	10.	10.	3000	3000	T066	9
30-06-03130	*	40313	N	300.		2.	35.	.	.		40 250	0.1	10.	.			T066	9
30-59-00672		BUX 67 B	N	300.	350	2.	35.	2.5	1.		10 150	0.2	10.	.	3000	7000	T066	9
30-59-00662		BUX 66 B	N	300.	350	2.	35.	2.5	1.		10 150	0.2	10.	.	600	3100	T066	9
30-01-35850	*	2N 3585	N	300.	500	2.	35.	0.75	1.		35 100	1.	10.	10.	4000	3000	T066	9
30-59-00663		BUX 66 C	P	350.	400	2.	35.	2.5	1.		10 150	0.2	10.	.	600	3100	T066	9

4.4. Power (from 5 W upwards)

ElData code	S	Type	N/P	Uceo V	Ucbo V	Ic A	Ptot W	Uce (sat) V	@ Ic A	D	hFE @ min. max.	Ic A	Uce V	Ft MHz	tON ns	tOFF ns	Case	no.
30-01-62140	*	2N 6214	P	400.	450	2.	35.	2.5	1.		10 100	1.	5.	6.5	600	2500	TO66	9
30-01-52020	*	2N 5202	N	75.	100	4.	35.	1.2	4.		10 100	4.	.	60.	400	400	TO66	9
30-01-38790	*	2N 3879	N	75.	120	7.	35.	1.2	.		12 100	4.	2.	40.	400	400	TO66	9
30-45-00883		BLY 88 C	N	18.	36	3.	36.	1.	4.5		10 100	1.5	5.	850.			SOT120	41
30-25-04330		BD 433	N	22.	22	4.	36.	0.5	2.		85	0.5	1.	3.			TO126	16
30-25-04370	*	BD 437	N	45.	45	4.	36.	0.6	2.		85	0.5	1.	3.			TO126	16
30-25-04380	*	BD 438	P	45.	45	4.	36.	0.6	2.		85	0.5	1.	3.			TO126	16
30-30-00810		BDY 81	N	50.		4.	36.	.	.		40 240	.	.	3.			TO220	33
30-30-00830		BDY 83	N	50.		4.	36.	.	.		40 240	.	.	3.			TO220	33
30-25-04400	*	BD 440	P	60.	60	4.	36.	0.8	2.		40	0.5	1.	3.			TO126	16
30-01-52940		2N 5294	N	70.	80	4.	36.	2.	3.6		30 120	0.5	.	0.800	5000	15000	TO220	33
30-25-04410		BD 441	N	80.	80	4.	36.	0.8	2.		40	0.5	1.	3.			TO126	16
30-25-04420		BD 442	P	80.	80	4.	36.	0.8	2.		40	0.5	1.	3.			TO126	16
30-09-01660	*	AD 166	P	32.		10.	36.	.	.		40	.	.	0.350			TO3	10
30-25-02870		BD 287	P	25.	30	12.	36.	.	.		200	0.1	7.	50.	500	2000	TO126	16
30-25-02880		BD 288	P	45.	45	12.	36.	.	.		200	0.1	0.7	50.	500	2000	TO126	16
30-09-01334	*	AD 133 IV	P	32.	50	15.	36.	0.3	15.		20 40	5.	0.5	0.3			TO3	10
30-09-01333	*	AD 133 III	P	32.	50	15.	36.	0.3	15.		20 40	5.	0.5	0.3			TO3	10
30-01-59460		2N 5946	N	16.	36	2.	37.5	.	.		20	.	.	960.			T90	38
30-70-00500		TIP 50	N	400.	500	1.	40.	1.	1.		30 150	0.3	10.	10.	200	2000	TO220	33
30-58-00402		BUW 40 B	N	400.	650	1.	40.	1.	1.		20 100	0.3	3.	50.	700	400	TO220	33
30-01-50500		2N 5050	N	125.	125	2.	40.	5.	2.		25 100	0.75	5.	10.	300	1200	TO66	9
30-59-00850		BUX 85	N	450.	1000	2.	40.	3.	1.		30	0.1	5.	20.	250	400	TO220	33
30-60-00710	*	BUY 71	N	2200.		2.	40.	5.	1.5		1.5	.	.	5.	1000	1500	TO3	10
30-70-00311		TIP 31 A	N	60.	100	3.	40.	2.5	3.		10 50	3.	4.	3.	500	2000	TO220	33
30-70-00312		TIP 31 B	N	80.	120	3.	40.	2.5	3.		10 50	3.	4.	3.	500	2000	TO220	33
30-70-00322		TIP 32 B	P	80.	120	3.	40.	2.5	0.750		10 50	3.	4.	3.	300	1000	TO220	33
30-70-00313		TIP 31 C	N	100.	140	3.	40.	2.5	3.		10 50	3.	4.	3.	500	2000	TO220	33
30-01-51900		2N 5190	N	40.	40	4.	40.	1.4	4.		25 100	1.5	2.	2.			TO126	16
30-01-51930		2N 5193	P	40.	40	4.	40.	1.4	4.		25 100	1.5	2.	2.			TO126	16
30-01-60340		2N 6034	P	40.	40	4.	40.	3.	4.	D	750 18000	2.	3.	25.			TO126	16
30-25-06760	*	BD 676	P	45.	45	4.	40.	2.5	1.5	D	750	1.5	3.	1.	300	1500	TO126	16
30-25-06750	*	BD 675	N	45.	45	4.	40.	2.5	1.5	D	750	1.5	3.	7.	800	4500	TO126	16
30-05-08370		2SD 837	N	60.		4.	40.	.	.			.	.	.			TO220	33
30-01-51910		2N 5191	N	60.	60	4.	40.	1.4	4.		25 100	1.5	2.	2.			TO126	16
30-01-51940		2N 5194	P	60.	60	4.	40.	1.4	4.		25 100	1.5	2.	2.			TO126	16

4.4. Power (from 5 W upwards)

ElData code	S	Type	N/P	Uceo V	Ucbo V	Ic A	Ptot W	Uce (sat) V	@ Ic A	D	hFE min.	hFE max.	@ Ic A	Uce V	Ft MHz	tON ns	tOFF ns	Case	no.
30-25-06780	*	BD 678	P	60.	60	4.	40.	2.5	1.5	D	750		1.5	3.	1.	300	1500	TO126	16
30-25-06770	*	BD 677	N	60.	60	4.	40.	2.5	1.5	D	750		1.5	3.	7.	800	4500	TO126	16
30-01-60360		2N 6036	P	80.		4.	40.	.	.	D	750	18000	.		.	25.			TO126	16
30-01-51920		2N 5192	N	80.	80	4.	40.	1.4	4.		20	80	1.5	2.	2.			TO126	16
30-01-51950		2N 5195	P	80.	80	4.	40.	1.4	4.		20	80	1.5	2.	2.			TO126	16
30-25-06800		BD 680	P	80.	80	4.	40.	2.5	1.5	D	750		1.5	3.	1.	300	1500	TO126	16
30-25-06790		BD 679	N	80.	80	4.	40.	2.5	1.5	D	750		1.5	3.	7.	800	4500	TO126	16
30-01-60390		2N 6039	N	80.	80	4.	40.	2.	2.	D	750	18000	2.		.	25.			TO126	16
30-01-64740		2N 6474	N	120.	130	4.	40.	1.2	1.5		15	150	1.5	4.	4.			T0220	33
30-01-64760		2N 6476	P	120.	130	4.	40.	1.2	1.5		15	150	1.5	4.	5.			T0220	33
30-05-05250		2SD 525	N	100.	100	5.	40.	2.	4.		40	240	1.	5.	12.			T0220	33
30-70-00323		TIP 32 C	P	100.	140	5.	40.	2.5	0.750		10	50	3.	4.	3.	300	1000	T0220	33
30-04-21980		2SC 2198	N	50.		6.	40.	.	.		300		1.	4.	.	500		T066	9
30-04-24910		2SC 2491	N	50.		6.	40.	.	.		300		1.	4.	.	500		T0220	33
30-04-14440		2SC 1444	N	60.		6.	40.	.	.		30		1.	4.	.			T066	9
30-02-07640		2SA 764	P	60.		6.	40.	.	.		30		1.	4.	.			T066	9
30-04-19850		2SC 1985	N	60.		6.	40.	.	.		40		1.	4.	.			T0220	33
30-02-07700		2SA 770	P	60.		6.	40.	.	.		40		1.	4.	.			T0220	33
30-04-16640		2SC 1664	N	60.		6.	40.	.	.		500		1.	4.	.			T066	9
30-04-14450		2SC 1445	N	80.		6.	40.	.	.		30		1.	4.	.			T066	9
30-02-07650		2SA 765	P	80.		6.	40.	.	.		30		1.	4.	.			T066	9
30-04-19860		2SC 1986	N	80.		6.	40.	.	.		40		1.	4.	.			T0220	33
30-02-07710		2SA 771	P	80.		6.	40.	.	.		40		1.	4.	.			T0220	33
30-04-16641		2SC 1664 A	N	80.		6.	40.	.	.		500		1.	4.	.			T066	9
30-01-59540	*	2N 5954	P	80.	90	6.	40.	1.2	.		20	100	0.5	4.	5.	200	1200	T066	9
30-01-61060		2N 6106	P	70.		7.	40.	2.	6.5		30	150	2.	4.	10.			T0220	33
30-01-61070		2N 6107	P	70.		7.	40.	2.	6.5		30	150	2.	4.	10.			T0220	33
30-01-62920		2N 6292	N	70.	80	7.	40.	2.	6.5		30	150	2.	4.	4.			T0220	33
30-01-62930		2N 6293	N	70.	80	7.	40.	2.	6.5		30	150	2.	4.	4.			T0220	33
30-06-51950		45195	P	80.		7.	40.	0.6	1.5		20	80	1.5	.	2.			T0220	33
30-05-04190		2SD 419	N	80.		7.	40.	.	.	D	700		7.	4.	.			T066	9
30-05-04200		2SD 420	N	100.		7.	40.	.	.	D	700		7.	4.	.			T066	9
30-01-54300		2N 5430	N	100.	100	7.	40.	1.2	7.		60	240	2.	2.	30.	100	200	T066	9
30-04-23340		2SC 2334	N	100.	150	7.	40.	5.	.	3	40	200	5.	0.6	.		500	T0220	33
30-05-04210		2SD 421	N	120.		7.	40.	.	.	D	700		7.	4.	.			T066	9
30-04-23350		2SC 2335	N	400.	500	7.	40.	3.	.	1	20	80	5.	1.	.		1000	T0220	33

4.4. Power (from 5 W upwards)

ElData code	S	Type	N/P	Uceo V	Ucbo V	Ic A	Ptot W	Uce (sat) V	@ Ic A	D	hFE min.	hFE max.	Ic A	Uce V	Ft MHz	tON ns	tOFF ns	Case	no.
30-30-00910	*	BDY 91	N	80.		10.	40.	1.	10.		30	100	5.		5.	70.	350	1500	T03	10
30-30-00900		BDY 90	N	100.	120	10.	40.	1.	10.		30	120	5.		5.	70.	350	1500	T03	10
30-01-60780		2N 6078	N	250.	275	7.	45.	0.5	1.2		12	70	1.2	1.	1.				T066	9
30-11-00110	*	ADZ 11	P	40.	50	20.	45.	.	.		40	120	1.2	2.	.				T63	75
30-58-00840		BUW 84	N	400.	800	2.	50.	1.	1.		50		0.1	50.	20.		200	2400	T0126	79
30-01-62640	*	2N 6264	N	150.	170	3.	50.	0.5	1.		20	60	1.	2.	0.200				T066	9
30-01-60820		2N 6082	N	18.	36	4.	50.	.	.		5		.		300.				T113	86
30-25-05350	*	BD 535	N	60.	60	4.	50.	.	.		25		2.	2.	3.				T0220	33
30-70-01150		TIP 115	P	60.	60	4.	50.	2.5	2.	D	500		2.	4.	.		2600	4500	T0220	33
30-01-62950		2N 6295	N	80.		4.	50.	.	.	D	750	18000	2.	.	4.				T066	9
30-01-62970		2N 6297	P	80.		4.	50.	.	.	D	750	18000	2.	.	4.				T066	9
30-70-01160		TIP 116	P	80.	80	4.	50.	2.5	2.	D	500		2.	4.	.		2600	4500	T0220	33
30-70-01120		TIP 112	N	100.	100	4.	50.	2.5	2.	D	500		2.	4.	.		2600	4500	T0220	33
30-70-01170		TIP 117	P	100.	100	4.	50.	2.5	2.	D	500		2.	4.	.		2600	4500	T0220	33
30-01-51620		2N 5162	P	40.	60	5.	50.	.	.		10		2.	5.	500.				T060	31
30-04-09400	*	2SC 940	N	90.		5.	50.	.	.		15	120	.	.	10.				T03	10
30-04-17680		2SC 1768	N	150.		5.	50.	.	.		400		1.	4.	.				T03	10
30-05-08700		2SD 870	N	600.	1500	5.	50.	3.	4.		8	12	1.	5.	3.			500	T03	10
30-05-06070		2SD 607	N	800.		5.	50.	.	.				.	.	.				T03	10
30-02-08070		2SA 807	P	60.		6.	50.	.	.		20		3.	4.	.				T03	10
30-02-16180		2SA 1618	P	60.		6.	50.	.	.		20		3.	4.	.				T03	10
30-04-23150		2SC 2315	N	60.		6.	50.	.	.		500		0.5	4.	.				T0220	33
30-04-16290		2SC 1629	N	70.		6.	50.	.	.		500		1.	4.	.				T03	10
30-02-16190		2SA 1619	P	80.		6.	50.	.	.		20		3.	4.	.				T03	10
30-05-07210		2SD 721	N	80.		6.	50.	.	.	D	500		7.	4.	.				T0220	33
30-04-23160		2SC 2316	N	80.		6.	50.	.	.		500		0.5	4.	.				T0220	33
30-03-07110		2SB 711	P	80.		6.	50.	.	.	D	500		7.	4.	.				T0220	33
30-02-16191		2SA 1619 A	P	100.		6.	50.	.	.		20		3.	4.	.				T03	10
30-02-08081		2SA 808 A	P	100.		6.	50.	.	.		20		3.	4.	.				T03	10
30-05-07220		2SD 722	N	100.		6.	50.	.	.	D	500		7.	4.	.				T0220	33
30-03-07120		2SB 712	P	100.		6.	50.	.	.	D	500		7.	4.	.				T0220	33
30-05-10310		2SD 1031	N	120.		6.	50.	.	.	D	700		4.	2.2					T0220	33
30-54-01110	*	BU 111	N	300.	500	6.	50.	1.5	3.		5		3.	5.	20.			1000	T03	10
30-01-54960		2N 5496	N	70.	90	7.	50.	1.	3.5		20	100	3.5	4.	0.800		5000	15000	T0220	33
30-04-28100		2SC 2810	N	400.		7.	50.	.	.				.	.	.	700			T0220	33
30-70-00581		TIP 58 A	N	400.	500	7.5.	50.	2.5	10.		10	100	1.	3.	.		130	200	T0218	74

4.4. Power (from 5 W upwards)

ElData code	S	Type	N/P	Uceo V	Ucbo V	Ic A	Ptot W	Uce (sat) V	@ Ic A	D	hFE min.	max.	@ Ic A	@ Uce V	Ft MHz	tON ns	tOFF ns	Case	no.
30-70-01620		TIP 162	N	380.	380	10.	50.	2.4	10.	D	200		4.		2.2	.	1500	2600	TO218	74
30-54-04120		BU 412	N	175.		12.	50.	.	.		10		.		.	25.		1000	T03	10
30-04-26650		2SC 2665	N	80.		4.	55.	.	.		40		1.	4.		.			T0218	74
30-02-11350		2SA 1135	P	80.		4.	55.	.	.		40		1.	4.		.			T0218	74
30-01-56430		2N 5643	N	35.	65	5.	60.	.	.		5		.	.		175.			T113	86
30-02-11020		2SA 1102	P	80.		6.	60.	.	.		30		2.	4.		.			T0218	74
30-04-25770		2SC 2577	P	80.		6.	60.	.	.		30		2.	4.		.			T0218	74
30-03-06860		2SB 686	P	100.	100	6.	60.	2.	4.		55	160	1.	5.		10.			T0218	74
30-05-07160		2SD 716	N	100.	100	6.	60.	2.	4.		55	160	1.	5.		12.			T0218	74
30-54-03269		BU 326 S	N	400.	800	6.	60.	3.	4.		10		4.	5.		20.		300	T03	10
30-54-03261		BU 326 A	N	400.	900	6.	60.	3.	4.		40		0.6	5.		6.		200	T03	10
30-03-07540		2SB 754	P	50.	50	7.	60.	0.2	4.		70	240	1.	5.		10.			T0218	74
30-05-08440		2SD 844	N	50.	50	7.	60.	0.2	4.		70	240	1.	1.		15.			T0218	74
30-54-04070		BU 407	N	150.	330	7.	60.	1.	5.		12		4.	10.		10.		750	T0220	33
30-54-04080		BU 408	N	200.		7.	60.	.	.		10		.	.		10.		400	T0220	33
30-54-04074		BU 407 D	N	330.	330	7.	60.	1.	5.		12		4.	10.		10.		750	T0220	33
30-54-04064		BU 406 D	N	400.	400	7.	60.	1.	5.		16		1.	1.		10.			T0220	33
30-25-02010	*	BD 201	N	45.	60	8.	60.	1.5	6.		30		3.	2.		7.	1000	4000	T0220	33
30-25-02030		BD 203	N	60.	60	8.	60.	1.5	6.		30		3.	2.		7.	1000	4000	T0220	33
30-25-02670		BD 267	N	60.	60	8.	60.	.	.	D	750		3.	3.		0.100			T0220	33
30-25-02660		BD 266	P	60.	60	8.	60.	.	.	D	750		3.	3.		0.100			T0220	33
30-04-21990		2SC 2199	N	80.		8.	60.	.	.		300		1.	4.		.	500		T03	10
30-29-00533		BDX 53 C	N	100.	100	8.	60.	2.	3.	D	750		3.	3.		.			T0220	33
30-29-00543		BDX 54 C	P	100.	100	8.	60.	2.	3.	D	750		3.	3.		.			T0220	33
30-54-08060		BU 806	N	200.	400	8.	60.	.	.	D	100		.	.		.	350	750	T0220	33
30-60-00790	*	BUY 79	N	350.	750	8.	60.	1.5	5.		4		5.	1.5		15.	1000	700	T03	10
30-60-00720	*	BUY 72	N	200.	280	10.	60.	1.5	7.		25	160	2.	1.5		1.5	2000	6000	T03	10
30-59-00270		BUX 27	N	450.		10.	60.	.	.		7		.	.		20.		1000	T03	10
30-25-02020	*	BD 202	P	45.	60	12.	60.	1.5	6.		30		3.	2.		7.	1000	2000	T0220	33
30-25-02040		BD 204	P	60.	60	12.	60.	1.5	6.		30		3.	2.		7.	1000	2000	T0220	33
30-54-04130		BU 413	N	175.		15.	60.	.	.		5		.	.		25.		1000	T03	10
30-54-04142		BU 414 B	N	900.		15.	60.	.	.		3.5		.	.		15.		700	T03	10
30-01-58050		2N 5805	N	375.		5.	62.	.	.		10	100	.	.		15.			T03	10
30-25-06490		BD 649	N	100.	100	8.	62.5	2.	3.	D	750		3.	3.		10.			T0220	33
30-25-06500		BD 650	P	100.	100	8.	62.5	2.	3.	D	750		3.	3.		10.			T0220	33
30-25-06510		BD 651	N	120.	140	12.	62.5	2.	3.	D	750		3.	3.		10.			T0220	33

4.4. Power (from 5 W upwards)

ElData code	S	Type	N/P	Uceo V	Ucbo V	Ic A	Ptot W	Uce (sat) V	@ Ic A	D	hFE @ min.	max.	Ic A	Uce V	Ft MHz	tON ns	tOFF ns	Case	no.
30-25-06520		BD 652	P	120.	140	12.	62.5	2.	3.	D	750		3.		3.	10.			T0220	33
30-66-02380		MRF 238	N	18.	36	4.	65.	.	.		5		1.		5.	175.			T113	86
30-70-01220		TIP 122	N	100.	100	5.	65.	4.	5.	D	1000		3.		3.	.	1500	8500	T0220	33
30-70-01270		TIP 127	P	100.	100	5.	65.	4.	5.	D	1000		3.		3.	.	1500	8500	T0220	33
30-70-00411		TIP 41 A	N	60.	100	6.	65.	1.5	60.		15	75	3.		4.	3.	600	1000	T0220	33
30-70-00421		TIP 42 A	P	60.	100	6.	65.	1.5	6.		15	75	3.		4.	3.	400	700	T0220	33
30-70-00422		TIP 42 B	P	80.	120	6.	65.	1.5	60.		15	75	3.		4.	3.	400	700	T0220	33
30-70-00413		TIP 41 C	N	100.	140	6.	65.	1.5	6.		15	75	3.		4.	3.	600	1000	T0220	33
30-70-00423		TIP 42 C	P	100.	140	6.	65.	1.5	60.		15	75	3.		4.	3.	400	700	T0220	33
30-70-00415		TIP 41 E	N	140.	180	6.	65.	1.5	6.		15	75	3.		4.	3.	600	1000	T0220	33
30-01-63860		2N 6386	N	40.	40	8.	65.	3.	8.	D	1000	20000	3.		3.	1.	1000	3500	T0220	33
30-01-66660		2N 6666	P	40.	40	8.	65.	2.	3.	D	1000	20000	3.		3.	2.	600	2000	T0220	33
30-69-82040	*	TA 8204	P	40.	40	8.	65.	2.	3.	D	1000	20000	3.		3.	50.			T0220	33
30-25-07960		BD 796	P	45.	45	8.	65.	1.	3.		25	40	1.		2.	3.			T0220	33
30-25-02433		BD 243 C	N	100.	100	8.	65.	1.5	6.		15		3.		4.	3.	600	2000	T0220	33
30-25-02443		BD 244 C	P	100.	100	8.	65.	1.5	6.		15		3.		4.	3.	400	700	T0220	33
30-25-08020		BD 802	P	100.	100	8.	65.	1.	3.		30		1.		2.	3.			T0220	33
30-25-02444		BD 244 D	P	120.	120	8.	65.	1.5	6.		15		3.		4.	3.	400	700	T0220	33
30-01-63870		2N 6387	N	60.	60	10.	65.	3.	10.	D	1000	20000	5.		3.	1.	1000	3500	T0220	33
30-01-66670		2N 6667	P	60.	60	10.	65.	2.	5.	D	1000	20000	5.		3.	50.			T0220	33
30-69-84870	*	TA 8487	P	60.	60	10.	65.	2.	5.	D	1000	20000	5.		3.	50.			T0220	33
30-01-66680		2N 6668	P	80.	80	10.	65.	2.	5.	D	100	2000	5.		3.	2.	600	2000	T0220	33
30-01-63880		2N 6388	N	80.	80	10.	65.	3.	10.	D	1000	20000	5.		3.	1.	1000	3500	T0220	33
30-45-00931		BLY 93 A	N	36.	65	3.	70.	.	.		10	120	1.		5.	500.			SOT56	39
30-01-49320		2N 4932	N	25.	50	3.3	70.	.	.		10	100	1.		.	100.			T060	31
30-45-00891		BLY 89 A	N	18.	36	5.	70.	.	.		10	120	1.		5.	650.			SOT56	39
30-04-28250		2SC 2825	N	60.		6.	70.	.	.		500		1.		4.	.				
30-54-04261		BU 426 A	N	400.	900	6.	70.	3.	4.		30		0.6		5.	.	300	150	T0218	74
30-04-25780		2SC 2578	N	100.		7.	70.	.	.		30		3.		4.	.			T0218	74
30-02-11030		2SA 1103	P	100.		7.	70.	.	.		30		3.		4.	.				74
30-04-14020		2SC 1402	N	80.		8.	70.	.	.		30		3.		4.	.			T03	10
30-02-07440		2SA 744	P	80.		8.	70.	.	.		30		3.		4.	.			T03	10
30-70-01310		TIP 131	N	80.	80	8.	70.	3.	6.	D	1000	15000	4.		4.	.			T0220	33
30-04-14030		2SC 1403	N	100.		8.	70.	.	.		30		3.		4.	.			T03	10
30-70-01320		TIP 132	N	100.	100	8.	70.	3.	6.	D	1000	15000	4.		4.	.			T0220	33
30-70-01370		TIP 137	P	100.	100	8.	70.	3.	6.	D	1000	15000	4.		4.	.			T0220	33

4.4. Power (from 5 W upwards)

EIData code	S	Type	N/P	Uceo V	Ucbo V	Ic A	Ptot W	Uce (sat) V	Uce (sat) @ Ic A	D	hFE min.	hFE max.	@ Ic A	Uce V	Ft MHz	tON ns	tOFF ns	Case	no.
30-04-14031		2SC 1403 A	N	120.		8.	70.	.	.		30		3.	4.	.			T03	10
30-02-07451		2SA 745 A	P	120.		8.	70.	.	.		30		3.	4.	.			T03	10
30-01-66480		2N 6648	P	40.	40	10.	70.	2.	5.	D	1000	2000	5.	3.	50.			T03	10
30-69-83510	*	TA 8351	P	40.	40	10.	70.	2.	5.	D	1000	2000	5.	3.	50.			T03	10
30-01-66490		2N 6649	P	60.	60	10.	70.	2.	5.	D	1000	20000	5.	3.	2.	600	2000	T03	10
30-01-66500		2N 6650	P	80.	80	10.	70.	2.	5.	D	1000	20000	5.	3.	2.	600	2000	T03	10
30-29-00333		BDX 33 C	N	100.	100	10.	70.	2.5	3.	D	750		3.	3.	1.	1000	3500	T0220	33
30-29-00343		BDX 34 C	P	100.	100	10.	70.	2.5	3.	D	750		3.	3.	1.	1000	3500	T0220	33
30-70-07901		TIPL 790 A	N	150.	200	10.	70.	2.	10.	D	60	500	0.5	5.	10.	160	250	T0218	74
30-01-60490	*	2N 6049	P	55.	90	4.	75.	2.	4.		25	100	0.2	10.	3.			T066	9
30-67-30550		RCA 3055	N	60.	100	4.	75.	1.1	4.		20	70	4.	4.	0.8			T0220	33
30-01-14880	*	2N 1488	N	55.	100	6.	75.	3.	1.5		15	45	1.5	4.	.	1000	1200	T03	10
30-59-00820		BUX 82	N	400.	800	6.	75.	3.	4.		30		1.2	5.	12.	400	250	T03	10
30-59-00830		BUX 83	N	450.	1000	6.	75.	1.6	4.		30		1.2	5.	12.	400	250	T03	10
30-67-02040	*	RCA 204	N	80.		7.	75.	.	.		30		.	.	.			T0220	33
30-67-01040	*	RCA 104	P	80.		7.	75.	.	.		30		.	.	.			T0220	33
30-01-60430		2N 6043	N	60.		8.	75.	.	.	D	1000	10000	4.		4.			T0220	33
30-01-60400		2N 6040	P	60.		8.	75.	.	.	D	1000	10000	4.		4.			T0220	33
30-01-63010		2N 6301	N	80.		8.	75.	.	.	D	750	18000	4.		4.			T066	9
30-01-62990		2N 6299	P	80.		8.	75.	.	.	D	750	18000	4.		4.			T066	9
30-01-60440		2N 6044	N	80.		8.	75.	.	.	D	1000	10000	4.		4.			T0220	33
30-01-60410		2N 6041	P	80.		8.	75.	.	.	D	1000	10000	4.		4.			T0220	33
30-01-60420		2N 6042	P	100.		8.	75.	.	.	D	1000	10000	3.		4.			T0220	33
30-01-61000		2N 6100	N	70.	80	10.	75.	2.5	10.		20	80	5.	4.	0.800			T0220	33
30-01-61010		2N 6101	N	70.	80	10.	75.	2.5	10.		20	80	5.	4.	0.800			T0220	33
30-01-64890		2N 6489	P	40.	50	15.	75.	3.5	15.		20	150	5.	4.	5.			T0220	33
30-01-64870		2N 6487	N	60.	70	15.	75.	3.5	15.		20	150	5.	4.	5.			T0220	33
30-01-64880		2N 6488	N	80.	90	15.	75.	3.5	15.		20	150	5.	4.	5.	300	1200	T0220	33
30-01-64910		2N 6491	P	80.	90	15.	75.	3.5	15.		20	150	5.	4.	5.	300	1200	T0220	33
30-01-61030		2N 6103	N	40.	45	16.	75.	2.3	16.		15	60	8.	4.	0.800			T0220	33
30-70-07601		TIPL 760 A	N	420.	1000	4.	80.	5.	4.		20	60	0.5	5.	12.	550	500	T0220	33
30-70-01520		TIP 152	N	400.	400	7.	80.	1.5	2.	D	150		5.	5.	.	160	1500	T0220	33
30-04-22600		2SC 2260	N	100.		8.	80.	.	.		30		3.	4.	.			T03	10
30-02-09800		2SA 980	P	100.		8.	80.	.	.		30		3.	4.	.			T03	10
30-04-25790		2SC 2579	N	120.		8.	80.	.	. .		30		3.	4.	.			T0218	74
30-04-22610		2SC 2261	N	120.		8.	80.	.	.		30		3.	4.	.			T03	10

4.4. Power (from 5 W upwards)

ElData code	S	Type	N/P	Uceo V	Ucbo V	Ic A	Ptot W	Uce (sat) V	@ Ic A	D	hFE min.	hFE max.	Ic A	Uce V	Ft MHz	tON ns	tOFF ns	Case	no.
30-02-09810		2SA 981	P	120.		8.	80.	.	.		30		3.	4.	.			T03	10
30-02-11040		2SA 1104	P	120.		8.	80.	.	.		30		3.	4.	.			T0218	74
30-03-06880		2SB 688	P	120.	120	8.	80.	2.5	5.		55	160	1.	5.	10.			T0218	74
30-05-07180		2SD 718	N	120.	120	8.	80.	2.5	5.		55	160	1.	5.	12.			T0218	74
30-04-22620		2SC 2262	N	140.		8.	80.	.	.		30		3.	4.	.			T03	10
30-02-09820		2SA 982	P	140.		8.	80.	.	.		30		3.	4.	.			T03	10
30-59-00280	*	BUX 28	N	350.	350	8.	80.	2.	10.	D	10		7.	1.5	1.			T03	10
30-04-15770		2SC 1577	N	400.		8.	80.	.	.				.	.	.	800		T03	10
30-04-15780		2SC 1578	N	500.		8.	80.	.	.				.	.	.	800		T03	10
30-04-15780		2SC 1578	N	500.		8.	80.	.	.				.	.	.	1000		T03	10
30-05-06050		2SD 605	N	500.		8.	80.	.	.	D	200		4.	2.	.			T05	12
30-70-00330		TIP 33	N	40.	80	10.	80.	4.	10.		20	100	3.	4.	3.	600	1000	T0218	74
30-70-00340		TIP 34	P	40.	80	10.	80.	4.	10.		20	100	3.	4.	3.	400	700	T0218	74
30-70-00331		TIP 33 A	N	60.	100	10.	80.	4.	10.		20	100	3.	4.	3.	600	1000	T0218	74
30-70-00341		TIP 34 A	P	60.	100	10.	80.	4.	10.		20	100	3.	4.	3.	400	700	T0218	74
30-70-00332		TIP 33 B	N	80.	120	10.	80.	4.	10.		20	100	3.	4.	3.	600	1000	T0218	74
30-70-00333		TIP 33 C	N	100.	140	10.	80.	4.	10.		20	100	3.	4.	3.	600	1000	T0218	74
30-70-00343		TIP 34 C	P	100.	140	10.	80.	4.	10.		20	100	3.	4.	3.	400	700	T0218	74
30-70-00335		TIP 33 E	N	140.	180	10.	80.	4.	10.		20	100	3.	4.	3.	600	1000	T0218	74
30-70-07851		TIPL 785 A	N	150.	200	10.	80.	2.	10.	D	60	500	0.5	5.	10.	160	250	T0218	74
30-70-06600		TIP 660	N	320.	320	10.	80.	2.9	10.	D	200		4.	2.2	.	1500	2600	T03	10
30-70-06610		TIP 661	N	350.	350	10.	80.	2.9	10.	D	200		4.	2.2	.	1500	2600	T03	10
30-70-06620		TIP 662	N	380.	380	10.	80.	2.9	10.	D	200		4.	2.2	.	1500	2600	T03	10
30-30-00270		BDY 27	N	200.	400	6.	85.	.	.		15	180	2.	4.	10.		500	T03	10
30-54-05260		BU 526	N	400.		8.	86.	.	.		15		.	.	10.		1000	T03	10
30-01-49010		2N 4901	P	40.	40	5.	87.5	0.4	1.		20	80	1.	2.	4.			T03	10
30-01-58690		2N 5869	N	60.	60	5.	87.5	2.	5.		20	100	0.25	4.	4.	700	800	T03	10
30-01-49020		2N 4902	P	60.	60	5.	87.5	0.4	1.		20	80	1.	2.	4.			T03	10
30-01-49050		2N 4905	P	60.	60	5.	87.5	1.	2.5		25	100	2.5	2.	4.			T03	10
30-01-49030		2N 4903	P	80.	80	5.	87.5	0.4	1.		20	80	1.	2.	4.			T03	10
30-01-49060		2N 4906	P	80.	80	5.	87.5	1.	2.5		25	100	2.5	2.	4.			T03	10
30-01-63170		2N 6317	P	60.		7.	90.	.	.		20	100	2.5	.	4.			T066	9
30-01-63160		2N 6316	N	80.		7.	90.	.	.		20	100	2.5	.	4.			T066	9
30-01-63180		2N 6318	P	80.		7.	90.	.	.		20	100	2.5	.	4.			T066	9
30-61-01000		MJ 1000	N	60.	80	8.	90.	2.	3.	D	1000		3.	3.	1.			T03	10
30-61-00900		MJ 900	P	60.	80	8.	90.	2.	3.	D	1000		3.	3.	1.			T03	10

4.4. Power (from 5 W upwards)

EIData code	S	Type	N/P	Uceo V	Ucbo V	Ic A	Ptot W	Uce (sat) V	@ Ic A	D	hFE @ min.	max.	Ic A	Uce V	Ft MHz	tON ns	tOFF ns	Case	no.
30-67-10010		RCA 1001	N	80.	80	8.	90.	2.	3.	D	750		4.	3.	1.			TO3	10
30-04-25800		2SC 2580	N	120.		9.	90.	.	.		30		3.	4.	.			TO218	74
30-02-11050		2SA 1105	P	120.		9.	90.	.	.		30		3.	4.				TO218	74
30-26-00910		BDT 91	N	60.	60	10.	90.	3.	10.		5		10.	4.	4.	500	2000	TO220	33
30-25-06070		BD 607	N	60.	70	10.	90.	1.1	4.		15	30	4.	2.	1.5			B16H	83
30-25-02070		BD 207	N	60.	70	10.	90.	.	.		15		1.1	4.	1.5	4	2	TO126	16
30-25-02080		BD 208	P	60.	70	10.	90.	1.1	4.		15			4.	2.	1.5		TO126	16
30-25-06080		BD 608	P	60.	70	10.	90.	1.1	4.		15	30	4.	2.	1.5			B16H	83
30-26-00631		BDT 63 A	N	80.	80	10.	90.	2.5	8.	D	1000		3.	3.	0.05	1000	5000	TO220	33
30-70-30550		TIP 3055	N	70.	100	15.	90.	3.	10.		20	70	4.	4.	3.	600	1000	TO218	74
30-70-29550		TIP 2955	P	70.	100	15.	90.	3.	10.		20	70	4.	4.	3.	400	700	TO218	74
30-25-09110		BD 911	N	100.	100	15.	90.	1.	5.		15	150	5.	4.	3.			TO220	33
30-25-09120		BD 912	P	100.	100	15.	90.	1.	5.		15	150	5.	4.	3.			TO220	33
30-70-00540		TIP 54	N	400.	500	3.	100.	1.5	3.		30	150	0.3	10.	2.5	250	5000	TO218	74
30-70-07610		TIPL 761	N	375.	800	4.	100.	5.	4.		20	60	0.5	5.	12.	550	500	TO218	74
30-70-07611		TIPL 761 A	N	420.	1000	4.	100.	5.	4.		20	60	0.5	5.	12.	550	500	TO218	74
30-04-18290		2SC 1829	N	150.		5.	100.	.	.		400		1.	4.	.			TO3	10
30-61-00410 *		MJ 410	N	200.	200	5.	100.	0.8	1.		30	90	1.	5.	2.5			TO3	10
30-59-00161		BUX 16 A	N	250.	325	5.	100.	2.5	2.		15	130	0.4	10.	5.			TO3	10
30-06-08520 *		40852	N	350.	450	7.	100.	3.	4.		12		1.2	1.	.			TO3	10
30-04-18310		2SC 1831	N	70.		8.	100.	.	.		500		1.	4.	.			TO3	10
30-58-00412		BUW 41 B	N	400.	650	8.	100.	1.	5.		10	40	5.	3.	60.	500	400	TO220	33
30-01-63830		2N 6383	N	40.	40	10.	100.	2.	5.	D	1000	20000	5.	3.	1.	1000	3500	TO3	10
30-01-63840		2N 6384	N	60.	60	10.	100.	2.	5.	D	1000	20000	5.	3.	1.	1000	3500	TO3	10
30-04-11150		2SC 1115	N	80.		10.	100.	.	.		30		3.	4.	.			TO3	10
30-02-07460		2SA 746	P	80.		10.	100.	.	.		30		3.	4.	.			TO3	10
30-01-63850		2N 6385	N	80.	80	10.	100.	2.	5.	D	1000	20000	5.	3.	1.	1000	3500	TO3	10
30-04-11160		2SC 1116	N	120.		10.	100.	.	.		30		3.	4.	.			TO3	10
30-04-11161		2SC 1116 A	N	140.		10.	100.	.	.		30		3.	4.	.			TO3	10
30-04-25810		2SC 2581	N	140.		10.	100.	.	.		30		3.	4.	.			TO218	74
30-02-07471		2SA 747 A	P	140.		10.	100.	.	.		30		3.	4.	.			TO3	10
30-02-11060		2SA 1106	P	140.		10.	100.	.	.		30		3.	4.	.			TO218	74
30-04-28370		2SC 2837	N	150.		10.	100.	.	.		30		3.	4.	.			TO3	10
30-02-11860		2SA 1186	P	150.		10.	100.	.	.		30		3.	4.	.			TO218	74
30-54-06261		BU 626 A	N	400.	1000	10.	100.	3.3	8.		10		10.	1.5	6.		1000	TO3	10
30-59-00800		BUX 80	N	400.	1000	10.	100.	1.5	5.		30		1.2	5.	6.	350	300	TO3	10

4.4. Power (from 5 W upwards)

ElData code	S	Type	N/P	Uceo V	Ucbo V	Ic A	Ptot W	Uce (sat) V	@ Ic A	D	hFE min.	hFE max.	Ic A	Uce V	Ft MHz	tON ns	tOFF ns	Case	no.
30-01-65690		2N 6569	N	40.	45	12.	100.	4.	12.		15	200	4.	3.	1.5	1500	1500	T03	10
30-01-59910	*	2N 5991	N	80.	100	12.	100.	1.7	12.		20	120	6.	2.	2.			B16H	83
30-01-59880	*	2N 5988	P	80.	100	12.	100.	1.7	12.		20	120	6.	2.	2.			B16H	83
30-04-14400		2SC 1440	N	150.		15.	100.	.	.				.	.	.	500		T03	10
30-04-14410		2SC 1441	N	200.		15.	100.	.	.				.	.	.	500		T03	10
30-04-14360		2SC 1436	N	230.		15.	100.	.	.				.	.	.	500		T03	10
30-66-04501		MRF 450 A	N	20.	40	7.5	115.	.	.		10		1.	5.	30.			T113	86
30-01-34460		2N 3446	N	80.	100	7.5	115.	0.6	3.		20	60	3.	5.	10.			T03	10
30-01-62530		2N 6253	N	45.	55	15.	115.	4.	15.		20	70	3.	4.	0.800			T03	10
30-01-30560		2N 3055	N	60.	100	15.	115.	1.1	4.		20	70	4.	4.	800.			T03	10
30-06-03630	*	40363	N	70.		15.	115.	1.1	4.		20	70	4.	4.	0.700			T03	10
30-01-62540		2N 6254	N	80.	100	15.	115.	4.	15.		20	70	5.	2.	0.800			T03	10
30-01-34420		2N 3442	N	140.	160	10.	117.	1.	3.		20	70	3.	4.	0.08			T03	10
30-06-03250	*	40325	N	35.	35	15.	117.	1.5	8.		12	60	8.	4.	0.75			T03	10
30-25-01830	*	BD 183	N	80.	85	15.	117.	.	.		20	70	3.	4.	0.800			T03	10
30-60-00570	*	BUY 57	N	125.	150	15.	117.	1.3	10.		12		10.	1.5	.	1600	1600	T03	10
30-60-00730	*	BUY 73	N	200.	280	15.	117.	1.4	10.		10		12.	1.5	.	1700	1000	T03	10
30-70-07621		TIPL 762 A	N	400.	1000	6.	120.	5.	6.		15	60	0.5	5.	7.	1000	450	T0218	74
30-01-65120		2N 6512	N	300.	350	7.	120.	1.5	7.		10	50	4.	3.	9.	800	3500	T03	10
30-59-00182		BUX 18 B	N	325.	600	8.	120.	2.5	4.		15	100	1.	5.	3.		2600	T03	10
30-59-00183		BUX 18 C	N	375.	750	8.	120.	2.5	4.		15	100	1.	5.	3.		2600	T03	10
30-70-07631		TIPL 763 A	N	400.	1000	8.	120.	5.	8.		15	60	0.5	5.	8.	800	450	T0218	74
30-29-00873		BDX 87 C	N	100.	100	12.	120.	2.	6.	D	750	18000	6.	3.	0.200	800	2000	T03	10
30-29-00883		BDX 88 C	P	100.	100	12.	120.	2.	6.	D	750	8000	6.	3.	0.200	800	2000	T03	10
30-02-10940		2SA 1094	P	140.	140	12.	120.	2.	5.		55	240	1.	5.	70.			B60	140
30-04-25640		2SC 2564	N	140.	140	12.	120.	2.	5.		55	240	1.	5.	90.			B60	140
30-04-28380		2SC 2838	N	150.		12.	120.	.	.		30		3.	4.	.				
30-02-11870		2SA 1187	P	150.		12.	120.	.	.		30		3.	4.	.			T0218	74
30-58-00580	*	BUW 58	N	160.	250	20.	120.	1.5	15.		10		.	.	15.			T03	10
30-54-04152		BU 415 B	N	900.		20.	120.	.	.		4		.	.	15.		700	T03	10
30-67-04230		RCA 423	N	325.	400	7.	125.	0.2	1.		10		2.5	5.	4.	350	150	T03	10
30-67-04310		RCA 431	N	325.	400	7.	125.	0.25	2.5		15	35	2.5	5.	4.	350	400	T03	10
30-01-63060		2N 6306	N	250.	500	8.	125.	0.8	3.		15	75	3.	5.	5.	600	4000	T03	10
30-01-63070		2N 6307	N	300.	600	8.	125.	1.	3.		15	75	3.	5.	5.	600	400	T03	10
30-01-63080		2N 6308	N	350.	700	8.	125.	1.5	3.		12	60	3.	5.	5.	600	400	T03	10
30-01-65450		2N 6545	N	400.		8.	125.	.	.		7	35	5.	.	6.			T03	10

4.4. Power (from 5 W upwards)

EIData code	S	Type	N/P	Uceo V	Ucbo V	Ic A	Ptot W	Uce (sat) V	@ Ic A	D	hFE min.	max.	@ Ic A	Uce V	Ft MHz	tON ns	tOFF ns	Case	no.
30-54-05081		BU 508 A	N	700.	1500	8.	125.	1.	4.5			.	.		7.			T0218	74
30-70-01400		TIP 140	N	60.	60	10.	125.	3.	10.	D	500		10.	4.	.	900	1100	T0218	74
30-70-01450		TIP 145	P	60.	60	10.	125.	3.	10.	D	500		10.	4.	.	900	1100	T0218	74
30-70-01420		TIP 142	N	100.	100	10.	125.	3.	10.	D	500		10.	4.	.	900	1100	T0218	74
30-70-01470		TIP 147	P	100.	100	10.	125.	3.	10.	D	500		10.	4.	.	900	1100	T0218	74
30-01-62480		2N 6248	N	100.	110	10.	125.	3.5	10.		20	100	5.	4.	15.	300	1200	T03	10
30-27-00640		BDV 64	P	60.	60	12.	125.	2.	5.	D	1000		5.	4.	0.100	500	2000	SOT93	74
30-27-00652		BDV 65 B	N	100.	100	12.	125.	2.	5.	D	1000		5.	4.	0.070	1000	6000	SOT93	74
30-27-00642		BDV 64 B	P	100.	100	12.	125.	2.	5.	D	1000		5.	4.	0.100	500	2000	SOT93	74
30-01-62460		2N 6246	P	60.	70	15.	125.	2.5	15.		20	100	7.	4.	15.	300	1200	T03	10
30-28-00522		BDW 52 B	P	80.	80	15.	125.	1.	5.		20	150	5.	4.	3.			T03	10
30-01-64720		2N 6472	N	80.	90	15.	125.	3.5	15.		20	150	5.	4.	10.	300	2200	T03	33
30-01-62470		2N 6247	P	80.	90	15.	125.	3.5	15.		20	100	6.	4.	15.	300	1200	T03	10
30-70-00360		TIP 36	P	40.	80	25.	125.	4.	25.		10	50	15.	4.	3.	1100	800	T0218	74
30-25-02501		BD 250 A	N	60.	70	25.	125.	4.	25.		25		1.5	4.	3.	200	500	T0218	74
30-70-00351		TIP 35 A	N	60.	100	25.	125.	4.	25.		10	50	15.	4.	3.	1200	900	T0218	74
30-70-00362		TIP 36 B	P	80.	120	25.	125.	4.	25.		10	50	15.	4.	3.	1100	800	T0218	74
30-25-02493		BD 249 C	N	100.	115	25.	125.	4.	25.		25		1.5	4.	3.	300	900	T0218	74
30-25-02503		BD 250 C	N	100.	115	25.	125.	4.	25.		25		1.5	4.	3.	200	500	T0218	74
30-70-00353		TIP 35 C	N	100.	140	25.	125.	4.	25.		10	50	15.	4.	3.	1200	900	T0218	74
30-70-00363		TIP 36 C	P	100.	140	25.	125.	4.	25.		10	50	15.	4.	3.	1100	800	T0218	74
30-45-00940		BLY 94	N	36.	65	6.	130.	.	.		10	120	1.	5.	500.			SOT55	40
30-45-00900		BLY 90	N	18.	36	8.	130.	.	.		10	50	1.	5.	550.			SOT55	40
30-01-64960		2N 6496	N	110.	150	15.	140.	8.	2.		12	100	1.	8.	60.	500	500	T03	10
30-01-50380		2N 5038	N	90.	150	20.	140.	25.	20.		50	250	12.		60.	500	2000	T03	10
30-01-56720	*	2N 5672	N	120.	150	30.	140.	0.75	15.		20	100	15.	2.	60.	500	500	T03	10
30-01-60330		2N 6033	N	120.	150	40.	140.	1.	40.		10	50	40.	2.	50.	1000	2000	T03	10
30-01-60320		2N 6032	N	90.	120	50.	140.	1.3	50.		10	50	50.	26.	50.	1000	2000	T03	10
30-01-64390		2N 6439	N	33.	60	.	146.	.	.		10	100	1.	5.	400.			X136	138
30-70-07521		TIPL 752 A	N	400.		6.	150.	5.	6.		15	60	0.5	5.	7.	1000	450	T03	10
30-01-66730		2N 6673	N	400.	650	8.	150.	1.	5.		10	40	5.	3.	60.	500	400	T03	10
30-70-07531		TIPL 753 A	N	400.	1000	8.	150.	5.	8.		15	60	0.5	5.	8.	800	450	T03	10
30-59-00322		BUX 32 B	N	500.	1000	8.	150.	1.3	60.		8	40	6.	3.	60.	450	400	T03	10
30-59-00312		BUX 31 B	N	500.	1000	8.	150.	1.	4.		8	40	4.	3.	60.	450	400	T03	10
30-01-37890		2N 3789	P	60.	60	10.	150.	1.	4.		25	90	1.	2.	4.			T03	10
30-01-37910		2N 3791	P	60.	60	10.	150.	1.	5.		50	150	1.	2.	4.			T03	10

ElData code	S	Type	N/P	Uceo V	Ucbo V	Ic A	Ptot W	Uce (sat) V	@ Ic A	D	hFE @ min	max	Ic A	Uce V	Ft MHz	tON ns	tOFF ns	Case	no.
30-01-37150		2N 3715	N	60.	80	10.	150.	0.8	5.		50	150	1.	2.	5.	450	350	T03	10
30-01-37900		2N 3790	P	80.	80	10.	150.	1.	4.		25	90	1.	2.	4.			T03	10
30-01-37920		2N 3792	P	80.	80	10.	150.	1.	5.		50	180	1.	2.	4.	350	800	T03	10
30-01-37160		2N 3716	N	80.	100	10.	150.	0.8	5.		50	150	1.	2.	5.	450	350	T03	10
30-01-62620		2N 6262	N	150.	170	10.	150.	0.5	3.		20	70	3.	2.	0.800			T03	10
30-59-00173		BUX 17 C	N	350.	450	10.	150.	3.	8.		15		4.	3.	2.5	2000	4500	T03	10
30-67-87664		RCA 8766 D	N	450.	450	10.	150.	1.5	6.	D	100		6.	3.	10.			T03	10
30-59-00810		BUX 81	N	450.	1000	10.	150.	3.	8.		30		1.2	5.	8.	500	800	T03	10
30-01-60570		2N 6057	N	60.	60	12.	150.	2.	6.	D	750	18000	6.	3.	4.			T03	10
30-01-60500		2N 6050	P	60.	60	12.	150.	2.	6.	D	750	18000	6.	3.	4.			T03	10
30-01-60580		2N 6058	N	80.	80	12.	150.	2.	6.	D	750	18000	6.	3.	4.			T03	10
30-01-60510		2N 6051	P	80.	80	12.	150.	2.	6.	D	750	18000	6.	3.	4.			T03	10
30-01-60590		2N 6059	N	100.	100	12.	150.	2.	6.	D	750	18000	6.	3.	4.			T03	10
30-01-60520		2N 6052	P	100.	100	12.	150.	2.	6.	D	750	18000	6.	3.	4.			T03	10
30-59-00332		BUX 33 B	N	500.	1000	12.	150.	1.	8.		6	40	8.	3.	60.	450	400	T03	10
30-61-29550		MJ 2955	P	60.	100	15.	150.	1.1	4.		20	70	4.	4.	4.			T03	10
30-28-00842		BDW 84 B	P	80.	80	15.	150.	4.	15.	D	750	20000	6.	3.	.	900	7000	SOT93	74
30-04-15840		2SC 1584	N	100.		15.	150.	.	.		30		5.	4.	.			T03	10
30-02-09070		2SA 907	P	100.		15.	150.	.	.		30		5.	4.	.			T03	10
30-04-18300		2SC 1830	N	140.		15.	150.	.	.	D	500		8.	2.	..			T05	12
30-04-15850		2SC 1585	N	150.		15.	150.	.	.		30		5.	4.	.			T03	10
30-04-29210		2SC 2921	N	160.		15.	150.	.	.		30		5.	4.	.				
30-02-12150		2SA 1215	P	160.		15.	150.	.	.		30		5.	4.	.			B60	140
30-02-10950		2SA 1095	P	160.	160	15.	150.	2.	5.		55	240	1.	5.	60.			B60	140
30-04-25650		2SC 2565	N	160.	160	15.	150.	2.	5.		55	240	1.	5.	80.			B60	140
30-03-05540	*	2SB 554	P	180.		15.	150.	.	.		40	140	.	.	6.			T03	10
30-04-26070		2SC 2607	N	200.		15.	150.	.	.		30		5.	4.	.			T03	10
30-04-15860		2SC 1586	N	200.		15.	150.	.	.		30		5.	4.	.			T03	10
30-04-27730		2SC 2773	N	200.		15.	150.	.	.		30		5.	4.	.				
30-02-11160		2SA 1116	P	200.		15.	150.	.	.		30		5.	4.	.			T03	10
30-02-11690		2SA 1169	P	200.		15.	150.	.	.		30		5.	4.	.			T0218	74
30-02-09090		2SA 909	P	200.		15.	150.	.	.		30		5.	4.	.			T03	10
30-04-23060		2SC 2306	N	400.		15.	150.	.	.				.	.	.	350		T03	10
30-04-15790		2SC 1579	N	400.		15.	150.	.	.				.	.	.	400		T03	10
30-04-18320		2SC 1832	N	400.		15.	150.	.	.	D	100		10.	2.	.			T05	12
30-54-09320		BU 932	N	450.	500	15.	150.	1.8	8.	D	250		5.	2.	.	800	1700	T03	10

4.4. Power (from 5 W upwards)

ElData code	S	Type	N/P	Uceo V	Ucbo V	Ic A	Ptot W	Uce (sat) V	@ Ic A	D	hFE @ min.	max.	Ic A	Uce V	Ft MHz	tON ns	tOFF ns	Case	nc
30-04-15800		2SC 1580	N	500.		15.	150.	.	.		.			.	.	400		T03	10
30-29-00672		BDX 67 B	N	100.	100	16.	150.	2.	10.	D	1000		10.		3.	0.050	1000	3500	T03	10
30-29-00662		BDX 66 B	P	100.	100	16.	150.	2.	10.	D	1000		10.		3.	0.060	1000	3500	T03	10
30-30-00370		BDY 37	N	140.	160	16.	150.	1.4	8.		15	60	8.	4.	0.200			T03	10
30-01-66090		2N 6609	P	140.	160	16.	150.	4.	16.		15	60	8.	4.	2.	400	2000	T03	10
30-01-37730		2N 3773	N	140.	160	16.	150.	1.4	8.		15	60	8.	4.	3.	800	3700	T03	10
30-01-37720		2N 3772	N	60.	100	20.	150.	1.4	10.		15	60	10.	4.	3.			T03	10
30-70-06630		TIP 663	N	300.	400	20.	150.	3.	20.	D	500	10000	5.	5.		220	1300	T03	10
30-70-06640		TIP 664	N	350.	450	20.	150.	3.	20.	D	500	10000	5.	5.		220	1300	T03	10
30-59-00100		BUX 10	N	125.	160	25.	150.	0.3	10.		20	60	10.	2.	8.	500	850	T03	10
30-01-37710		2N 3771	N	40.	50	30.	150.	2.	15.		15	60	15.	4.	3.			T03	10
30-06-04110		40411	N	90.		30.	150.	0.8	4.		35	100	4.	4.	0.800			T03	10
30-01-58810		2N 5881	N	60.	60	12.	160.	4.	12.		20	100	6.	4.	4.	700	800	T03	10
30-01-62820		2N 6282	N	60.	60	20.	160.	2.	10.	D	750	18000	10.	3.	4.			T03	10
30-01-62850		2N 6285	P	60.	60	20.	160.	2.	10.	D	750	18000	10.	3.	4.			T03	10
30-01-62830		2N 6283	N	80.	80	20.	160.	2.	10.	D	750	18000	10.	3.	4.	3000	3000	T03	10
30-01-62860		2N 6286	P	80.	80	20.	160.	2.	10.	D	750	18000	10.	3.	4.	3000	3000	T03	10
30-01-62840		2N 6284	N	100.	100	20.	160.	2.	10.	D	750	18000	10.	3.	4.	3000	3000	T03	10
30-01-62870		2N 6287	P	100.	100	20.	160.	2.	10.	D	750	18000	10.	3.	4.	3000	3000	T03	10
30-01-20760	*	2N 2076	P	55.	70	15.	170.	0.7	12.		20	40	5.	2.	0.005	9000		T85	75
30-01-62500		2N 6250	N	275.	375	10.	175.	1.5	10.		8	50	1.	10.	2.5	800	2300	T03	10
30-01-62510		2N 6251	N	350.	450	10.	175.	1.5	10.		6	50	10.	3.	2.5	800	500	T03	10
30-06-08540	*	40854	N	300.	450	15.	175.	3.	10.		8		10.	4.				103	10
30-01-66780		2N 6678	N	400.	650	15.	175.	1.	15.		8		15.	3.	50.	600	500	T03	10
30-01-66750		2N 6675	N	400.	650	15.	175.	1.	10.		8	20	10.	2.	50.	600	500	T03	10
30-01-65470		2N 6547	N	400.	850	15.	175.	5.	15.		6	30	10.	2.	6.	1000	700	T03	10
30-59-00481		BUX 48 A	N	450.		15.	175.	.	.		5			10.		1000	800	T03	10
30-58-00131		BUW 13 A	N	450.	1000	15.	175.	1.5	10.		3	30				1000	800	SOT93	74
30-06-10120	*	41012	N	80.		20.	175.	1.4	10.		20	60	10.	4.	60.			T03	10
30-30-00580		BDY 58	N	125.	160	25.	175.	0.5	10.		20	60	10.	4.	7.	1000	2000	T03	10
30-70-07551		TIPL 755 A	N	420.	1000	10.	180.	5.	10.		15	60	0.5	5.	10.	750	500	T03	10
30-70-07571		TIPL 757 A	N	420.		15.	200.	.	.		15	60			12.			T03	10
30-01-56290		2N 5629	N	100.	100	16.	200.	2.	16.		25	100	8.	2.	1.			T03	10
30-01-56300		2N 5630	N	120.	120	16.	200.	2.	16.		20	80	8.	2.	1.			T03	10
30-01-60300		2N 6030	P	120.	120	16.	200.	?.	16.		20	80	8.	2.	1.			T03	10
30-01-56310		2N 5631	N	140.	140	16.	200.	2.	16.		15	60	8.	2.	1.			T03	10

4.4. Power (from 5 W upwards)

ElData code	S	Type	N/P	Uceo V	Ucbo V	Ic A	Ptot W	Uce (sat) V	@ Ic A	D	hFE @ min.	max.	Ic A	Uce V	Ft MHz	tON ns	tOFF ns	Case	no.
30-01-60310		2N 6031	P	140.	140	16.	200.	2.	16.		15	60	8.	2.	1.			T03	10
30-04-29220		2SC 2922	N	180.		17.	200.	.	.		20		8.	4.	.				
30-02-12160		2SA 1216	P	180.		17.	200.	.	.		20		8.	4.	.			B60	140
30-04-27740		2SC 2774	N	200.		17.	200.	.	.		20		8.	4.	.				
30-04-26080		2SC 2608	N	200.		-17.	200.	.	.		20		8.	4.	.			T03	10
30-02-11170		2SA 1117	P	200.		17.	200.	.	.		20		8.	4.	.			T03	10
30-02-11700		2SA 1170	P	200.		17.	200.	.	.		20		8.	4.	.			T0218	74
30-67-91164		RCA 9116 D	P	120.	120	20.	200.	1.	5.		25	150	5.	2.	2.	400	2000	T03	10
30-61-11015		MJ 11015	P	120.	120	20.	200.	3.	20.	D	1000		20.	5.	4.			T03	10
30-59-00111		BUX 11 A	N	190.	250	20.	200.	0.6	8.		10	60	8.	2.	45.			T03	10
30-01-66880		2N 6688	N	200.	300	20.	200.	1.5	20.		20	80	10.	2.	100.	350	250	T03	10
30-01-58860		2N 5886	N	80.	80	25.	200.	4.	20.		20	100	3.	4.	4.	700	800	T03	10
30-01-58840		2N 5884	P	80.	80	25.	200.	4.	20.		20	100	3.	4.	4.	700	800	T03	10
30-01-63380		2N 6338	N	100.		25.	200.	.	.		30	120	10.	.	40.			T03	10
30-01-63390		2N 6339	N	120.	140	25.	200.	.	.		30	120	10.	2.	40.	300		T03	10
30-01-63400		2N 6340	N	140.		25.	200.	.	.		30	120	10.	.	40.			T03	10
30-01-63410		2N 6341	N	150.		25.	200.	.	.		30	120	10.	.	40.			T03	10
30-01-43980		2N 4398	P	40.		30.	200.	1.	15.		15	60	15.	2.	4.	400	600	T03	10
30-01-53010		2N 5301	N	40.	40	30.	200.	3.	30.		50	60	15.	2.	2.	1000	1000	T03	10
30-01-43990		2N 4399	P	60.		30.	200.	1.	15.		15	60	15.	2.	4.	400	600	T03	10
30-01-53020		2N 5302	N	60.	60	30.	200.	3.	30.		50	60	15.	2.	2.	1000	1000	T03	10
30-01-63270		2N 6327	N	80.	80	30.	200.	3.	30.		6	30	30.	4.	3.	450	900	T03	10
30-04-27610		2SC 2761	N	400.		30.	200.	.	.				.	.	.	400		T03	10
30-61-11016		MJ 11016	N	120.	100	50.	200.	3.	20.	D			20.	5.	4.			T03	10
30-04-14420		2SC 1442	N	150.		50.	200.	.	.				.	.	.	1000			
30-04-14430		2SC 1443	N	200.		50.	200.	.	.				.	.	.	1000			
30-04-14370		2SC 1437	N	230.		50.	200.	.	.				.	.	.	1000		T03	10
30-04-21470		2SC 2147	N	400.		50.	200.	.	.				.	.	.	300		T03	10
30-30-00290		BDY 29	N	75.	100	30.	220.	1.2	15.		15	60	15.	2.	0.200			T03	10
30-01-62590		2N 6259	N	150.	170	16.	250.	2.5	1.6		15	60	8.	2.	0.200			T03	10
30-61-15022		MJ 15022	N	200.	350	16.	250.	1.4	8.		15	60	8.	4.	20.			T03	10
30-61-15024		MJ 15024	N	250.	400	16.	250.	1.4	8.		15	60	8.	4.	20.			T03	10
30-66-04540		MRF 454	N	25.	45	20.	250.	.	.		10	150	5.	5.	30.			X92	87
30-67-02580	*	RCS 258	N	60.	100	20.	250.	1.4	10.		15	60	10.	4.	0.2			T03	10
30-01-62580		2N 6258	N	80.	100	20.	250.	4.	20.		20	60	10.	4.	0.200			T03	10
30-56-00140		BUS 14	N	400.	850	30.	250.	1.5	20.		5		.	.	.	1000	4000	T03	10

4.4. Power (from 5 W upwards)

ElData code	S	Type	N/P	Uceo V	Ucbo V	Ic A	Ptot W	Uce (sat) V	@ Ic A	D	hFE @ min.	max.	Ic A	Uce V	Ft MHz	tON ns	tOFF ns	Case	no.
30-55-00210		BUR 21	N	200.		40.	250.	0.6	12.		20	60	12.	.	6.		1200	T03	10
30-01-62740		2N 6274	N	100.	120	50.	250.	.	.		30	120	20.	.	30.			T03	10
30-01-62750		2N 6275	N	120.	140	50.	250.	.	.		30	120	20.	4.	30.			T03	10
30-01-62760		2N 6276	N	140.	160	50.	250.	.	.		30	120	20.	4.	30.			T03	10
30-01-62770		2N 6277	N	150.	180	50.	250.	.	.		30	120	20.	4.	30.			T03	10
30-01-56850		2N 5685	N	60.	60	50.	300.	5.	50.		15	60	25.	2.	2.			T03	10
30-01-56830		2N 5683	P	60.	60	50.	300.	5.	50.		15	60	25.	2.	2.			T03	10
30-01-56860		2N 5686	N	80.	80	50.	300.	5.	50.		15	60	25.	2.	2.			T03	10
30-01-56840		2N 5684	P	80.	80	50.	300.	5.	50.		15	60	25.	2.	2.			T03	10
30-61-11032		MJ 11032	N	120.	120	50.	300.	.	.	D	400		50.	5.	30.		250	T03	10
30-61-11033		MJ 11033	P	120.	120	50.	300.	.	.	D	400		50.	5.	30.		250	T03	10
30-01-55750		2N 5575	N	50.	70	80.	300.	2.	60.		10	40	60.	40.	0.400			T03	10
30-55-00500		BUR 50	N	125.	200	70.	350.	1.	35.		20	100	5.	4.	16.	500	1000	T03	10

4.5. RF (from 30 MHz upwards)

E1Data code	S	Type	N/P	Uceo V	Ucbo V	Ic A	Ptot W	Uce (sat) V	@ Ic A	D	hFE min.	hFE max.	Ic A	Uce V	Ft MHz	tON ns	tOFF ns	Case	no.
30-66-04750		MRF 475	N	18.	48	4.	10.	.	.		30	60	0.5	5.	30.			TO220	33
30-66-04501		MRF 450 A	N	20.	40	7.5	115.	.	.		10		1.	5.	30.			T113	86
30-66-04540		MRF 454	N	25.	45	20.	250.	.	.		10	150	5.	5.	30.			X92	87
30-66-02380		MRF 238	N	18.	36	4.	65.	.	.		5		1.	5.	175.			T113	86
30-66-02370		MRF 237	N	18.	36	0.640	8.	.	.		5		0.250	5.	225.			TO5	22
30-17-00210	*	ASZ 21	P	15.		0.030	0.12	.	.		30		.	.	300.			TO5	12
30-31-01840	*	BF 184	N	20.	30	0.030	0.145	.	.		75	750	0.001	10.	300.			T072	5
30-31-01670	*	BF 167	N	30.	40	0.025	0.150	.	.		45	600	.	.	300.			T072	5
30-22-00310		BCW 31	N	32.	32	0.100	0.200	0.25	0.01		10	220	0.002	5.	300.			SOT23	25
30-01-41240		2N 4124	N	25.	30	0.2	0.31	0.3	0.05		120	360	0.002	1.	300.	13	11	T092	32
30-01-39040		2N 3904	N	40.	60	0.200	0.31	0.2	0.01		100	300	0.01	1.	300.			T092	32
30-73-39040		SMBT 3904	N	40.	60	0.200	0.330	0.3	0.05		100	300	0.01	1.	300.	35	50	SOT23	25
30-73-22221		SMBT 2222 A	N	40.	75	0.600	0.330	1.	0.5		100	300	0.15	10.	300.	25	60	SOT23	25
30-21-00810		BCF 81	N	45.	50	0.100	0.350	0.25	0.01		420	800	0.002	5.	300.			SOT23	25
30-48-01400		BSR 14	N	40.	75	0.800	0.425	0.3	0.15		100	300	0.15	10.	300.	25	60	SOT23	25
30-20-05482		BC 548 B	N	30.	30	0.100	0.500	0.2	0.1		200	450	0.002	5.	300.			T092	15
30-20-05592		BC 559 B	P	30.	30	0.100	0.500	0.3	0.1		200	450	0.002	5.	300.			T092	15
30-20-05493		BC 549 C	N	30.	30	0.100	0.500	0.2	0.1		420	800	0.002	5.	300.			T092	15
30-20-05593		BC 559 C	P	30.	30	0.100	0.500	0.3	0.1		420	800	0.002	5.	300.			T092	15
30-04-19590		2SC 1959	N	30.	35	0.5	0.5	0.1	0.1		70	240	0.1	1.	300.			T092	142
30-20-05472		BC 547 B	N	45.	50	0.100	0.500	0.2	0.1		200	450	0.002	5.	300.			T092	15
30-20-05603		BC 560 C	P	45.	50	0.100	0.500	0.3	0.1		420	800	0.002	5.	300.			T092	15
30-20-05462		BC 546 B	N	65.	80	0.100	0.500	0.2	0.1		200	450	0.002	5.	300.			T092	15
30-01-37250		2N 3725	N	50.	80	2.	0.8	0.52	0.5		35	500	0.5	1.	300.	35	60	TO5	12
30-01-07080		2N 708	N	15.	30	0.200	1.2	0.4	0.01		30	120	0.01	1.	300.	40	75	TO18	17
30-01-39470		2N 3947	N	40.	60	0.2	1.2	0.2	0.01		100	300	0.01	1.	300.	35	75	TO18	17
30-01-32510		2N 3251	P	40.	60	0.2	1.2	0.25	0.01		100	300	0.01	1.	300.	35	50	TO18	17
30-01-37340		2N 3734	N	30.	50	1.5	4.	0.2	0.01		30	120	1.	1.5	300.	40	30	TO5	12
30-01-60800		2N 6080	N	18.	36	1.	12.	.	.		5		.	.	300.			T113	86
30-06-02920	*	40292	N	50.	90	1.25	23.2	.	.				.	.	300.			T060	31
30-01-60820		2N 6082	N	18.	36	4.	50.	.	.		5		.	.	300.			T113	86
30-31-04510	*	BF 451	P	40.	40	0.025	0.250	.	.		30		0.001	10.	325.			T092	14
30-24-00570	*	BCY 57	N	20.	25	0.100	0.300	.	.		500		0.002	5.	350.			TO18	17
30-63-08340		MPS 834	N	30.	40	0.200	0.500	0.25	0.01		25		0.01	1.	350.	16	30	T092	32
30-13-00110	*	AFY 11	P	15.	30	0.070	0.560	.	.		10	20	0.002	6.	350 .			TO5	12
30-01-52620	*	2N 5262	N	50.	25	2.	0.800	0.8	1.		40		0.1	.	350.	50		TO5	12

4.5. RF (from 30 MHz upwards)

ElData code	S	Type	N/P	Uceo V	Ucbo V	Ic A	Ptot W	Uce(sat) V	@ Ic A	D	hFE min. max.	@ Ic A	Uce V	Ft MHz	tON ns	tOFF ns	Case	no.
30-01-30130		2N 3013	N	15.	40	0.2	1.2.	0.28	0.1		30 120	0.03	0.4	350.	25	18	TO52	17
30-01-25010	*	2N 2501	N	20.	40	.	1.2	0.2	0.01		50 100	0.01	1.	350.			TO18	17
30-01-09140	*	2N 914	N	15.	30	0.500	1.2	0.7	0.02		30 120	0.01	1.	370.			TO18	17
30-31-05500		BF 550	P	40.	40	0.025	0.150	.	.		50	0.001	10.	375.			SOT23	25
30-31-04500	*	BF 450	P	40.	40	0.025	0.250	.	.		60	0.001	10.	375.			TO92	14
30-31-05001	*	BF 500 A	P	30.	30	0.020	0.200	.	.		30 50	0.001	10.	400.			TO92	15
30-31-01960	*	BF 196	N	30.	40	0.025	0.250	.	.		57	.	.	400.			SOT25	13
30-31-02400		BF 240	N	40.	40	0.025	0.250	.	.		10	0.001	10.	400.			TO92	14
30-31-02410		BF 241	N	40.	40	0.025	0.250	.	.		10	0.001	10.	400.			TO92	14
30-04-03829		2SC 382 TM	N	40.	40	0.05	0.25	.	.		30	0.004	10.	400.			TO92	32
30-31-04140		BF 414	P	30.	40	0.025	0.300	.	.		80	0.001	10.	400.			TO92	14
30-31-04550	*	BF 455	N	25.	35	0.020	0.500	.	.		35 125	0.001	10.	400.			TO92	14
30-31-04540	*	BF 454	N	25.	35	0.020	00.500	.	.		65 220	0.001	10.	400.			TO92	14
30-31-01980		BF 198	N	30.	40	0.025	0.500	.	.		26 70	0.004	10.	400.			TO92	14
30-01-49370	*	2N 4937	P	40.	50	0.05	0.6	.	.		50 250	0.01	10.	400.			TO99	130
30-01-07061		2N 706 A	N	20.	25	0.100	1.	0.3	0.01		20 60	0.01	1.	400.	30	50	TO18	17
30-40-00480		BFX 48	P	30.	30	0.100	1.	0.1	0.01		70 130	0.0001	1.	400.	20	95	TO18	17
30-01-30120		2N 3012	P	12.	12	0.2	1.2	0.15	0.01		30 120	0.03	0.5	400.	60	75	TO18	17
30-01-28940	*	2N 2894	P	12.	12	0.2	1.2	0.5	0.1		40 150	0.03	0.5	400.	60	90	TO18	17
30-01-36320		2N 3632	N	40.	65	1.	23.	1.	0.5		10 150	0.25	5.	400.			TO60	31
30-01-56460		2N 5646	N	18.	36	2.	30.	.	.		15	.	.	400.			T113	86
30-01-64390		2N 6439	N	33.	60	.	146.	.	.		10 100	1.	5.	400.			X136	138
30-31-03240		BF 324	P	30.	30	0.025	0.250	.	.		25 160	0.004	10.	450.			TO92	15
30-31-03140		BF 314	N	30.		0.025	0.300	.	.		29	.	.	450.			TO92	15
30-31-08240		BF 824	P	30.	30	0.025	0.300	.	.			.	.	450.			SOT23	25
30-52-00120	*	BSX 12	N	12.	25	1.	3.	0.24	0.3		30 120	0.3	0.5	450.	15	25	R179G	12
30-04-10010		2SC 1001	N	20.	40	0.5	5.	.	.		20	0.1	5.	470.			TO5	12
30-52-00600	*	BSX 60	N	30.	70	1.	0.800	0.5	0.5		30	0.5	1.	475.	35	70	TO5	12
30-52-00610	*	BSX 61	N	45.	70	1.	0.800	0.7	0.5		30	0.5	1.	475.	50	100	TO5	12
30-12-02419	*	AF 240 S	P	15.	20	0.010	0.060	.	.		10 25	0.002	10.	500.			TO72	4
30-12-02400	*	AF 240	P	15.	20	0.010	0.060	.	.		10 25	0.002	10.	500.			TO72	4
30-12-03060	*	AF 306	P	18.	25	0.015	0.060	.	.		10 30	0.001	12.	500.			TO92	15
30-13-00390		AFY 39	P	32.	32	0.030	0.225	.	.		20 80	0.003	10.	500.			TO72	5
30-01-32270		2N 3227	N	20.	40	0.05	0.36	0.25	0.01		100 300	0.1	.	500.	12	18	TO18	17
30-01-23691		2N 2369 A	N	15.	40	0.2	1.2	0.2	0.01		40 120	0.01	0.4	500.	12	18	TO18	17
30-01-44270		2N 4427	N	20.	40	0.400	2.	.	.		10 200	0.1	1.	500.			TO5	17

4.5. RF (from 30 MHz upwards)

ElData code	S	Type	N/P	Uceo V	Ucbo V	Ic A	Ptot W	Uce (sat) V	@ Ic A	D	hFE @ min.	max.	Ic A	Uce V	Ft MHz	tON ns	tOFF ns	Case	no.
30-01-50900		2N 5090	N	30.	55	0.400	4.	1.	0.1		10	200	0.05	.	500.			T060	31
30-01-35530		2N 3553	N	40.	65	0.33	7.	1.	0.25		10	100	0.25	5.	500.			T05	12
30-01-33750		2N 3375	N	40.	65	0.5	11.6	1.	0.5		10	150	0.25	5.	500.			T060	31
30-45-00911		BLY 91 A	N	36.	65	0.75	17.5	.	.		5		0.5	5.	500.			SOT48	37
30-45-00921		BLY 92 A	N	36.	65	1.5	32.	.	.		5		0.5	5.	500.			SOT48	37
30-01-51620		2N 5162	P	40.	60	5.	50.	.	.		10		2.	5.	500.			T060	31
30-45-00931		BLY 93 A	N	36.	65	3.	70.	.	.		10	120	1.	5.	500.			SOT56	39
30-45-00940		BLY 94	N	36.	65	6.	130.	.	.		10	120	1.	5.	500.			SOT55	40
30-12-02809	*	AF 280 S	P	15.	20	0.010	0.060	.	.		0	25	0.002	10.	550.			T0119	89
30-12-01390	*	AF 139	P	15.	20	0.010	0.060	.	.		10	50	0.0015	12.	550.			T072	4
30-04-19230		2SC 1923	N	30.	40	0.02	0.1	.	.		40	200	0.001	6.	550.			T092	142
30-31-05990		BF 599	N	25.	40	0.025	0.250	.	.		38	85	0.007	10.	550.			SOT23	25
30-31-01970	*	BF 197	N	25.	40	0.025	0.250	.	.		88		.	.	550.			SOT25	13
30-31-05060		BF 506	P	35.	40	0.030	0.300	.	.		25		0.003	10.	550.			T092	15
30-31-01990		BF 199	N	25.	40	0.025	0.500	.	.		38	85	0.007	10.	550.			T092	14
30-01-23680	*	2N 2368	N	15.	40	0.2	1.2	0.25	0.01		20	60	0.01	1.	550.	12	15	T018	17
30-45-00900		BLY 90	N	18.	36	8.	130.	.	.		10	50	1.	5.	550.			SOT55	40
30-13-00370	*	AFY 37	P	32.	32	0.020	0.112	.	.		10	40	0.002	12.	600.			T072	4
30-31-01810	*	BF 181	N	20.	30	0.020	0.150	.	.		20		.	.	600.			T072	5
30-01-42920	*	2N 4292	N	15.	30	0.050	0.200	0.6	0.01		20		0.03	1.	600.			T092	36
30-31-03160		BF 316	P	35.	40	0.020	0.200	.	.		30	50	0.003	10.	600.			T072	4
30-31-03322	*	BF 332 B	N	20.		0.030	0.250	.	.		105	300	.	.	600.			SOT25	13
30-31-05620		BF 562	N	20.	30	0.020	0.250	.	.				.	.	600.			T092	15
30-31-02320		BF 232	N	25.		0.030	0.270	.	.		30		.	.	600.			T072	7
30-01-50160		2N 5016	N	30.	65	4.5	30.	.	.		10	200	.	.	600.			TG60	31
30-31-02000		BF 200	N	20.	30	0.020	0.150	.	.		16		.	.	650.			T072	4
30-31-06600		BF 660	P	30.	40	0.025	0.150	.	.		30		0.003	10.	650.			SOT23	25
30-31-06061		BF 606 A	P	30.	40	0.025	0.300	.	.		30		0.001	10.	650.			T092	14
30-31-02250		BF 225	N	40.	50	0.010	0.360	.	.		75		0.004	10.	650.			T092	14
30-45-00891		BLY 89 A	N	18.	36	5.	70.	.	.		10	120	1.	5.	650.			SOT56	39
30-31-01800	*	BF 180	N	20.	30	0.020	0.150	.	.		20		.	.	675.			T072	4
30-64-08100	*	MPSH 81	P	20.		0.005	.	.	.				.	.	700.			T092	142
30-31-02740	*	BF 274	N	20.	25	0.030	0.200	.	.		70		0.001	10.	700.			T018	14
30-31-03110		BF 311	N	25.		0.04	0.35	.	.		38		.	.	700.			T092	14
30-31-05020	*	BF 502	N	30.	40	0.020	0.500	0.6	0.005		40		0.005	10.	700.			T092	14
30-01-39480		2N 3948	N	20.	36	0.4	1.	.	.		15		0.05	5.	700.			T05	12

4.5. RF (from 30 MHz upwards)

ElData code	S	Type	N/P	Uceo V	Ucbo V	Ic A	Ptot W	Uce (sat) V	@ Ic A	D	hFE min.	max.	Ic A	Uce V	Ft MHz	tON ns	tOFF ns	Case	no.
30-01-35460		2N 3546	P	12.	15	.	1.2	0.15	0.01		30	120	0.01	1.	700.	40	30	T018	17
30-01-38660		2N 3866	N	30.	55	0.400	5.	1.	0.1		10	200	0.05	5.	700.			TO5	12
30-45-00871		BLY 87 A	N	18.	36	1.25	17.5	.	.		5		0.5	5.	700.			SOT48	37
30-31-09390		BF 939	P	30.	30	0.020	0.350	.	.		30	50	0.002	10.	750.			TO92	15
30-31-02230	*	BF 223	N	25.	35	0.040	0.360	.	.		10		.	.	750.			SOT25	13
30-31-05050	*	BF 505	N	25.	30	0.020	0.500	0.6	0.005		40		0.005	10.	750.			TO92	14
30-31-05070		BF 507	N	25.	30	0.020	0.500	0.6	0.005		40		0.005	10.	750.			TO92	14
30-31-05030	*	BF 503	N	30.	40	0.020	0.500	0.6	0.005		40		0.005	10.	750.			TO92	14
30-12-02399	*	AF 239 S	P	15.	20	0.010	0.060	.	.		10	50	0.002	10.	780.			TO72	4
30-12-03670	*	AF 367	P	15.	20	0.010	0.060	.	.		10		0.002	10.	800.			TO119	23
30-31-01520	*	BF 152	N	12.	30	0.010	0.200	.	.		50		.	.	800.			TO92	15
30-31-07990		BF 799	N	20.	30	0.035	0.280	0.15	0.02		40	250	0.02	10.	800.			SOT23	25
30-31-02240		BF 224	N	30.	45	0.010	0.360	0.25	0.01		85		0.007	10.	800.			TO92	14
30-01-30560		2N 3055	N	60.	100	15.	115.	1.1	4.		20	70	4.	4.	800.			TO3	10
30-12-02799	*	AF 279 S	P	15.	20	0.010	0.060	.	.		10	50	0.002	10.	820.			TO119	89
30-31-09690		BF 969	P	35.		0.030	0.16	.	.		50		.	.	850.			TO119	92
30-31-05160	*	BF 516	P	35.	40	0.020	0.200	.	.		25	50	0.003	10.	850.			TO72	4
30-31-05690		BF 569	P	35.	40	0.030	0.220	.	.		25	50	0.003	10.	850.			SOT23	25
30-45-00883		BLY 88 C	N	18.	36	3.	36.	1.	4.5		10	100	1.5	5.	850.			SOT120	41
30-01-51790		2N 5179	N	12.	20	0.05	0.3	0.4	0.01		25	250	0.003	1.	900.			TO72	4
30-31-02710	*	BF 271	N	25.	30	0.250	00.430	.	.		30	75	0.01	10.	900.			TO92	5
30-01-51600		2N 5160	P	40.	60	0.4	5.	.	.		10		0.05	.	900.			TO5	12
30-31-09670		BF 967	P	30.	30	0.020	0.160	.	.		15	60	0.001	10.	950.			TO119	92
30-31-07670		BF 767	P	30.	30	0.020	0.200	.	.		15	60	0.003	10.	950.			SOT23	25
30-01-59440		2N 5944	N	16.	36	0.4	5.	.	.		20		.	.	960.			T90	38
30-01-59450		2N 5945	N	16.	36	0.8	15.	.	.		20		.	.	960.			T90	38
30-01-59460		2N 5946	N	16.	36	2.	37.5	.	.		20		.	.	960.			T90	38
30-40-00620	*	BFX 62	N	20.	30	0.012	0.130	.	.		20	40	0.002	10.	1000.			TO72	4
30-01-49580		2N 4958	P	30.	30	0.030	0.2	.	.		20		0.002	10.	1000.			TO72	4
30-01-49590		2N 4959	P	30.	30	0.030	0.2	.	.		20		0.002	10.	1000.			TO72	4
30-01-28570	*	2N 2857	N	15.	30	0.04	0.3	0.4	0.01		30	150	0.003	1.	1000.			TO72	4
30-40-00596	*	BFX 59 F	N	20.	30	0.100	0.370	.	.		30	200	0.01	10.	1050.			TO72	4
30-01-42600		2N 4260	P	15.	15	0.030	0.2	0.15	0.001		30	150	0.01	1.	1200.	1	1	TO72	4
30-40-00890		BFX 89	N	15.	30	0.025	0.200	0.75	0.02		20	125	0.025	1.	1200.			TO72	4
30-41-00900		BFY 90	N	15.	30	0.025	0.200	0.75	0.02		20	125	0.025	1.	1200.			TO72	4
30-01-49570		2N 4957	P	30.	30	0.030	0.2	.	.		20		0.002	10.	1200.			TO72	4

4.5. RF (from 30 MHz upwards)

ElData code	S	Type	N/P	Uceo V	Ucbo V	Ic A	Ptot W	Uce (sat) V	@ Ic A	D	hFE min.	@ max.	Ic A	Uce V	Ft MHz	tON ns	tOFF ns	Case	no.
30-34-00170	*	BFQ 17	N	25.	40	0.150	1.5	0.75	0.1		25		0.150	5.	1200.			SOT89	80
30-43-00890		BLW 89	N	30.	60	0.32	9.6	0.9	0.5		10	100	0.15	5.	1200.			SOT122	38
30-43-00900		BLW 90	N	30.	60	0.62	18.6	0.9	1.		10	100	0.3	5.	1200.			SOT122	38
30-43-00910		BLW 91	N	30.	60	1.5	30.	1.	2.		10	100	0.6	5.	1200.			SOT122	38
30-12-03790	*	AF 379	P	13.	20	0.020	0.100	.	.		25	80	0.008	8.	1250.			TO119	89
30-36-00170		BFS 17	N	15.	25	0.250	0.200	.	.		20	150	0.002	1.	1300.			SOT23	25
30-01-39600		2N 3960	N	12.	20	.	0.75	0.2	0.001		40	200	0.01	1.	1300.	2	1.6	TO18	17
30-01-55830		2N 5583	P	30.	30	0.5	5.	.	.		25	100	0.1	2.	1300.	2.1	1.8	TO5	12
30-35-00370	*	BFR 37	N	30.	30	0.050	0.430	0.13	0.01		80	250	0.01	15.	1400.			TO72	5
30-01-59430		2N 5943	N	30.	40	0.4	3.5	0.15	0.1		25	300	0.05	15.	1550.			TO5	12
30-31-09799		BF 979 S	P	25.	30	0.050	0.160	.	.		20		0.01	10.	1600.			TO119	92
30-31-05790		BF 579	P	20.	25	0.030	0.220	.	.		20		0.01	10.	1600.			SOT23	25
30-39-00300		BFW 30	N	10.	20	0.050	0.250	.	.		25		0.05	5.	1600.			TO72	4
30-39-00920		BFW 92	N	15.	25	0.025	0.200	0.75	0.02		20	150	0.002	1.	1900.			TO119	23
30-31-04790		BF 479	P	25.	30	0.050	00.350	.	.		20		0.010	10.	1900.			SOT37	89
30-37-00120		BFT 12	N	15.	25	0.150	0.700	.	.		25		0.05	5.	1900.			TO119	92
30-31-04800		BF 480	N	15.	20	0.020	0.200	.	.		10		.	.	2000.			SOT37	90
30-35-00990	*	BFR 99	P	25.	30	0.050	0.360	.	.		75		0.001	10.	2300.			TO72	4
30-01-58350		2N 5835	N	10.	15	0.015	0.200	.	.		25		.	.	2500.	0.25		TO72	4
30-34-00640		BFQ 64	N	20.	30	0.200	1.	.	.		25		0.12	5.	3000.			SOT89	80
30-37-00980		BFT 98	N	20.	30	0.200	2.250	.	.		25		0.12	5.	3000.			TO117	96
30-37-00660		BFT 66	N	15.	20	0.030	0.200	.	.		30		0.01	6.	3600.			TO72	5
30-34-00290		BFQ 29	N	15.	20	0.030	0.200	.	.		30		0.01	6.	3600.			SOT23	25
30-35-00930		BFR 93	N	15.	20	0.050	0.200	.	.		30		0.05	5.	4500.			SOT23	95
30-35-00351		BFR 35 A	N	12.		0.030	0.200	.	.		25		.	.	5000.			SOT23	25
30-37-00930		BFT 93	P	12.	15	0.035	0.200	.	.		20	50	0.030	5.	5000.			SOT23	25
30-35-00341		BFR 34 A	N	12.	20	0.030	0.200	.	.		25		0.02	6.	5000.			TO119	92
30-37-00920		BFT 92	P	15.	20	0.025	0.200	.	.		20	50	0.014	10.	5000.			SOT23	25
30-35-00900		BFR 90	N	15.	20	0.030	0.200	.	.		25		0.025	6.	5000.			TO119	92
30-35-00920		BFR 92	N	15.	20	0.030	0.200	.	.		25		0.02	6.	5000.			SOT23	95
30-35-00910		BFR 91	N	15.	20	0.050	0.250	.	.		30		0.05	5.	5000.			TO119	89
30-34-00190		BFQ 19	N	15.	20	0.075	0.550	.	.		50		0.05	10.	5000.			SOT89	80
30-34-00690		BFQ 69	N	25.		0.030	0.200	.	.		100		.	.	5500.			TO119	92
30-34-00810		BFQ 81	N	16.	25	0.030	0.280	0.2	0.03		50		0.015	10.	5800.			SOT23	25

4.6. FET's

ElData code	S	Type	N/P	Uds V	Id A	Ptot W	Rds Ohm	|Yfs| mS	Ciss pF	Crss pF	D G	M F	Case	no.
30-98-10690		P 1069	P	20.	.	.	.	.	.	.			T0106	66
30-81-02641	*	BC 264 A	N	30.	.	0.300	.	.	.	.			T092	57
30-74-59020		2N 5902	N	40.	0.001	0.24	.	.	3.	1.5			T018-8	56
30-98-59020		TD 5902	N	40.	0.001	0.24	.	.	3.	1.5			T018-8	
30-74-41171		2N 4117 A	N	40.	0.001	0.300	.	210.	3.	1.5			T072	61
30-98-41171		TN 4117 A	N	40.	0.001	0.35	.	.	3.	1.5			T072	61
30-74-39660		2N 3966	N	30.	0.002	0.300	220.	.	6.	1.5			T072	61
30-74-39690		2N 3969	N	30.	0.002	0.300	.	.	5.	1.3			T072	61
30-74-56490		2N 5649	N	50.	0.002	0.300	.	.	3.	0.900			T072	61
30-74-43020		2N 4302	N	30.	0.005	0.300	.	.	6.	3.			R097B	66
30-74-54600		2N 5460	P	40.	0.005	0.310	.	1.	5.	1.0			T092	58
30-74-54610		2N 5461	P	40.	0.009	0.310	.	1.5	5.	1.0			T092	58
30-79-00480		3SK 48	N	20.	0.010	.	.	.	.	.			T072	69
30-83-00310		BFR 31	N	25.	0.010	0.250	.	4.5	4.	1.5			SOT23	134
30-95-00680		TIS 68	N	25.	0.01	0.360	.	.	8.	4.			T092	67
30-84-00120		BFW 12	N	30.	0.010	0.150	.	0.5	5.	0.800			T072	64
30-82-02441		BF 244 A	N	30.	0.01	0.300	.	.	4.	1.			T092	67
30-74-39670		2N 3967	N	30.	0.01	0.300	.	.	5.	1.3			T072	61
30-74-36840		2N 3684	N	50.	0.01	0.25	.	.	4.	.			P018	61
30-98-36840		MEF 3684	N	50.	0.01	0.25	.	.	4.	.			P018	
30-74-30690		2N 3069	N	50.	0.01	0.35	.	.	15.	1.5			T018	63
30-74-30700		2N 3070	N	50.	0.01	0.35	.	.	15.	1.5			T018	63
30-74-55430		2N 5543	N	300.	0.01	0.800	2000.	.	10.	2.			T05	59
30-74-33300		2N 3330	P	15.	0.015	0.300	800.	.	20.	.			T072	62
30-74-38200		2N 3820	P	20.	0.015	0.360	.	.	32.	16.			T092	67
30-77-01280		3N 128	N	20.	0.015	0.400	200.	7.5	5.5	0.120	M		T072	68
30-98-43040		MEF 4304	N	30.	0.015	0.25	.	.	6.	3.			R097B	
30-74-44161		2N 4416 A	N	30.	0.015	0.300	.	7.5	4.	0.800			T092	61
30-74-34360		2N 3436	N	50.	0.015	0.300	.	.	18.	6.			T018	63
30-82-02563		BF 256 C	N	30.	0.018	0.300	.	5.	1.	0.700			T092	64
30-82-09600		BF 960	N	20.	0.020	0.225	.	12.	.	0.025	M	D	SOT103	104
30-84-00610		BFW 61	N	25.	0.020	0.300	.	1.6	6.	2.			T072	61
30-74-38190		2N 3819	N	25.	0.020	0.360	.	.	8.	4.			T092	67
30-83-00290		BFR 29	N	30.	0.020	0.200	.	6.	5.	0.7	M		T072	68
30-83-01012		BFR 101 B	N	30.	0.020	0.200	.	2.5	5.	.			SOT143	144
30-84-00100		BFW 10	N	30.	0.020	0.300	.	3.2	5.	0.8			T072	61

4.6. FET's

ElData code	S	Type	N/P	Uds V	Id A	Ptot W	Rds Ohm	|Yfs| mS	Ciss pF	Crss pF	D G	M F	Case	no.
30-74-38230		2N 3823	N	30.	0.020	0.300	.	3.2	6.	2.			T072	61
30-74-48600		2N 4860	N	30.	0.020	0.360	40.	.	18.	8.			T018	63
30-86-00790		BSV 79	N	40.	0.020	0.350	40.	.	10.	5.			T018	63
30-74-38240		2N 3824	N	50.	0.020	0.300	.	.	6.	3.			T072	61
30-82-03200		BF 320	P	15.	0.025	0.200	.	.	32.	16.			T092	67
30-82-02453		BF 245 C	N	30.	0.025	0.300	.	6.	4.	1.1			T092	64
30-74-52780		2N 5278	N	150.	0.025	0.800	.	.	25.	5.			T05	59
30-82-09900		BF 990	N	18.	0.030	0.200	.	19.	.	0.025	M	D	SOT143	103
30-82-05130		BF 513	N	20.	0.030	0.250	.	7.	5.	0.3			SOT23	134
30-82-04104		BF 410 D	N	20.	0.030	0.300	.	7.	5.	0.3			T092	57
30-83-00100		BFQ 10	N	30.	0.030	0.250	.	1.	8.	1.			T071	56
30-98-39720		KE 3972	N	40.	0.030	0.25	100.	.	25.	6.			T0106	66
30-74-39720		2N 3972	N	40.	0.030	0.25	100.	.	25.	6.			T0106	63
30-74-40910		2N 4091	N	40.	0.030	1.800	30.	.	16.	5.			T018	63
30-74-51630		2N 5163	N	25.	0.04	0.300	.	.	20.	5.			T0106	66
30-80-08220	*	40822	N	18.	0.050	0.330	.	12.	9.5	0.020	M	D	T072	70
30-80-08410		40841	N	18.	0.050	0.330	.	.	10.	0.050	M		T072	70
30-77-01420	*	3N 142	N	20.	0.050	0.100	200.	7.5	5.5	0.120	M		T072	68
30-82-09000		BF 900	N	20.	0.050	0.150	.	.	.	.			SOT103	104
30-83-00840		BFR 84	N	20.	0.050	0.300	.	15.	5.500	0.030	M	D	T072	69
30-77-02000		3N 200	N	20.	0.050	0.330	.	15.	6.	0.020	M	D	T072	70
30-80-06730	*	40673	N	20.	0.050	0.330	.	12.	6.	0.060	M	D	T072	70
30-80-06040	*	40604	N	20.	0.050	0.330	.	2.8	5.500	0.020	M	D	T072	70
30-77-01530		3N 153	N	20.	0.050	0.400	200.	10.	6.	0.340	M		T072	68
30-77-01410	*	3N 141	N	20.	0.050	0.400	.	10.	5.5	0.020	M	D	T072	69
30-77-01540		3N 154	N	20.	0.050	0.400	200.	7.5	5.5	0.120	M		T072	70
30-77-01400	*	3N 140	N	20.	0.050	0.400	.	10.	5.5	0.020	M	D	T072	70
30-74-56400		2N 5640	N	25.	0.05	0.310	100.	.	10.	4.	M	D	T092	57
30-77-02040		3N 204	N	25.	0.050	0.360	.	10.	.	0.030	M	D	T072	70
30-77-02060		3N 206	N	25.	0.050	0.360	.	7.	.	0.030	M	D	T072	70
30-77-02030		3N 203	N	25.	0.050	1.200	.	12.5	4.3	0.014	M	D	T072	70
30-98-10875		P 1087 E	P	30.	0.05	0.270	150.	.	45.	10.			T0106	66
30-74-50180		2N 5018	P	30.	0.05	1.8	75.	.	45.	10.			T018	60
30-86-00780		BSV 78	N	40.	0.050	0.350	25.	.	10.	5.			T018	63
30-74-48560		2N 4856	N	40.	0.050	0.360	25.	.	18.	8.			T018	63
30-74-43940		2N 4391	N	40.	0.050	1.800	30.	.	14.	3.5			T018	63

161

4.6. FET's

ElData code	S	Type	N/P	Uds V	Id A	Ptot W	Rds Ohm	|Yfs| mS	Ciss pF	Crss pF	D G	M F	Case	no.
30-89-03100		E 310	N	25.	0.060	0.35	.	.	7.5	.			TO106	66
30-74-49780		2N 4978	N	30.	0.100	1.8	20.	.	35.	8.			TO18	63
30-85-01070		BS 107	N	200.	0.120	0.500	28.	.	.	.	M		TO92	57
30-74-54320	*	2N 5432	N	25.	0.150	0.300	5.	.	30.	15.			TO52	63
30-85-12300		BSS 123	N	100.	0.170	0.360	6.	120.	20.	4.	M		SOT89	105
30-98-48560		MEF 4856	N	40.	0.200	0.25	25.	.	18.	8.			PO18	
30-82-02473		BF 247 C	N	25.	0.250	0.350	.	17.	11.	3.5			TO92	64
30-85-00840		BST 84	N	200.	0.250	1.000	6.	250.	70.	5.	M		SOT89	104
30-85-08700		BSS 87	N	200.	0.280	1.	5.5	200.	110.	5.	M		SOT89	104
30-96-00109		VN 10 KM	N	60.	0.300	1.	5.	.	.	.			TO237	
30-85-00890		BSS 89	N	200.	0.300	1.	5.5	200.	110.	5.			TO92	58
30-85-01700		BS 170	N	60.	0.500	0.830	5.	.	25.	6.	M		TO92	57
30-85-00800		BST 80	N	80.	0.500	1.000	2.	300.	45.	8.	M		SOT89	104
30-91-00100		IRFD 1Z0	N	100.	0.5	1.	2.4	.	.	.	M		DIL4	
30-91-00110		IRFD 110	N	100.	1.	1.	0.6	.	.	.	M		DIL4	
30-91-91200		IRFD 9120	P	100.	1.	1.	0.6	.	.	.	M		DIL4	
30-88-08220		D82 CN 2	N	200.	1.0	.	0.800	.	.	.	M		DIL8-4	
30-81-05220		BD 522	N	60.	1.5	10.	.	.	.	.			TO202	84
30-96-00886		VN 88 AF	N	80.	1.5	15.	4.	.	.	.			TO202A	
30-96-00466		VN 46 AF	N	40.	1.6	15.	3.	.	.	.			TO202A	
30-96-00664		VN 66 AD	N	60.	1.9	20.	3.	.	.	.			TO220	101
30-92-02110		RFP 2 P 10	P	100.	2.0	.	3.5	.	.	.	M		TO220	101
30-93-02100		RFP 2 N 10	N	100.	2.0	25.	1.75	.	150.	20.	M		TO220	101
30-74-38210		2N 3821	N	15.	2.5	0.300	.	.	6.	3.			TO72	61
30-87-00400	*	BUZ 40	N	500.	2.5	75.	3.0	.	1600.	30.	M		TO220	101
30-87-00800		BUZ 80	N	800.	2.6	75.	3.5	1800.	1600.	30.	M		TO220	101
30-90-03200		IRF 320	N	400.	3.	40.	1.8	.	.	.	M		TO3	102
30-90-05130		IRF 513	N	60.	3.5	20.	0.8	.	.	.	M		TO220	101
30-83-00300		BFR 30	N	25.	4.	0.250	.	.	4.	1.5			SOT23	134
30-93-04150		RFL 4 N 15	N	150.	4.0	.	0.45	.	650.	60.	M		TO5	103
30-87-00411		BUZ 41 A	N	500.	4.5	75.	1.4	2500.	1500.	40.	M		TO220	101
30-87-00441		BUZ 44 A	N	500.	4.8	78.	1.4	2500.	1500.	30.	M		TO3	102
30-92-05150		RFM 5 P 15	P	150.	5.0	75.	1.	.	700.	100.	M		TO3	102
30-90-06200		IRF 620	N	200.	5.	40.	0.8	.	.	.	M		TO220	101
30-87-00881		BUZ 88 A	N	800.	5.0	83.3	1.3	3000.	3900.	80.	M		TO238	100
30-87-00840		BUZ 84	N	800.	5.3	125.	1.6	300.	3900.	80.	M		TO3	102

4.6. FET's

ElData code	S	Type	N/P	Uds V	Id A	Ptot W	Rds Ohm	|Yfs| mS	Ciss pF	Crss pF	D G	M F	Case	no.
30-90-03300		IRF 330	N	400.	5.5	75.	1.0	.	.	.	M		TO3	102
30-87-00440	*	BUZ 44	N	500.	5.6	78.	1.1	.	1600.	30.	M		TO3	102
30-90-95200		IRF 9520	P	100.	6.	40.	0.6	.	.	.	M		TO220	101
30-76-01350		2SK 135	N	160.	7.	100.	1.	1000.	600.	10.	M		TO3	102
30-75-00500		2SJ 50	P	160.	7.	100.	1.	1000.	600.	10.	M		TO3	102
30-90-05200		IRF 520	N	100.	8.	40.	0.3	.	.	.	M		TO220	101
30-90-01200		IRF 120	N	100.	8.	40.	0.3	.	.	.	M		TO3	102
30-90-08400		IRF 840	N	500.	8.0	125.	0.85	.	1225.	.	M		TO220	101
30-87-00451		BUZ 45 A	N	500.	8.3	125.	0.700	5000.	3800.	100.	M		TO3	102
30-90-02300		IRF 230	N	200.	9.	75.	0.4	.	.	.	M		TO3	102
30-87-00230		BUZ 23	N	100.	10.	78.	0.150	4000.	1500.	80.	M		TO3	102
30-90-95300		IRF 9530	P	100.	12.	40.	0.3	.	.	.	M		TO220	101
30-93-12100		RFP 12 N 10	N	100.	12.0	60.	0.200	.	650.	100.	M		TO220	101
30-87-00200		BUZ 20	N	100.	12.	75.	0.150	4000.	1500.	80.	M		TO220	101
30-92-12110		RFP 12 P 10	P	100.	12.0	75.	0.300	.	1500.	240.	M		TO220	101
30-93-12200		RFM 12 N 20	N	200.	12.	100.	0.25	.	1250.	125.	M		TO3	102
30-90-05300		IRF 530	N	100.	14.	75.	0.18	.	.	.	M		TO220	101
30-90-01300		IRF 130	N	100.	14.	75.	0.18	.	.	.	M		TO3	102
30-90-03500		IRF 350	N	400.	15.	150.	0.3	.	.	.	M		TO3	102
30-88-09440		D94 FR 4	N	500.	18.0	.	0.25	.	630.	.	M		TO220	101
30-87-00100		BUZ 10	N	50.	19.	75.	0.085	4800.	1500.	200.	M		TO220	101
30-87-00210		BUZ 21	N	100.	19.	75.	0.090	8000.	1500.	150.	M		TO220	101
30-87-00360		BUZ 36	N	200.	22.	125.	0.09	13000.	1500.	200.	M		TO3	102
30-87-00110		BUZ 11	N	50.	30.	75.	0.03	8000.	1500.	250.	M		TO220	101
30-87-00240		BUZ 24	N	100.	32.	125.	0.045	10000.	1500.	300.	M		TO3	102
30-88-09840		D98 GR 4	N	500.	36.0	.	0.12	.	1400.	.	M		TO218	74
30-90-01500		IRF 150	N	100.	40.	150.	0.055	.	.	.	M		TO3	102
30-87-00150		BUZ 15	N	50.	45.	125.	0.025	18000.	1600.	500.	M		TO3	102

5
PACKAGE OUTLINES

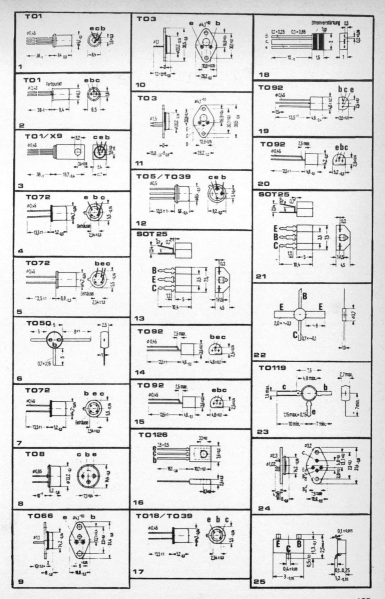

165

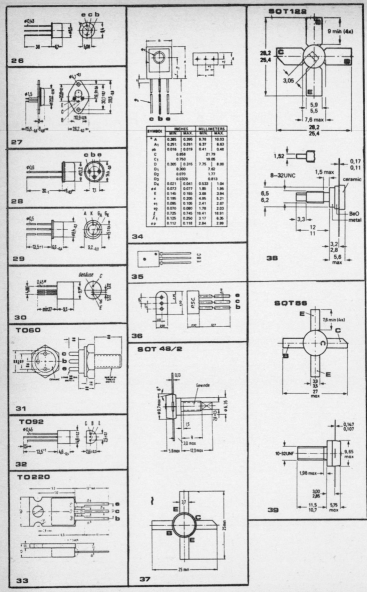

SYMBOL	INCHES		MILLIMETERS	
	MIN.	MAX.	MIN.	MAX.
A	0.385	0.395	9.78	10.03
A1	0.251	0.261	6.37	6.63
øb	0.016	0.019	0.41	0.48
C	0.858		21.79	
C1	0.750		19.05	
D	0.305	0.315	7.75	8.00
D1	0.300		7.62	
D2	0.070		1.77	
D3	0.0329		0.813	
D4	0.021	0.041	0.533	1.04
øf	0.073	0.077	1.85	1.95
E	0.145	0.155	3.68	3.94
e	0.195	0.205	4.95	5.21
e1	0.095	0.105	2.41	2.67
e2	0.070	0.080	1.78	2.03
f	0.725	0.745	18.41	18.91
f1	0.125	0.250	3.17	6.35
øp	0.112	0.118	2.84	2.99

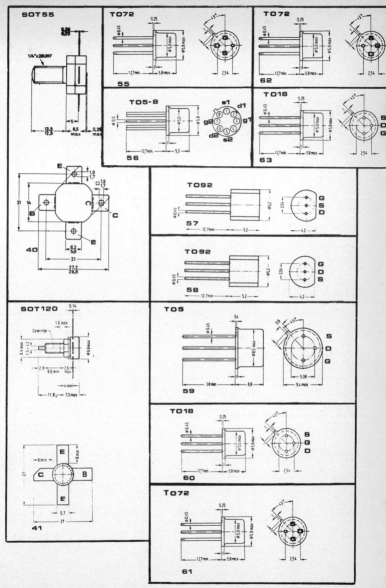

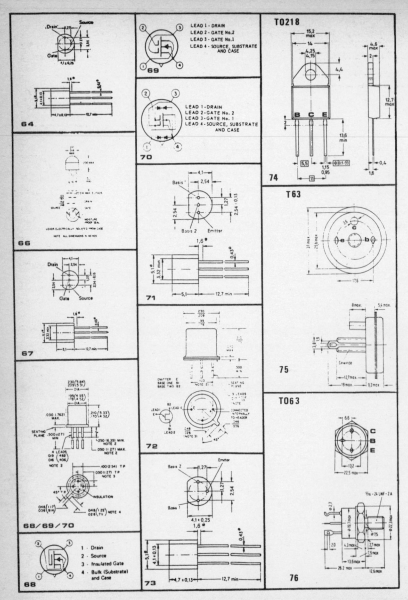

64

69
LEAD 1 - DRAIN
LEAD 2 - GATE No.2
LEAD 3 - GATE No.1
LEAD 4 - SOURCE, SUBSTRATE
AND CASE

70
LEAD 1 - DRAIN
LEAD 2 - GATE No.2
LEAD 3 - GATE No. 1
LEAD 4 - SOURCE, SUBSTRATE
AND CASE

66
LEADS ELECTRICALLY ISOLATED FROM CASE
NOTE: ALL DIMENSIONS IN INCHES

67

68/69/70

68
1 - Drain
2 - Source
3 - Insulated Gate
4 - Bulk (Substrate) and Case

71

72

73

T0218

74

T63

75

T063

76

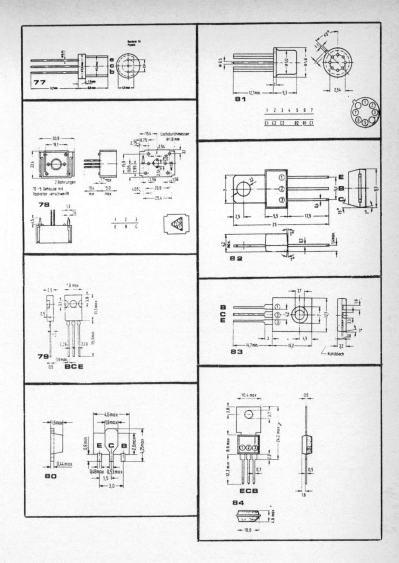

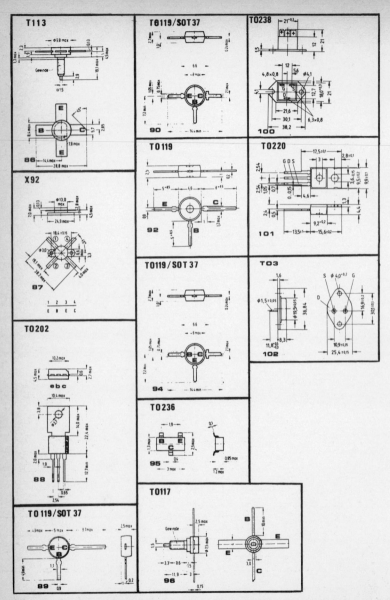

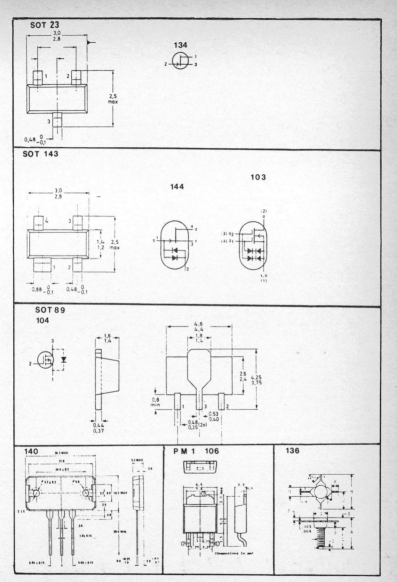

6
SMD MARKING CONVERSION LIST

6.1. SMD marking conversion list - SOT23 devices

Marking	Type	Brand	Device	Marking	Type	Brand	Device
15	MMBC3960	M	Transistor	1M	FMMT-A13	F	Transistor
16	BC847C	Div.	Transistor	1N	FMMT-A14	F	Transistor
1A	MMBT3904	M	Transistor	1N	MMBTA14	M	Transistor
1A	FMMT3904	F	Transistor	1P	MMBT2222A	M	Transistor
1A	BC846A	Div.	Transistor	1P	FMMT2222D	F	Transistor
1AR	BC846AR	Div.	Transistor	1Q	MMBT5088	M	Transistor
1B	FMMT2222	F	Transistor	1R	MMBT5089	M	Transistor
1B	BC846B	Div.	Transistor	1T	MMBC3960A	M	Transistor
1B	MMBT2222	M	Transistor	1U	MMBT2484	M	Transistor
1BR	BC846BR	Div.	Transistor	1V	BF820	Div.	Transistor
1C	MMBTA20	M	Transistor	1V	MMBT6427	M	Transistor
1C	FMMT-A20	F	Transistor	1W	FMMT3903	Div.	Transistor
1D	MMBTA42	M	Transistor	1W	BF821	F	Transistor
1E	FMMT-A43	F	Transistor	1X	MMBT930	M	Transistor
1E	BC847A	Div.	Transistor	1X	BF822	Div.	Transistor
1E	MMBTA43	M	Transistor	1Y	BF823	Div.	Transistor
1ER	BC847AR	Div.	Transistor	1Y	MMBT3903	M	Transistor
1F	MMBT5550	M	Transistor	1Z	MMBT6517	M	Transistor
1F	BC847B	Div.	Transistor	2A	MMBT3906	M	Transistor
1FR	BC847BR	Div.	Transistor	2A	FMMT3906	F	Transistor
1G	MMBTA06	M	Transistor	2B	FMMT2907	F	Transistor
1G	FMMT-A06	F	Transistor	2B	BC849B	Div.	Transistor
1GR	BC847CR	Div.	Transistor	2B	MMBT2907	M	Transistor
1H	MMBTA05	M	Transistor	2BR	BC849BR	Div.	Transistor
1H	FMMT-A05	F	Transistor	2C	MMBTA70	M	Transistor
1J	BC848A	Div.	Transistor	2C	FMMT-A70	F	Transistor
1J	FMMT2369	F	Transistor	2C	BC849C	Div.	Transistor
1J	MMBT2369	M	Transistor	2CR	BC849CR	Div.	Transistor
1JR	BC848AR	Div.	Transistor	2D	MMBTA92	M	Transistor
1K	MMBT6428	M	Transistor	2E	FMMT-A93	F	Transistor
1K	BC848B	Div.	Transistor	2E	MMBTA93	M	Transistor
1KR	BC848BR	Div.	Transistor	2F	MMBT2907A	M	Transistor
1L	MMBT6429	M	Transistor	2F	BC850B	Div.	Transistor
1L	BC848C	Div.	Transistor	2F	FMMT2907A	F	Transistor
1LR	BC848CR	Div.	Transistor	2FR	BC850BR	Div.	Transistor
1M	MMBTA13	M	Transistor	2G	FMMT-A56	F	Transistor

Brands: Div = various   F = Ferranti   M = Motorola   N = NEC   P = Philips   S = Siemens   T = Thomson

6.1. SMD marking conversion list - SOT23 devices

Marking	Type	Brand	Device	Marking	Type	Brand	Device
2G	BC850C	Div.	Transistor	3F	MMBC6543	M	Transistor
2G	MMBTA56	M	Transistor	3FR	BC857BR	Div.	Transistor
2GR	BC850CR	Div.	Transistor	3G	BC857C	Div.	Transistor
2H	MMBTA55	M	Transistor	3GR	BC857CR	Div.	Transistor
2H	FMMT-A55	F	Transistor	3J	BC858A	Div.	Transistor
2J	MMBC3640	M	Transistor	3JR	BC858AR	Div.	Transistor
2K	MMBT8598	M	Transistor	3K	BC858B	Div.	Transistor
2L	MMBT5401	M	Transistor	3KR	BC8858BR	Div.	Transistor
2M	FMMT5087	F	Transistor	3L	BC858C	Div.	Transistor
2M	MMBT404	M	Transistor	3LR	BC858CR	Div.	Transistor
2N	MMBT404A	M	Transistor	3M	FMMT5087R	F	Transistor
2P	FMMT2222R	F	Transistor	3P	FMMT2222AR	F	Transistor
2P	MMBT5086	M	Transistor	3T	HT3	F	Transistor
2Q	MMBT5087	M	Transistor	3W	FMMT-A12	F	Transistor
2R	MMBT4260	M	Transistor	44	BAS40-04	Div.	Diode
2S	MMBT4261	M	Transistor	45	BAS40-05	Div.	Diode
2T	MMBT4403	M	Transistor	46	BAS40-06	Div.	Diode
2T	HT2	F	Transistor	4A	MMBV109	M	Diode
2U	MMBTA63	M	Transistor	4A	BC859A	Div.	Transistor
2V	MMBTA64	M	Transistor	4AR	BC859AR	Div.	Transistor
2W	FMMT3905	F	Transistor	4B	BC859B	Div.	Transistor
2X	MMBT4401	M	Transistor	4BR	BC859BR	Div.	Transistor
2Z	MMBT6520	M	Transistor	4C	BC859C	Div.	Transistor
3A	BC856A	Div.	Transistor	4C	MMBV3102	M	Diode
3A	MMBTH24	M	Transistor	4CR	BC859CR	Div.	Transistor
3AR	BC856AR	Div.	Transistor	4D	MMBV3401	M	Diode
3B	MMBT918	M	Transistor	4D	HD3A	F	Diode
3B	FMMT918	F	Transistor	4E	FMMT-A92	F	Transistor
3B	BC856B	Div.	Transistor	4E	BC860A	Div.	Transistor
3BR	BC856BR	Div.	Transistor	4E	MMBV105G	M	Diode
3D	MMBTH81	M	Transistor	4E	FMMT-A92	F	Transistor
3E	MMBTH10	M	Transistor	4ER	BC860AR	Div.	Transistor
3E	BC857A	Div.	Transistor	4F	BC860B	Div.	Transistor
3E	FMMT-A42	F	Transistor	4FR	BC860BR	Div.	Transistor
3ER	BC857AR	Div.	Transistor	4G	FMMT2484	F	Transistor
3F	BC857B	Div.	Transistor	4G	MMBV2101	M	Diode

Brands: Div = various F = Ferranti M = Motorola N = NEC P = Philips S = Siemens T = Thomson

6.1. SMD marking conversion list - SOT23 devices

Marking	Type	Brand	Device	Marking	Type	Brand	Device
4G	BC860C	Div.	Transistor	5T	BCW66GR	F	Transistor
4GR	BC860CR	Div.	Transistor	5T	MMBS5062	M	Thyristor
4H	MMBV2103	M	Diode	5Z	MMBPU131	M	FET
4J	MMBV2109	M	Diode	6A	MMBF4416	M	FET
4K	MMBV2097	M	Diode	6A	BC817-16	Div.	Transistor
4L	MMBV2098	M	Diode	6AR	BC817-16R	Div.	Transistor
4M	MMBD101	M	Diode	6B	BC817-25	Div.	Transistor
4X	MMBV2108	M	Diode	6B	MMBF5484	M	FET
53	BAT17	Div.	Diode	6BR	BC817-25R	Div.	Transistor
5A	FMMD6050	F	Diode	6C	BC817-40	Div.	Transistor
5A	BC807-16	Div.	Transistor	6C	MMBFU310	M	FET
5A	MMBD6050	M	Diode	6CR	BC817-40R	Div.	Transistor
5AR	BC807-16R	Div.	Transistor	6D	MMBF5457	M	FET
5B	MMBD6100	M	Diode	6E	MMBF5460	M	FET
5B	BC807-25	Div.	Transistor	6E	BC818-16	Div.	Transistor
5BR	BC807-25R	Div.	Transistor	6E	FMMT-A93R	F	Transistor
5C	MMBD7000	M	Diode	6ER	BC818-16R	Div.	Transistor
5C	BC807-40	Div.	Transistor	6F	BC818-25	Div.	Transistor
5CR	BC807-40R	Div.	Transistor	6F	MMBF4860	M	FET
5D	FMMD914	F	Diode	6F	BC818-16	Div.	Transistor
5D	MMBD914	M	Diode	6FR	BC818-25R	Div.	Transistor
5D	HD2A	F	Diode	6G	MMBF4393	M	FET
5E	BC808-16	Div.	Transistor	6G	BC818	Div.	Transistor
5E	FMMT-A43R	F	Transistor	6GR	BC818-40R	Div.	Transistor
5ER	BC808-16R	Div.	Transistor	6H	MMBF5486	M	FET
5F	BC808-25	Div.	Transistor	6H	BC818-40	Div.	Transistor
5F	MMBD501	M	Diode	6J	MMBF4391	M	FET
5F	BC808-16	Div.	Transistor	6K	MMBF4392	M	FET
5FR	BC808-25R	Div.	Transistor	6L	MMBF5459	M	FET
5G	BC808	Div.	Transistor	6P	BCX71HR	F	Transistor
5G	MMBD352	M	Diode	6T	MMBFJ310	M	FET
5GR	BC808-40R	Div.	Transistor	6T	BCW68GR	F	Transistor
5H	BC808-40	Div.	Transistor	74	BAS70-04	Div.	Diode
5P	FMMT2907AR	F	Transistor	75	BAS70-05	Div.	Diode
5R	MMBS5060	M	Thyristor	76	BAS70-06	Div.	Diode
5S	MMBS5061	M	Thyristor	7A	MMBR901	M	Transistor

Brands: Div = various F = Ferranti M = Motorola N = NEC P = Philips S = Siemens T = Thomson

6.1. SMD marking conversion list - SOT23 devices

Marking	Type	Brand	Device	Marking	Type	Brand	Device
7B	MMBR920	M	Transistor	8S	MMBZ5242	M	Diode
7C	MMBR930	M	Transistor	8T	MMBZ5243	M	Diode
7D	HD4A	F	Diode	8U	MMBZ5244	M	Diode
7D	MMBR931	M	Transistor	8V	MMBZ5245	M	Diode
7E	FMMT-A42R	F	Transistor	8W	MMBZ5246	M	Diode
7E	MMBR2060	M	Transistor	8X	MMBZ5247	M	Diode
7F	MMBR4957	M	Transistor	8Y	MMBZ5248	M	Diode
7G	MMBR5031	M	Transistor	8Z	MMBZ5249	M	Diode
7H	MMBR5179	M	Transistor	A1	BAW56	Div.	Diode
7K	MMBR2857	M	Transistor	A13	1SS220	N	Diode
7P	BCW66FR	F	Transistor	A14	1SS220	N	Diode
81A	MMBZ5250	M	Diode	A14	1SS221	N	Diode
81B	MMBZ5251	M	Diode	A15	1SS222	N	Diode
81C	MMBZ5252	M	Diode	A16	1SS223	N	Diode
81D	MMBZ5253	M	Diode	A2	BAT18	Div.	Diode
81E	MMBZ5254	M	Diode	A2	MMBD2836	M	Diode
81F	MMBZ5255	M	Diode	A3	MMBD2835	M	Diode
81G	MMBZ5256	M	Diode	A3	BAS16	F	Diode
81H	MMBZ5257	M	Diode	A3	BAT17	Div.	Diode
8A	MMBZ5226	M	Diode	A3	1S2835	N	Diode
8B	MMBZ5227	M	Diode	A4	1S2836	N	Diode
8C	MMBZ5228	M	Diode	A4	ZC833	F	Diode
8D	MMBZ5229	M	Diode	A4	BAV70	Div.	Diode
8E	MMBZ5230	M	Diode	A5	BRY61	Div.	Thyristor
8E	FMMT-A92R	F	Transistor	A5	MMBD2837	M	Diode
8F	MMBZ5231	M	Diode	A5	1S2837	N	Diode
8G	MMBZ5232	M	Diode	A6	MMBD2838	M	Diode
8H	MMBZ5233	M	Diode	A6	BAS16	Div.	Diode
8J	MMBZ5234	M	Diode	A6	1S2838	N	Diode
8K	MMBZ5235	M	Diode	A7	1SS123	N	Diode
8L	MMBZ5236	M	Diode	A7	BAV99	Div.	Diode
8M	MMBZ5237	M	Diode	A8	BAS19	Div.	Diode
8N	MMBZ5238	M	Diode	A81	BAS20	Div.	Diode
8P	MMBZ5239	M	Diode	A82	BAS20	Div.	Diode
8Q	MMBZ5240	M	Diode	A9	1SS153	N	Diode
8R	MMBZ5241	M	Diode	A91	BAS17	Div.	Diode

Brands: Div = various   F = Ferranti   M = Motorola   N = NEC   P = Philips   S = Siemens   T = Thomson

6.1. SMD marking conversion list - SOT23 devices

Marking	Type	Brand	Device	Marking	Type	Brand	Device
AA	BCW60A	Div.	Transistor	BD	BCW61D	Div.	Transistor
AB	BCW60B	Div.	Transistor	BF	BCW61FF	Div.	Transistor
AC	BCW60C	Div.	Transistor	BG	BCX71-6	Div.	Transistor
AD	BCW60D	Div.	Transistor	BH	BCX71H	Div.	Transistor
AF	BCW60FF	Div.	Transistor	BJ	BCX71J	Div.	Transistor
AG	BCX70G	Div.	Transistor	BK	BCX71K	Div.	Transistor
AH	BCX70H	Div.	Transistor	BM	BSS63	Div.	Transistor
AJ	BCX70J	Div.	Transistor	BN	₩4BC3638A	M	Transistor
AK	BCX70K	Div.	Transistor	BN	BCW61FN	Div.	Transistor
AL	MMBTD55	M	Transistor	BO	BCW61RA	Div.	Transistor
AM	MMBC3638	M	Transistor	BP	BCW61RB	Div.	Transistor
AM	BSS64	Div.	Transistor	BR	BCW61RC	Div.	Transistor
AN	BCW60FN	Div.	Transistor	BS	BCW61RD	Div.	Transistor
AO	BCW60RA	Div.	Transistor	BU	BCX71RG	Div.	Transistor
AP	BCW60RB	Div.	Transistor	BV1	2SB624	N	Transistor
AR	BCW60CR	Div.	Transistor	BV2	2SB624	N	Transistor
AS	BCW60RD	Div.	Transistor	BV3	2SB624	N	Transistor
AV	BCX70RG	Div.	Transistor	BV4	2SB624	N	Transistor
AW	BCX70RH	Div.	Transistor	BV5	2SB624	N	Transistor
AX	BCX70JR	Div.	Transistor	BW	BCX71RH	Div.	Transistor
AY	BCX70RK	Div.	Transistor	BW1	2SB736	N	Transistor
B15	NTM2222A	N	Transistor	BW2	2SB736	N	Transistor
B2	MMBC1621B2	M	Transistor	BW3	2SB736	N	Transistor
B2	2SC1621	N	Transistor	BW4	2SB736	N	Transistor
B2	BSV52	Div.	Transistor	BW5	2SB736	N	Transistor
B3	2SC1621	N	Transistor	BX	BCX71RJ	Div.	Transistor
B3	MMBC1621B3	M	Transistor	BY	BCX71RK	Div.	Transistor
B32	NTM2369	N	Transistor	C1	BCW29	Div.	Transistor
B4	BSV52R	P	Transistor	C1	BCW29	F	Transistor
B4	2SC1621	N	Transistor	C15	2SA811A	N	Transistor
B4	MMBC1621B4	M	Transistor	C16	2SA811A	N	Transistor
B5	BSR12	Div.	Transistor	C17	2SA811A	N	Transistor
B8	BSR12R	Div.	Transistor	C18	2SA811A	N	Transistor
BA	BCW61	Div.	Transistor	C2	BCW30	Div.	Transistor
BB	BCW61	Div.	Transistor	C4	BCW29R	Div.	Transistor
BC	BCW61G	Div.	Transistor	C5	MMBA811C5	M	Transistor

Brands: Div = various   F = Ferranti   M = Motorola   N = NEC   P = Philips   S = Siemens   T = Thomson

6.1. SMD marking conversion list - SOT23 devices

Marking	Type	Brand	Device	Marking	Type	Brand	Device
C5	BCW30R	Div.	Transistor	D26	2SC3115	N	Transistor
C6	MMBA811C6	M	Transistor	D27	2SC3115	N	Transistor
C7	BCF29	Div.	Transistor	D28	2SC3115	N	Transistor
C7	MMBA811C7	M	Transistor	D3	BCW33	Div.	Transistor
C77	BCF29R	Div.	Transistor	D4	BCW31R	Div.	Transistor
C8	BCF30	Div.	Transistor	D49	BAY84	T	Diode
C8	MMBA811C8	M	Transistor	D5	BCW32R	Div.	Transistor
C9	BCF30R	Div.	Transistor	D53	BAY85	T	Diode
CA	BFS18	S	Transistor	D6	BCW33R	Div.	Transistor
CA	BCW61AR	F	Transistor	D6	MMBC1622D6	M	Transistor
CB	BCW61BR	F	Transistor	D7	MMBC1622D7	M	Transistor
CB	BFS19	S	Transistor	D7	BCF32	Div.	Transistor
CC	BCW61CR	F	Transistor	D73	BA579A	T	Diode
CC	BCX68-16	Div.	Transistor	D74	BA579C	T	Diode
CD	BCW61DR	F	Transistor	D75	BA579S	T	Diode
CD	BSS81B	Div.	Transistor	D76	BAR18	T	Diode
CE	BSS79B	Div.	Transistor	D77	BCF32R	Div.	Transistor
CF	BSS79	Div.	Transistor	D8	BCF33	Div.	Transistor
CG	BCX71GR	F	Transistor	D8	MMBC1622D8	M	Transistor
CG	BSS81C	Div.	Transistor	D81	BCF33R	Div.	Transistor
CH	BSS80B	Div.	Transistor	D85	BAT17DS	T	Diode
CJ	BSS80C	Div.	Transistor	D86	BAY85S	T	Diode
CK	BCX71G	F	Transistor	D94	BAR42	T	Diode
CL	BSS82	Div.	Transistor	D95	BAR43	T	Diode
CL	BSS79C	F	Transistor	D96	BAS70-04	T	Diode
CM	BSS82C	Div.	Transistor	D97	BAS70-05	T	Diode
CY	BFS10R	S	Transistor	D98	BAS70-06	T	Diode
CZ	BFS19R	S	Transistor	DA	BCW67A	Div.	Transistor
D01	SD914	T	Diode	DA2	SDBAX12	T	Diode
D1	BCW31	Div.	Transistor	DA5	BAR43S	T	Diode
D15	2SC1622A	N	Transistor	DA6	BZV53A	T	Diode
D16	2SC1622A	N	Transistor	DA7	BZV53B	T	Diode
D17	2SC1622A	N	Transistor	DA8	BZV54A	T	Diode
D18	2SC1622A	N	Transistor	DA9	BZV54B	T	Diode
D2	BCW32	Div.	Transistor	DB	BCW67B	Div.	Transistor
D25	2SC3115	N	Transistor	DB1	BAR43A	T	Diode

Brands: Div = various F = Ferranti M = Motorola N = NEC P = Philips S = Siemens T = Thomson

6.1. SMD marking conversion list - SOT23 devices

Marking	Type	Brand	Device	Marking	Type	Brand	Device
DB2	BAR43C	T	Diode	EB	BCW65B	Div.	Transistor
DC	BCW67C	Div.	Transistor	EC	BCW65C	Div.	Transistor
DF	BCW68F	Div.	Transistor	EC	BCW67C	M	Transistor
DG	BCW68G	Div.	Transistor	ED	BCW65D	T	Transistor
DH	BCW68H	Div.	Transistor	EF	BCW66F	Div.	Transistor
DK	BCX42	Div.	Transistor	EG	BCW66G	Div.	Transistor
DS	BCX42R	S	Transistor	EH	BCW66H	Div.	Transistor
DT	BCW67RA	S	Transistor	EK	BCX41	Div.	Transistor
DU	BCW67RB	S	Transistor	ES	BCW65A	Div.	Transistor
DV1	2SD596	N	Transistor	ES	BCX41R	S	Transistor
DV2	2SD596	N	Transistor	ET	BCW65RA	S	Transistor
DV3	2SD596	N	Transistor	EU	BCW65RB	S	Transistor
DV4	2SD596	N	Transistor	EW	BCW65RC	S	Transistor
DV5	2SD596	N	Transistor	EY	BCW66RG	S	Transistor
DW	BCW67RC	S	Transistor	EZ	BCW66RH	S	Transistor
DW1	2SD780	N	Transistor	F01	S04416	T	Transistor
DW2	2SD780	N	Transistor	F03	S04391	T	Transistor
DW3	2SD780	N	Transistor	F07	S04392	T	Transistor
DW4	2SD780	N	Transistor	F08	S04393	T	Transistor
DW5	2SD780	N	Transistor	F09	S03966	T	Transistor
DX	BCW68RF	S	Transistor	F1	BFS18	Div.	Transistor
DY	BCW68RG	S	Transistor	F1	MMBC1009F1	M	Transistor
DZ	BCW68RH	S	Transistor	F12	2SC2223	N	Transistor
E1	BFS17	Div.	Transistor	F13	2SC2223	N	Transistor
E2	2SA1226	N	Transistor	F14	2SC2223	N	Transistor
E2	BAL99	F	Diode	F2	MMBC1009F2	M	Transistor
E3	BAR99	F	Diode	F2	BFS19	Div.	Transistor
E3	2SA1226	N	Transistor	F3	MMBC1009F3	M	Transistor
E4	BFS17R	Div.	Transistor	F4	BFS18R	Div.	Transistor
E4	2SA1226	N	Transistor	F4	MMBC1009F4	M	Transistor
E5	BFS17S	M	Transistor	F5	BFS19R	Div.	Transistor
E6	ZC2800E	F	Diode	F5	MMBC1009F5	M	Transistor
E7	ZC2810E	F	Diode	F8	BF824	Div.	Transistor
E8	ZC2811E	F	Diode	FA	BSV65A	S	Transistor
E9	ZC5800E	F	Diode	FA3	2SC1009A	N	Transistor
EA	BCW65A	Div.	Transistor	FA4	2SC1009A	N	Transistor

Brands: Div = various   F = Ferranti   M = Motorola   N = NEC   P = Philips   S = Siemens   T = Thomson

6.1. SMD marking conversion list - SOT23 devices

Marking	Type	Brand	Device	Marking	Type	Brand	Device
FB	BSV65B	S	Transistor	HB	BFN22	Div.	Transistor
FD	BCV26	Div.	Transistor	HC	BFN23	Div.	Transistor
FE	BCV46	Div.	Transistor	J1	ZC830	F	Diode
FF	BCV27	Div.	Transistor	J2	2SK67A	N	FET
FG	BCV47	Div.	Transistor	J2	ZC833A	F	Diode
FH	BFN24	Div.	Transistor	J3	ZC831	F	Diode
FJ	BFN26	Div.	Transistor	J3	2SK67A	N	FET
FK	BFN25	Div.	Transistor	J4	2SK67A	N	FET
FL	BFN27	Div.	Transistor	J4	ZC832	F	Diode
FY	BSV65RA	S	Transistor	J5	ZC834	F	Diode
FZ	BSV65RB	S	Transistor	J5	2SK67A	N	FET
G1	BFS20	Div.	Transistor	J6	2SK67A	N	FET
G2	BF550	Div.	Transistor	J6	ZC835	F	Diode
G3	BF536	Div.	Transistor	J7	2SK67A	N	FET
G4	BFS20R	Div.	Transistor	J7	ZC836	F	Diode
G5	BF550R	Div.	Transistor	J8	BCX71JR	F	Transistor
G6	BF569	Div.	Transistor	JA	BAV74	Div.	Transistor
G7	BF579	Div.	Transistor	JB	BAR74	Div.	Transistor
G8	BF660	Div.	Transistor	JC	BAL74	Div.	Transistor
G81	BF660R	Div.	Transistor	JD	BAW56	Div.	Transistor
G9	BF767	Div.	Transistor	JE	BAV99	Div.	Transistor
GB	BFR35A	S	Transistor	JF	BAL99	Div.	Transistor
GB	2N6619	S	Transistor	JG	BAR99	Div.	Transistor
GE	BFR35AP	S	Transistor	JJ	BAV70	Div.	Transistor
GG	BFR93P	Div.	Transistor	JU	BAS16	Div.	Transistor
GP	MMBT3416	M	Transistor	K1	BCW71	Div.	Transistor
GZ	BFR35AR	S	Transistor	K14	2SK238	N	FET
H1	BCW69	Div.	Transistor	K15	2SK238	N	FET
H2	BCW70	Div.	Transistor	K16	2SK238	N	FET
H3	BCW89	Div.	Transistor	K17	2SK238	N	FET
H31	BCW89R	Div.	Transistor	K2	BCW72	Div.	Transistor
H4	BCW69R	Div.	Transistor	K3	BCW81	Div.	Transistor
H5	BCW70R	Div.	Transistor	K31	BCW81R	Div.	Transistor
H6	BCW89R	F	Transistor	K4	BCW71R	Div.	Transistor
H7	BCF70	Div.	Transistor	K4	2SK160	N	FET
H71	BCF70R	Div.	Transistor	K5	BCW72R	Div.	Transistor

Brands: Div= various F= Ferranti M= Motorola N= NEC P= Philips S= Siemens T= Thomson

6.1. SMD marking conversion list - SOT23 devices

Marking	Type	Brand	Device	Marking	Type	Brand	Device
K5	2SK160	N	FET	LK	BF799	Div.	Transistor
K6	BCV71R	F	Transistor	LK	BF568	S	Transistor
K6	2SK160	N	FET	M1	BAT14~39	Div.	Diode
K7	BCV71	Div.	Transistor	M1	BFR30	Div.	Transistor
K7	2SK160	N	FET	M1	BFR30	P	Transistor
K71	BCV71R	Div.	Transistor	M2	BFR31	Div.	Transistor
K8	BCV72	Div.	Transistor	M2	BFR32	P	Transistor
K81	BCV72R	Div.	Transistor	M2	BAT14-38	Div.	Diode
K9	BCF81	Div.	Transistor	M3	BFT46	Div.	FET
K9	BCV72R	F	Transistor	M3	MMBA812M3	M	Transistor
K91	BCF81R	Div.	Transistor	M4	MMBA812M4	M	Transistor
KA	BFT75	S	Transistor	M4	BSR56	Div.	FET
KB	BFQ29	S	Transistor	M4	2SA812	N	Transistor
KC	BFQ29P	Div.	Transistor	M5	BSR57	Div.	FET
L1	BSS65	F	Transistor	M5	MMBA812M5	M	Transistor
L2	BSS69	F	Transistor	M6	2SA812	N	Transistor
L20	BAS29	Div.	Diode	M6	MMBA812M6	M	Transistor
L21	BAS31	Div.	Diode	M6	BSS66	F	Transistor
L22	BAS35	Div.	Diode	M6	BSR58	Div.	FET
L3	MMBC1623L3	M	Transistor	M62	PBMF4391	P	Transistor
L3	BSS70	F	Transistor	M63	PBMF4392	P	Transistor
L4	2SC1623	N	Transistor	M64	PBMF4393	P	Transistor
L4	MMBC1623L4	M	Transistor	M7	MMBA812M7	M	Transistor
L5	MMBC1623L5	M	Transistor	M7	BSS67	F	Transistor
L6	2SC1623	N	Transistor	M7	2SA812	N	Transistor
L6	MMBC1623L6	M	Transistor	MA	BFS17	S	Transistor
L7	BAR14-1	Div.	Diode	MC	BFS17P	Div.	Transistor
L7	MMBC1623L7	M	Transistor	MZ	BFS17R	S	Transistor
L7	2SC1623	N	Transistor	N1	BFR53	Div.	Transistor
L8	BAR15-1	Div.	Diode	N10	S0918	T	Transistor
L9	BAR16-1	Div.	Diode	N11	S02369	T	Transistor
LA	BF550	Div.	Transistor	N13	S02222	T	Transistor
LE	BF660	Div.	Transistor	N15	2SC3360	N	Transistor
LG	BF767	S	Transistor	N16	2SC3360	N	Transistor
LH	BF569	Div.	Transistor	N17	2SC3360	N	Transistor
LJ	BF579	Div.	Transistor	N2	MMBC1653N2	M	Transistor

Brands: Div = various F = Ferranti M = Motorola N = NEC P = Philips S = Siemens T = Thomson

181

6.1. SMD marking conversion list - SOT23 devices

Marking	Type	Brand	Device	Marking	Type	Brand	Device
N2	2SC1653	N	Transistor	P39	S0692	T	Transistor
N20	SO2222A	T	Transistor	P4	BFR92R	Div.	Transistor
N3	MMBC1653N3	M	Transistor	P5	FMMT2369A	F	Transistor
N3	2SC1653	N	Transistor	P5	BFR92AR	Div.	Transistor
N4	2SC1653	N	Transistor	P9	BCX70KR	F	Transistor
N4	BFR53R	Div.	Transistor	Q2	MMBC1321Q2	M	Transistor
N4	MMBC1653N4	M	Transistor	Q3	MMBC1321Q3	M	Transistor
N5	MMBC1654N5	M	Transistor	Q4	MMBC1321Q4	M	Transistor
N5	2SC1654	N	Transistor	Q5	MMBC1321Q5	M	Transistor
N6	MMBC1654N6	M	Transistor	R1	BFR93	Div.	Transistor
N6	2SC1654	N	Transistor	R2	BFR93A	Div.	Transistor
N7	MMBC1654N7	M	Transistor	R22	2SC3356	N	Transistor
N7	2SC1654	N	Transistor	R4	BFR93R	Div.	Transistor
N71	S03904	T	Transistor	R5	BFR93AR	Div.	Transistor
N72	S03903	T	Transistor	R6	BFR93S	M	Transistor
N80	S05551	T	Transistor	RA	BFQ81	Div.	Transistor
N91	S0642	T	Transistor	S1	BBY31	Div.	Diode
N94	S0517	T	Transistor	S2	BBY40	Div.	Diode
NA	BFS20	S	Transistor	S2	BFQ31	F	Transistor
NB	BF599	Div.	Transistor	S2	MMBA813S2	M	Transistor
NO5	SO2484	T	Transistor	S3	MMBA813S3	M	Transistor
NO8	S0930	T	Transistor	S4	BFQ31A	F	Transistor
NZ	BFS20R	S	Transistor	S4	MMBA813S4	M	Transistor
02	BST82	Div.	Transistor	S6	BF510	Div.	FET
02	BSX39	M	Transistor	S7	BF511	Div.	FET
05	2SA1330	N	Transistor	S8	BF512	Div.	FET
06	2SA1330	N	Transistor	S9	BF513	Div.	FET
07	2SA1330	N	Transistor	SA	BSS123	Div.	Transistor
P03	SO2907A	T	Transistor	SB	SMBT2222	Div.	Transistor
P05	SO2907	T	Transistor	SC	SMBT2222A	Div.	Transistor
P06	SO2894	T	Transistor	SD	SMBT2907	Div.	Transistor
P1	BFR92	Div.	Transistor	SE	SMBT2907A	Div.	Transistor
P2	BFR92A	Div.	Transistor	SF	SMBTA13	Div.	Transistor
P25	S03906	T	Transistor	SG	SMBTA14	Div.	Transistor
P26	S03905	T	Transistor	SH	SMBTA20	Div.	Transistor
P33	S05401	T	Transistor	SJ	SMBTA92	Div.	Transistor

Brands: Div = various   F = Ferranti   M = Motorola   N = NEC   P = Philips   S = Siemens   T = Thomson

6.1. SMD marking conversion list - SOT23 devices

Marking	Type	Brand	Device	Marking	Type	Brand	Device
SK	SMBTA93	Div.	Transistor	U14	2SC2758	N	Transistor
SL	SMBTA42	Div.	Transistor	U2	BCX20	Div.	Transistor
SM	SMBTA43	Div.	Transistor	U21	2SC2759	N	Transistor
SN	SMBT3904	Div.	Transistor	U22	2SC2759	N	Transistor
SO	SMBT3906	Div.	Transistor	U23	2SC2759	N	Transistor
T1	BCX17	Div.	Transistor	U3	BSS64	Div.	Transistor
T12	2SC2755	N	Transistor	U4	BCX19R	Div.	Transistor
T13	2SC2755	N	Transistor	U5	BCX20R	Div.	Transistor
T14	2SC2755	N	Transistor	U6	BSS64R	Div.	Transistor
T2	BCX18	Div.	Transistor	U7	BSR13	Div.	Transistor
T22	2SC2756	N	Transistor	U71	BSR13R	Div.	Transistor
T23	2SC2756	N	Transistor	U8	BSR14	Div.	Transistor
T24	2SC2756	N	Transistor	U81	BSR14R	Div.	Transistor
T3	BSS63	Div.	Transistor	U9	BSR17	Div.	Transistor
T32	2SC2757	N	Transistor	U91	BSR17R	Div.	Transistor
T33	2SC2757	N	Transistor	U92	BSR17A	Div.	Transistor
T34	2SC2757	N	Transistor	U93	BSR17AR	Div.	Transistor
T4	BCX17R	Div.	Transistor	V1	BFT25	Div.	Transistor
T5	BCX18R	Div.	Transistor	V2	BFQ67	Div.	Transistor
T6	BSS63R	Div.	Transistor	V4	BFT25R	Div.	Transistor
T7	BSR15	Div.	Transistor	W1	BFT92	Div.	Transistor
T71	BSR15R	Div.	Transistor	W4	BZX84C2V7	Div.	Diode
T8	BSR16	Div.	Transistor	W4	BFT92R	Div.	Transistor
T81	BSR16R	Div.	Transistor	W5	BZX84-C3V0	Div.	Diode
T9	BSR18	Div.	Transistor	W6	BZX84-C3V3	Div.	Diode
T91	BSR18R	Div.	Transistor	W7	BZX84-C3V6	Div.	Diode
T92	BSR18A	Div.	Transistor	W8	BZX84-C3V9	Div.	Diode
T93	BSR18AR	Div.	Transistor	W9	BZX84-C4V3	Div.	Diode
TA	KTY13A	Div.	Transistor	X1	2SK94	N	FET
TB	KTY13B	Div.	Transistor	X1	BZX84-C27	F	Diode
TC	KTY13C	Div.	Transistor	X1	BFT93	Div.	Transistor
TD	KTY13D	Div.	Transistor	X11	2SK425	N	FET
TF	BAL99	M	Diode	X12	2SK425	N	FET
U1	BCX19	Div.	Transistor	X13	2SK425	N	FET
U12	2SC2758	N	Transistor	X14	2SK425	N	FET
U13	2SC2758	N	Transistor	X15	2SK425	N	FET

Brands: Div = various F = Ferranti M = Motorola N = NEC P = Philips S = Siemens T = Thomson

6.1. SMD marking conversion list - SOT23 devices

Marking	Type	Brand	Device	Marking	Type	Brand	Device
X16	2SK425	N	FET	Y3	BZX84C13	Div.	Diode
X17	2SK425	N	FET	Y4	BZX84C15	Div.	Diode
X18	2SK425	N	FET	Y5	BZX84C16	Div.	Diode
X2	BZX84-C30	F	Diode	Y6	BZX84C18	Div.	Diode
X2	2SK94	N	FET	Y7	BZX84C20	Div.	Diode
X21	2SK426	N	FET	Y8	BZX84C22	Div.	Diode
X22	2SK426	N	FET	Y9	BZX84C24	Div.	Diode
X23	2SK426	N	FET	Z1	BZX84C4V7	Div.	Diode
X24	2SK426	N	FET	Z11	BZX84C2V4	Div.	Diode
X25	2SK426	N	FET	Z12	BZX84C2V7	Div.	Diode
X26	2SK426	N	FET	Z13	BZX84C3V0	Div.	Diode
X27	2SK426	N	FET	Z14	BZX84C3V3	Div.	Diode
X28	2SK426	N	FET	Z15	BZX84C3V6	Div.	Diode
X3	2SK94	N	FET	Z16	BZX84C3V9	Div.	Diode
X3	BZX84-C33	F	Diode	Z17	BZX84C4V3	Div.	Diode
X4	BFT93R	Div.	Transistor	Z2	BZX84C5V1	Div.	Diode
X4	2SK94	N	FET	Z3	BZX84C5V6	Div.	Diode
X4	BZX84-C36	F	Diode	Z4	BZX84C6V2	Div.	Diode
X6	BZX84-C43	F	Diode	Z5	BZX84C6V8	Div.	Diode
X7	BZX84-C47	F	Diode	Z6	BZX84C7V5	Div.	Diode
Y1	BZX84C11	Div.	Diode	Z7	BZX84C8V2	Div.	Diode
Y10	BZX84C27	Div.	Diode	Z8	BZX84C9V1	Div.	Diode
Y11	BZX84C30	Div.	Diode	Z9	BZX84C10	Div.	Diode
Y12	BZX84C33	Div.	Diode	ZA	MMBB601T	M	Transistor
Y13	BZX84C36	Div.	Diode	ZB	MMBB709T	M	Transistor
Y14	BZX84C39	Div.	Diode	ZC	FMMT4124	F	Transistor
Y15	BZX84C43	Div.	Diode	ZC	MMBT4124	M	Transistor
Y15	NTM2907A	N	Transistor	ZD	MMBT4125	M	Transistor
Y16	BZX84C47	Div.	Diode	ZD	FMMT4125	F	Transistor
Y17	BZX84C51	Div.	Diode	ZW	MMBT8599	M	Transistor
Y18	BZX84C56	Div.	Diode				
Y19	BZX84C62	Div.	Diode				
Y2	BZX84C12	Div.	Diode				
Y20	BZX84C68	Div.	Diode				
Y21	BZX84C75	Div.	Diode				
Y25	NTM3906	N	Transistor				

Brands: Div= various F= Ferranti M= Motorola N= NEC P= Philips S= Siemens T= Thomson